Thomas Schmidt

Kommunikationstrainings erfolgreich leiten

Fahrplan für das Seminar „Kommunikation und Gesprächsführung"

managerSeminare Verlags GmbH

Thomas Schmidt
Kommunikationstrainings erfolgreich leiten
– Der Seminarfahrplan –
© 2006 managerSeminare Verlags GmbH
Endenicher Str. 282, D-53121 Bonn
Tel: 0228 – 977 91-0, Fax: 0228 – 977 91-99
info@managerseminare.de
www.managerseminare.de

ISBN-10: 3-936075-40-9
ISBN-13: 978-3-936075-40-3

Lektorat: Ralf Muskatewitz
Cover: Comstock
Druck: Kösel GmbH und Co. KG, Krugzell

Inhalt

III. Weitere Methoden

Methodenübersicht

Auf einen Blick

I. Ihr Reiseantritt

1. Worum geht es?

Dieses Buch wird Sie dabei unterstützen, Kommunikations-Seminare erfolgreich zu leiten.

Es ist aufgebaut wie ein Fahrplan, ein „Seminarfahrplan", in dem Sie zahlreiche Vorgehensweisen für die Gestaltung eines Kommunikationstrainings finden, alles in chronologischer Reihenfolge angeordnet. Mit auf die Reise geht ein gepackter Methodenkoffer. Der Koffer ist ordentlich sortiert, ein „Kleidungsstück" passt zum anderen. Gleichzeitig können die unterschiedlichen Teile auch einzeln herausgeholt und in unterschiedlichen Kombinationen „getragen" werden. Mit hinzugepackt wurden noch weitere methodische „Ersatzstücke", die Ihnen die nötigen Alternativen bieten, falls Sie Ihre Reise woanders hinführt. Alle Methoden sind von hoher Qualität. Welche auch immer Sie wählen, sie sind durchweg in einer Vielzahl von Kommunikationstrainings erfolgreich erprobt worden.

Ein Seminarfahrplan

Es finden sich also ausschließlich bewährte Vorgehensweisen in diesem Buch. Die einzelnen Schritte werden im Detail beschrieben, teilweise mit minutiöser Genauigkeit – denn es sind oft Feinheiten, die über Erfolg und Misserfolg eines Seminarbausteins entscheiden. Des Trainers[1] Teufel steckt im Detail. Viele Bücher über Trainingsmethodik leiden gerade daran, dass sie konkrete, handfeste Fragen zum didaktischen Vorgehen unbeantwortet lassen. Man erhält zwar eine ungefähre Vorstellung davon, wie man einen Inhalt vermitteln oder eine Übung anleiten kann, doch wenn es um die konkrete Umsetzung geht, tauchen oft Fragen auf, die in der Literatur

Die Prozess-Schritte werden im Detail beschrieben

---

[1] Ich verwende meistens die herkömmliche, männlich geprägte Sprachform, um den Text lesbar zu gestalten. Es sind jedoch stets beide Geschlechter gemeint.

Detaillierte Inputs unbeantwortet bleiben. Man macht es dann eben „irgendwie", und „irgendwie" klappt es ja in der Regel auch. Doch es könnte einfacher sein. Indem Inputs nicht nur „ungefähr" skizziert, sondern en détail mit realen Formulierungen aus der Praxis mitsamt der dazugehörigen Visualisierung beschrieben werden und die passenden Übungen Schritt für Schritt geschildert werden, so dass unmittelbar nachvollziehbar ist, wie sie umgesetzt werden können.

Dieser Seminarfahrplan wird es Ihnen erleichtern, das passende Beispiel, die stimmige methodische Vorgehensweise und die effektive Übung zu den essenziellen Bestandteilen eines professionellen Kommunikationstrainings zu finden.

2. Für wen wird dieses Buch interessant sein?

Dieses Buch richtet sich an
- erfahrene Kommunikationstrainer,
  die ihr Methodenrepertoire erweitern möchten.
- junge Trainer und Referenten,
  die nach einem Leitfaden zur Durchführung ihrer ersten
  Kommunikationsseminare suchen.
- Trainer mit anderen Themenschwerpunkten,
  die Bausteine aus dem Bereich der Kommunikation in ihre
  Seminare einfließen lassen wollen.
- interne Personalentwickler,
  die sich zur Konzeption oder Durchführung von
  Kommunikationstrainings Anregungen wünschen.
- Coaches und Supervisoren,
  die ihre Arbeit durch Übungen zur Verbesserung der
  Kommunikation und Gesprächsführung anreichern wollen.

Dieses Buch soll nicht nur methodisches Rüstzeug an die Hand
geben. Es will auch Lust machen. Lust auf das Leiten von Kommunikationsseminaren. Es möchte dazu anregen, die vorgeschlagenen
Methoden zu erproben und kreativ weiterzuentwickeln. Und es
will Mut machen. Mut dazu, Kommunikationstrainings gerade in
wirtschaftlich schwierigen Zeiten als wichtiges Instrument zur
Entwicklung von Menschen und Organisationen einzusetzen. Wir
Personal- und Organisationsentwickler werden zunehmend mit der
Ansicht konfrontiert, dass in Zeiten drastischer Kostensenkungen
Kommunikationstrainings überkommene Maßnahmen seien, die
man sich nicht länger leisten könne. Sie seien „nice to haves",
Relikte und Wucherungen aus den Boomjahren, alte Zöpfe, die es
abzuschneiden gelte. Das Gegenteil ist der Fall. Gerade weil Orga-
sationen sich immer schneller verändern müssen, spielt die Fähigkeit der Menschen, produktiv zusammenzuarbeiten und Gespräche
professionell führen zu können, eine Schlüsselrolle. Nur jene Organisationen, denen es gelingt, eine konstruktive Kommunikations-
kultur zu schaffen und weiterzuentwickeln, werden im Wettbewerb
bestehen. Dazu sollen und können Kommunikationsseminare einen
wichtigen Beitrag leisten.

In sich schnell ändernden Organi-sationen nehmen Zusammenarbeit und konstruktive Kommu-nikation Schlüsselrol-len ein

3. Was enthält der Seminarfahrplan?

Thema:
Kommunikation und
Gesprächsführung

In diesem Buch stelle ich Ihnen einen Fahrplan für ein Seminar zum Thema „Kommunikation und Gesprächsführung" vor. Nun ist „Kommunikation und Gesprächsführung" ein weites Feld. Die Bandbreite an Theorien, Studien und methodischen Vorgehensweisen ist selbst für einen Fachmann kaum noch überschaubar. Von daher ist es kein leichtes Unterfangen, das Thema einzugrenzen. Bei der Auswahl der hier vorgestellten Bestandteile habe ich mich von meiner Erfahrung leiten lassen, welche Inhalte und Methoden in modernen Kommunikationstrainings am häufigsten nachgefragt werden. Die theoretischen und methodischen Grundlagen des Seminars bilden die Arbeiten von Paul Watzlawick (1969), Friedemann Schulz von Thun (1981, 1998), Ruth Cohn (1975), Carl Rogers (1979), Thomas Gordon (1974) und Jakob Levi Moreno (1973).

Die Ansätze beruhen
auf den Arbeiten
der bekanntesten
Kommunikations-
Vordenker

Inhalte

Folgende Inhalte und Methoden werden Sie hier finden:
- ▶ Kennenlernen und Anwärmen der Seminarteilnehmer
- ▶ Definition von individuellen Lernzielen
- ▶ Die Grundmerkmale der Kommunikation nach Watzlawick
- ▶ Die Kommunikationstheorie von Schulz von Thun
- ▶ Reflexion des eigenen Kommunikationsstils (inkl. Test)
- ▶ Rollenspiele „Kollegengespräch" und „Mitarbeitergespräch" (inkl. Instruktionen und Auswertungsbögen)
- ▶ Fragetechniken
- ▶ Konflikte konstruktiv bewältigen
- ▶ Ich- und Du-Botschaften
- ▶ Aktives Zuhören
- ▶ Gesprächsleitfaden für schwierige Gespräche
- ▶ Übungen zur Teamarbeit (inkl. Instruktionen und Auswertung)
- ▶ Fallarbeit und Praxisberatung
- ▶ Psychodramatisches Rollenspiel (mit ausführlichem Beispiel)
- ▶ Beratung mit dem Inneren Team (mit ausführlichem Beispiel)
- ▶ Kollegiale Beratung
- ▶ Problemlösung in Kleingruppen
- ▶ Feedback geben und nehmen: Das Johari-Fenster, Feedback-Regeln und Übungen
- ▶ Do's und Don'ts der Kommunikation und Gesprächsführung
- ▶ Transfer des Gelernten
- ▶ Abschluss und Auswertung des Seminars

4. Wie ist dieses Buch aufgebaut?

Die Bausteine des Methodenkoffers werden nach dem folgenden Muster beschrieben:

Ziele: Was sind die Ziele dieses Seminarbausteins?

Zeit: Wie lange dauert der Baustein ungefähr?
Wie viel Puffer sollte man einplanen?

Material: Welche Materialien werden benötigt?
Was muss vorbereitet werden?

Überblick: Welche sind die wichtigsten Schritte beim Vorgehen?

Erläuterungen: Warum wird genau dieses Thema zu genau diesem Zeitpunkt mit genau dieser Vorgehensweise behandelt?

Vorgehen: Wie kann der Trainer konkret vorgehen? Welche Methode kann er nutzen? Mit welchen Worten kann er den Input präsentieren bzw. die Übung anleiten?

Hinweise: Worauf muss der Trainer achten? Was sind häufige Reaktionen der Teilnehmer? Welche typischen Stolpersteine gibt es?

Variante: Welche methodischen oder inhaltlichen Alternativen gibt es?

Literatur: Welche Bücher sind zur vertiefenden Lektüre empfehlenswert?

5. Worauf ist zu achten?

Das Buch schlägt einen „Fahrplan" für das Kommunikationstraining vor. Dieser Fahrplan hat sich bewährt, weil er eine klare und logische Struktur für den Ablauf des Seminars gibt.

Er bietet Orientierung, ohne jedoch einengen zu wollen. Schließlich muss jeder Trainer seinen eigenen Weg finden, ein Kommunikationstraining zu leiten. Und er muss sich darauf einstellen, mit welchen Lernwünschen und Vorkenntnissen die Teilnehmer ins Seminar kommen. Ein Seminar soll lebendig sein. Es soll frisch zubereitet werden und nicht aus der Konserve kommen.

Hohe Praxisnähe Insofern liegt im größten Vorteil des Buches, nämlich seiner Praxisnähe, auch seine größte Gefahr, nämlich, das Gelesene eins zu eins umsetzen zu wollen. Das ist möglich und – bezogen auf einzelne Bausteine – auch nützlich. Allerdings muss der Trainer nicht nur wachsam für den Prozess der Gruppe und des einzelnen Teilnehmers sein, er ist auch gefordert, das Gelesene mit den eigenen Erfahrungen und zur eigenen Person in Bezug zu setzen. Die Werkzeuge, die „Tools", die das Buch vermittelt, wollen sorgsam kennen gelernt, ausprobiert und verantwortungsbewusst eingesetzt werden. Nichtsdestotrotz kann der Seminar-Fahrplan als Leitfaden für die Seminargestaltung dienen. Der Trainer muss die Balance halten zwischen zielorientierter Vermittlung der Seminarinhalte und prozessorientierter Begleitung der Teilnehmer.

Rahmenbedingungen Das Training, so wie es hier beschrieben wird, geht von den folgenden Rahmenbedingungen aus, die ich als Kommunikationstrainer in der Praxis häufig vorfinde:

▶ Die Teilnehmer sind Mitarbeiter eines Dienstleistungsunternehmens.
▶ Die Teilnehmer haben überwiegend (noch) keine Personalverantwortung, teilweise sind sie aber für Führungspositionen vorgesehen oder können sich selbst vorstellen, eine Führungslaufbahn einzuschlagen.

▶ Das Seminar dauert drei Tage, jeweils von 9.00 Uhr bis 17.00 Uhr. Es gibt eine Stunde Mittagspause, sowie mehrere kürzere Pausen.
▶ Es nehmen 12 Teilnehmer an dem Seminar teil, die sich vor Seminarbeginn noch nicht oder nur teilweise kennen.
▶ Das Seminar wird von einem Trainer geleitet.

Wenn Sie in Ihrer Praxis andere Bedingungen vorfinden, werden Sie an der ein oder anderen Stelle Ihr Vorgehen und Ihre Planung sicher entsprechend variieren. Grundsätzlich sind die Seminarbausteine leicht auf andere Rahmenbedingungen übertragbar.

Auf einen Blick

Erster Tag	Zweiter Tag

▶ Begrüßung, Vorstellung Trainer
▶ Kennenlernen – Paarinterview
▶ Übung ‚Name-Verb-Bewegung'
▶ Überblick über das Seminar
▶ Lernziele der Teilnehmer
▶ Grundmerkmale der Kommunikation
  – ‚Zug-Übung', Input
▶ Vier Seiten der Kommunikation
  – Input, Übung in Kleingruppen
	▶ Überblick
	▶ Warm-up ‚Alle, die' oder
	  ‚Ja-Nein-Rätsel'
	▶ Fragearten – Input
	▶ Kritik konstruktiv äußern –
	  Ich- und Du-Botschaften:
	  Einleitende Übung, Input, Übung
	▶ Die erste Praxisberatung –
	  Psychodramatisches Rollenspiel

▶ Überblick & Warm-up ‚Obstkorb'
▶ Vier-Ohren-Modell – Input
▶ Reflexion des eigenen
  Kommunikationsstils
▶ Stärken und Schwächen der Ohren
▶ Gespräche vorbereiten
  – Input und Übung
▶ Rollenspiel ‚Kollegengespräch'
  durchführen und auswerten
▶ Abschlussrunde
	▶ Aktives Zuhören: Einleitende Übung
	  ‚Stille Post', Input, Übung
	  Rollenspiel
	▶ Zusammenarbeit in der Gruppe:
	  ‚Turmbau-Übung', Faktoren guter
	  Teamarbeit – Sammeln in
	  Kleingruppen
	▶ Abschlussrunde: ‚Was ist noch
	  offen?'

Thomas Schmidt: Kommunikationstrainings erfolgreich leiten

II. Der Seminarfahrplan

zum Thema
Kommunikation und Gesprächsführung

Dritter Tag	Start/Stopp
▶ Überblick	9.00
▶ Gesprächsleitfaden – Input	
▶ Rollenspiel ‚Mitarbeitergespräch' in Kleingruppen	
▶ Die zweite Praxisberatung – Beratung mit dem ‚Inneren Team'	
▶ Die dritte Praxisberatung – Kollegiale Beratung und Problemlösung in Kleingruppen	12.30
▶ Feedback: Input ‚Johari-Fenster', Feedback-Regeln, Übung in Kleingruppen	13.30
▶ Do's & Don'ts der Kommunikation	
▶ Letzte Fragen	
▶ Abschlussrunde	
	17.00

0. Vor dem Seminarbeginn

Ein wesentlicher Teil der Seminararbeit findet im Vorfeld statt. Eine gewissenhafte Vorbereitung ist zweifelsohne ein wichtiger Faktor für den erfolgreichen Verlauf eines Trainings. In der Literatur gibt es dazu zahlreiche Hinweise (siehe Folgeseite).

Ich möchte mich hier auf einige Aspekte beschränken, welche die unmittelbare Zeit vor dem Beginn des Seminars betreffen:

Raumaufbau
▶ Der Trainer sollte rechtzeitig im Seminarraum sein, um ihn in aller Ruhe einrichten und sich anschließend auf das Seminar einstimmen zu können. Die folgende Abbildung veranschaulicht exemplarisch den Raumaufbau vor Seminarbeginn.

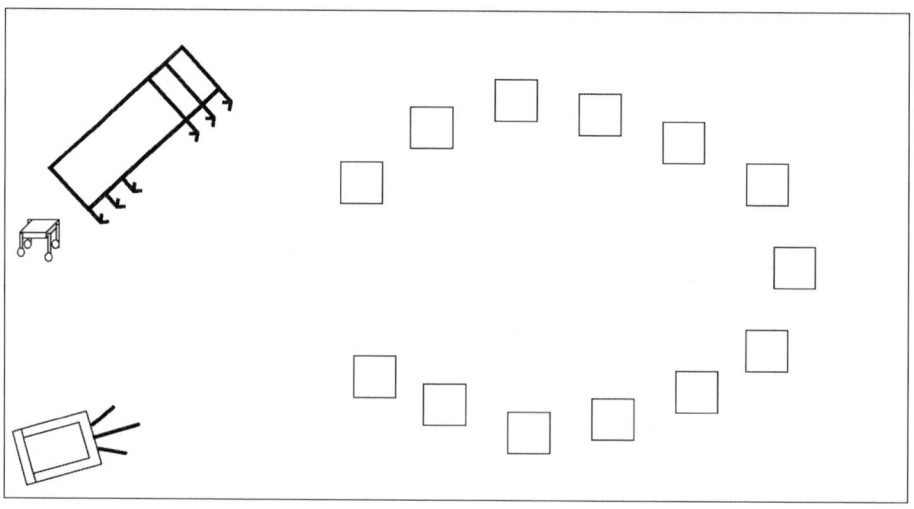

Abbildung: Der Aufbau des Seminarraumes vor Seminarbeginn. Der Trainer hat einen Stuhlkreis gestellt, der vorne leicht geöffnet ist, so dass nicht umgestellt werden muss, wenn etwas präsentiert wird. Flip-Chart, Moderationskoffer, Pinwände stehen bereit.

Thomas Schmidt: Kommunikationstrainings erfolgreich leiten

▶ Der Trainer hat ein Plakat beschriftet und aufgehängt, welches das Thema des Seminars und den Namen des Trainers nennt und außerdem die Teilnehmer willkommen heißt.

Wie der Trainer die Zeit unmittelbar vor dem Beginn des Trainings gestaltet, kommt auf seine individuellen Bedürfnisse an. Während der eine gedanklich noch einmal den Ablauf durchgeht, um Sicherheit zu gewinnen oder sich zurückzieht, um Ruhe zu finden, sucht der andere von sich aus den Kontakt zu den Teilnehmern, die meistens nach und nach im Seminarraum eintreffen. Grundsätzlich gilt, dass es für jeden Trainer wichtig ist, vor Seminarbeginn in gutem Kontakt zu sich selbst und – spätestens im Seminar – in guten Kontakt zu den Teilnehmern zu kommen.

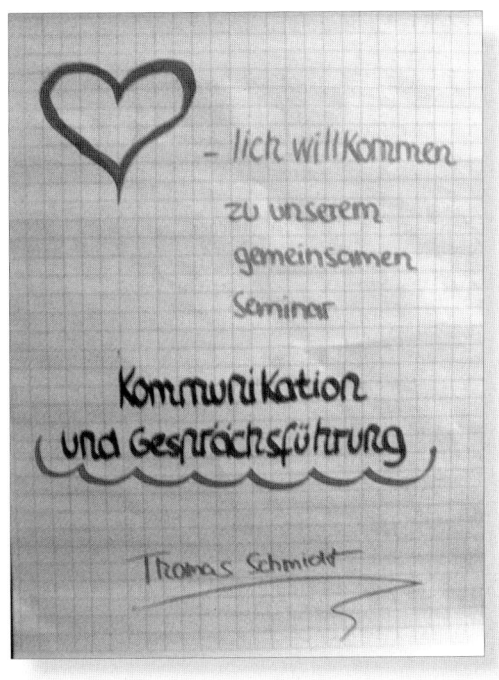

Hinweis

Natürlich kann das Begrüßungs-Plakat auch anders gestaltet werden. Es gibt gewiss originellere Varianten als dieses klassische „Herzlich willkommen"-Flipchart. Mancher Trainer kann ein solches Plakat bereits nicht mehr sehen. Die Teilnehmer jedoch schon. Denn die meisten Menschen besuchen nicht ständig Seminare und sind eher dankbar für alles, was eine angenehme Atmosphäre schafft.

Abbildung: Das Flip-Chart zur Begrüßung der Teilnehmer hat der Trainer vor dem Seminarbeginn aufgestellt.

Literatur

▶ Langmaack, Barbara & Braune-Krickau, Michael: Wie die Gruppe laufen lernt. Beltz, Weinheim, 1993, 4. Aufl., S. 9ff.
▶ Birkenbihl, Michael: Train the Trainer. Verlag Moderne Industrie, Landsberg, 7. Aufl., 1988, S. 189ff.
▶ Geißler, Karlheinz: Lernprozesse steuern – Übergänge zwischen Willkommen und Abschied, 1999, 2. Aufl.

Am ersten Seminartag wird der Grundstein für die weitere Zusammenarbeit gelegt. Zunächst stehen das Kennenlernen, die Orientierung über den weiteren Seminarverlauf und das Schließen eines Arbeitskontraktes im Vordergrund. Anschließend werden die theoretischen Grundlagen der Kommunikation vermittelt, wobei auf eine lebendige Mischung aus gut visualisierten Inputs, anregenden Dialogen und praktischen Übungen geachtet wird. Am Nachmittag steht dann eine praxisorientierte Übung auf dem Programm. Ein schwieriges Kollegengespräch wird in Kleingruppen vorbereitet und im Anschluss als Rollenspiel im Plenum durchgeführt und ausgewertet.

Auf einen Blick

1. Der erste Seminartag

Begrüßung   09.00 Uhr

> **Orientierung**

Ziele:
- ▶ Die Teilnehmer willkommen heißen.
- ▶ Neugier auf das Seminar wecken.
- ▶ Den Teilnehmern Orientierung geben.

Zeit:
- ▶ 5 Minuten (3 Min., 2 Min. Puffer[2])

Material:
- ▶ Flip-Chart „Begrüßung"

Überblick:
- ▶ Der Trainer heißt die Teilnehmer willkommen.
- ▶ Er versucht, die Teilnehmer „emotional abzuholen".
- ▶ Er erzeugt Neugier auf das Thema und das Seminar.
- ▶ Er nennt die Seminarzeiten.

Erläuterungen

Die einleitenden Worte zum Seminarbeginn sind vergleichbar mit dem Klappentext eines Buches. So, wie sich bei jenem entscheidet, ob das Buch mit Interesse begonnen oder gleich wieder zur Seite gelegt wird, entscheidet sich bei der Einleitung des Trainers, ob sich das Interesse der Teilnehmer an seinen Worten entzündet oder ob es sofort gelöscht wird. Hier werden die Weichen gestellt für den

Wecken Sie das Interessse Ihrer Teilnehmer

---

[2] Bei der Zeitangabe lasse ich bei jedem Baustein etwas Zeitpuffer, weil dieser erfahrungsgemäß früher oder später im Laufe des Seminars immer gebraucht wird.

weiteren Verlauf, sowohl auf der Sach- als auch auf der Beziehungs-ebene.

Kontakt herstellen

Die Teilnehmer kommen mit Gefühlen der Unsicherheit und Ängst-lichkeit auf der einen und Neugier auf der anderen Seite ins Semi-nar. Die Anspannung ist groß und die Fokussierung auf den Leiter hoch. Entscheidend ist es, einen guten Kontakt zu den Teilnehmern herzustellen und Interesse für das Seminar zu wecken. Dies gelingt am besten, wenn ein Bezug zu ihrer Lebenswelt geknüpft wird und sich ein Nutzen des Seminarbesuchs für sie erkennen lässt. Hilf-reich ist es auch, auf das „Hier und Jetzt" Bezug zu nehmen, indem der Trainer etwas aufgreift und thematisiert, was gerade vorgefallen ist und alle Anwesenden betrifft oder interessiert, seien es Staus bei der Anreise, besonders schönes oder schlechtes Wetter, der Ort der Veranstaltung oder ein aktuelles Ereignis. Auch Anekdoten, Sprichwörter, Zitate oder Metaphern sind wirkungsvolle Möglich-keiten, die Teilnehmer auch emotional zu erreichen. Um bei der Gruppe emotional „anzudocken", ist es ebenfalls hilfreich, wenn der Trainer eigene Gefühle ausdrückt, z.B. Neugier, Freude, Aufre-gung etc.

Nutzen präsentieren

Orientierung erleichtern

Wenn man den Überblick über das Seminar erst nach der Phase des Kennenlernens gibt, so wie ich es in diesem Seminar-Fahrplan vorschlage, dann ist es an dieser Stelle angezeigt, wenigstens kurz die Zeiten für den Beginn und den Schluss des Seminartages und für die Mittagspause zu nennen.

Beziehen Sie die Teilnehmer möglichst rasch aktiv ein

Gleichzeitig muss die Einleitung kurz sein. Sie darf nicht dazu führen, dass die Teilnehmer sich zurücklehnen und das aus Lernsi-tuationen altbekannte Gefühl der Passivität vermittelt bekommen. Wichtig ist, dass die Teilnehmer rasch selbst aktiv werden können – und müssen. Die einleitenden Worte sollten also prägnant und wohl überlegt sein. Bei der Leitung meiner ersten Seminare hat es mir geholfen, Stichworte auf eine Moderations-Karte zu schreiben. Auch wenn ich sie anschließend nicht gebraucht habe, hat es mir Sicherheit gegeben, sie in Händen zu halten und notfalls nach-schauen zu können.

Natürlich ist es nicht möglich, einen Standard-Einleitungstext zu formulieren, der für alle Gelegenheiten passt. Schließlich müssen die einleitenden Worte zum Trainer, zu den Teilnehmern und zur Situation passen. Eine mögliche Einleitung ist die folgende:

Vorgehen

Der Trainer eröffnet das Seminar:

„Guten Morgen und herzlich willkommen zu unserem gemeinsamen Seminar ‚Kommunikation und Gesprächsführung'. Vielleicht haben Sie sich vor dem Seminar gefragt, ob Sie die Fähigkeit zu kommunizieren und Gespräche zu führen nicht längst beherrschen.

Das ist natürlich richtig. Und gleichzeitig ist das scheinbar Selbstverständlichste, unsere Kommunikation, von entscheidender Bedeutung dafür, wie gut und erfolgreich wir unser Leben gestalten, im privaten Bereich ebenso wie im Beruf. Denn die Qualität unserer Kommunikation zu Kunden, Vorgesetzten und Kollegen entscheidet zu einem großen Teil darüber, wie erfolgreich wir sind. Sowohl als Individuum als auch als Team oder als Unternehmen.

Das ist der Grund, weshalb wir uns drei Tage Zeit für das Thema nehmen. Um zu verstehen, auf welchen Ebenen Kommunikation abläuft, was schief gehen kann in der Kommunikation und wie wir schwierige Kommunikations-Situationen meistern können. Dabei wird es um ganz konkrete, handfeste Fragen gehen, die sich an Ihrer Praxis orientieren. Fragen wie beispielsweise:

▶ *Wie kann ich Gespräche besser steuern?*
▶ *Wie kann ich Kritik üben, ohne andere zu verletzen?*
▶ *Wie kann ich mit verärgerten oder aggressiven Gesprächspartnern umgehen?*

Bei diesen Fragen merken Sie schnell, dass Kommunikation nicht nur ein wichtiges, sondern auch ein sehr persönliches Thema ist. Im Unterschied zu fachlichen Themen lässt sich ‚Kommunikation' nie von uns selbst, von uns als Mensch trennen. Das macht das Thema spannend, auch für mich als Trainer, weil wir Menschen zum Glück alle unterschiedlich sind.

Und deshalb ist es wichtig, dass wir uns gleich erst einmal die Zeit nehmen, uns kennen zu lernen. Vorher möchte ich Ihnen noch kurz sagen, wie unsere Seminarzeiten sein werden: Wir arbeiten jeweils von 9.00 bis 12.30 Uhr und von 13.30 Uhr bis 17.00 Uhr."

Hinweise

▶ Während der Trainer seine einleitenden Worte sagt, nimmt er sich bewusst Zeit und nimmt Blickkontakt zu allen Teilnehmern auf.

Pünktlich beginnen oder auf Verspätete warten?

▶ Zum Zeitpunkt des offiziell vereinbarten Seminarbeginns fehlt häufig noch der eine oder andere Teilnehmer. Der Trainer kann nun entweder warten, bis die Gruppe vollständig ist oder zum vereinbarten Zeitpunkt starten. Beide Varianten haben Vor- und Nachteile:

▶ Wenn der Trainer pünktlich beginnt, so macht er damit deutlich, dass die Seminarzeiten verbindlich sind und er sich daran halten wird. Er belohnt die Pünktlichen und vermittelt Klarheit und Orientierung. Auf der anderen Seite ist es problematisch, dass einzelne Teilnehmer in der Anfangsphase des Seminars, in der es darum geht, sich kennen zu lernen und Vertrauen aufzubauen, fehlen. Wenn der Trainer pünktlich beginnt, sollte er deshalb darauf achten, die verspäteten Teilnehmer gut zu integrieren, etwa indem er sie freundlich begrüßt und ihnen mitteilt, was bisher passiert ist.

▶ Wartet der Trainer auf die Teilnehmer, die sich verspätet haben, so kann er das Seminar mit der vollständigen Gruppe beginnen. Dadurch haben alle Teilnehmer Gelegenheit, sich von Anfang an kennen zu lernen; niemand muss später integriert werden. Andererseits bestraft der Trainer die Pünktlichen, indem er sie warten lässt. Außerdem vermittelt er den Eindruck, dass die Einhaltung der Zeiten nicht so wichtig ist. Dadurch kann es passieren, dass es auch im weiteren Seminarverlauf häufig zu Verspätungen kommt. Wenn der Trainer auf verspätete Teilnehmer wartet, sollte er später klarmachen, dass die Zeiten im Weiteren eingehalten werden sollen. Dies muss er nicht unbedingt vorgeben; er kann auch Regeln für die Zusammenarbeit mit den Teilnehmern vereinbaren. Meistens wird der Wunsch nach Pünktlichkeit dann von der Gruppe selbst thematisiert.

Literatur

Zur Gestaltung der Anfangsphase des Seminars möchte ich folgende Bücher empfehlen:

▶ Geißler, Karlheinz A.: Anfangssituationen. Was man tun und besser lassen sollte. Beltz, Weinheim, 1999, 9. Aufl.

▶ Langmaack, Barbara & Braune-Krickau, Michael: Wie die Gruppe laufen lernt. Beltz, Weinheim, 1993, 4. Aufl.

Vorstellung des Trainers 09.05 Uhr

Orientierung

Ziele:
▶ Die Teilnehmer lernen den Trainer kennen.
▶ Die Ängste und Übertragungen der Teilnehmer werden reduziert.

Zeit:
▶ 5 Minuten (2 Min., 3 Min. Puffer)

Material: /

Überblick:
▶ Der Trainer stellt sich vor.
▶ Er geht auf jene Aspekte ein, die beim anschließenden Kennenlernen der Teilnehmer vorkommen.
▶ Er berichtet auch etwas Persönliches von sich.

Erläuterungen

Der Trainer fungiert als Modell für die Teilnehmer. Deshalb sollte er bei der Vorstellung seiner Person auf jene Aspekte eingehen, die anschließend beim Kennenlernen der Teilnehmer erfragt werden. Der Umfang sollte so sein, wie es der Trainer auch von den Teilnehmern erwartet.

Der Trainer hat eine Vorbildfunktion

Es ist hilfreich, wenn der Trainer auch Persönliches von sich erzählt. Dadurch bekommen die Teilnehmer einen persönlichen Bezug zu ihm. So erzähle ich häufig von aktuellen Erlebnissen, die ich etwa in meiner Rolle als Vater gemacht habe. Im Verlaufe des Seminars oder in den Seminarpausen kommt es dann regelmäßig vor, dass sich einige Teilnehmer darauf beziehen. Neben diesem positiven Effekt auf den Kontakt zu den Teilnehmern trägt Persönliches auch dazu bei, dass der Seminarleiter als Mensch transparenter und greifbarer wird und dadurch Übertragungen und Projektionen der Teilnehmer abgebaut werden.

Persönliches einbringen

Was ich jeweils von mir erzähle, variiert durchaus je nach Stimmung, Art des Seminars und den Teilnehmern. Dennoch habe ich mir vor Seminarbeginn gut überlegt, wie ich mich vorstelle. Meine Vorstellung in meiner Funktion als externer Trainer kann beispielsweise folgendermaßen klingen.

Vorgehen

„Zunächst einmal möchte ich mich Ihnen vorstellen, damit Sie wissen, mit wem Sie es zu tun haben. Ich heiße Thomas Schmidt, bin 36 Jahre alt und von Hause aus Diplom-Psychologe und Diplom-Pädagoge. Ich arbeite seit mehreren Jahren als Personalentwickler für ein großes Finanzdienstleistungsunternehmen in Frankfurt. Daneben bin ich freiberuflich als Trainer und Berater tätig. Mein Job ist es – so wie jetzt – Seminare zu leiten, hauptsächlich zu den Themen Kommunikation, Konfliktmanagement und Führung. Außerdem moderiere ich Workshops. Darin geht es manchmal um sachbezogene Themen, häufiger aber um das Thema Kommunikation und Konflikte. Oft werde ich als Moderator dann gerufen, wenn es in der Zusammenarbeit schwierig wird. Ein weiterer Arbeitsschwerpunkt von mir ist das Coaching von Führungskräften. Da geht es um eine persönliche Beratung mit dem Ziel, die eigene Führungsrolle effektiver zu gestalten.

Privat bin ich verheiratet und habe einen zwölfjährigen Sohn. Ich spiele gerne Fußball, oft auch mit meinem Sohn. Mit ihm lese ich gerade den aktuellen Harry-Potter-Band und bin sehr neugierig, wie es ausgeht. Aber verraten Sie's nicht, falls Sie das Buch schon gelesen haben. Außerdem gehe ich gerne ins Kino oder mit Freunden aus und spiele ab und an gerne, wenn auch eher dilettantisch, Gitarre.

Dieses Seminar habe ich schon sehr häufig geleitet. Aber ich bin jetzt trotzdem sehr gespannt und neugierig, weil jedes Seminar anders ist. Denn jedes Seminar lebt von den Menschen, die daran teilnehmen."

Hinweise

▶ Mit dem letzten Satz der Vorstellung leitet der Trainer über zum Kennenlernen der Teilnehmer.
▶ Die Formulierung *„Jedes Seminar lebt von den Menschen, die daran teilnehmen"* kann der Trainer am Ende des Seminars wieder aufgreifen, um den Bogen zum Seminarbeginn zu schließen (s. Seite 251).

Kennenlernen der Teilnehmer

09.10 Uhr

Orientierung

Ziele:
- ▶ Jeder Teilnehmer hat eine erste Bezugsperson.
- ▶ Die Teilnehmer kommen miteinander in Kontakt.

Zeit:
- ▶ 45 Minuten (Instruktion: 5 Min., Paarinterview: 15 Min., Vorstellungsrunde: 15 Min., Puffer: 10 Min.)

Material:
- ▶ Flip-Chart „Paarinterview"

Überblick:
- ▶ Die Teilnehmer interviewen sich paarweise anhand von vier Leitfragen.
- ▶ Die Teilnehmer stellen ihren Interviewpartner im Plenum vor.
- ▶ Der Trainer klärt die Frage der Anrede im Seminar.

Erläuterungen

An dieser Stelle hat der Trainer zwei Möglichkeiten: Entweder stellt er nun die Ziele und den Ablaufplan des Seminars vor und gibt den Teilnehmern dadurch inhaltliche Orientierung. Oder er ermöglicht es den Teilnehmern zunächst, sich untereinander kennen zu lernen, wodurch er Orientierung und Sicherheit auf der Beziehungsebene der Kommunikation ermöglicht. Beide Wege sind in Ordnung. Da jedoch eine positive Beziehungsebene die Basis für eine erfolgreiche inhaltliche Zusammenarbeit ist, bevorzuge ich es, den Teilnehmern bereits zu diesem Zeitpunkt Gelegenheit zu geben, sich miteinander bekannt zu machen.

Eine positive Beziehungsebene ist die Basis für eine erfolgreiche inhaltliche Zusammenarbeit

Die einfachste Möglichkeit zum Kennenlernen ist die Vorstellungsrunde im großen Kreis. Dieses Vorgehen ist für manche Teilnehmer jedoch wie ein „Kaltstart". Einfacher und angenehmer ist es für die meisten Menschen, sich zunächst mit einer oder mit wenigen Personen bekannt zu machen. Da es im Seminar zunächst um Zweier-Situationen geht, entscheide ich mich gerne für das Paarinterview.

27

„Du" oder „Sie"?
Klärung der Anrede

Hier können die Teilnehmer nebenbei eine zentrale Kommunikations-Kompetenz, das aufmerksame und aktive Zuhören üben.
Die Klärung der Anrede ist in dieser Phase wichtig, damit keine unnötigen Irritationen entstehen. Diese sollte vom Trainer angestoßen werden. Er sollte sich vor Seminarbeginn selbst überlegt haben, welche Anrede er bevorzugt. Ich selbst mache die Entscheidung von der jeweiligen Zielgruppe und von der Rolle abhängig, mit der ich den Teilnehmern begegne. Bin ich etwa als externer Trainer tätig und habe es mit einer Zielgruppe zu tun, in der eher eine „Du-Kultur" herrscht, so lasse ich mich ebenfalls gerne auf das „Du" ein. Wenn ich jedoch davon ausgehe, dass ich den Teilnehmern später noch in einer anderen Rolle, etwa als Beobachter in einem Assessment-Center, begegne, dann bleibe ich beim „Sie".

Da die Teilnehmergruppe in diesem Buch anonym ist, ist der „Originalton" des Trainers im Text in der Sie-Form gehalten.

Abbildung: Flip-Chart
„Paarinterview"

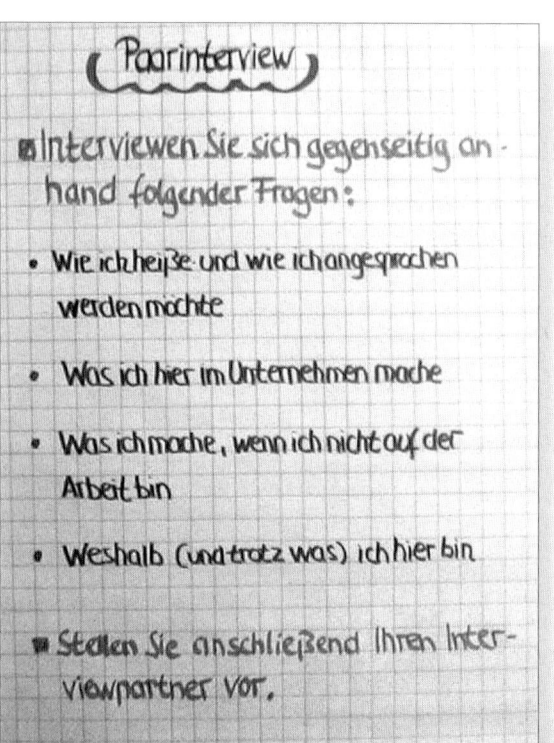

Vorgehen

Der Trainer leitet das Kennenlernen an: *„Jetzt haben Sie mich ein wenig kennen gelernt. Im nächsten Schritt geht es darum, dass Sie sich untereinander kennen lernen."*

Der Trainer deckt das Flip-Chart „Paarinterview" auf.

„Ihre Aufgabe ist nun die folgende: Interviewen Sie sich bitte zu zweit gegenseitig anhand der folgenden Leitfragen:
1. Wie ich heiße und wie ich hier im Seminar angesprochen werden möchte – Die Frage ist also, ob Sie lieber beim ‚Sie' und beim Nachnamen bleiben möchten oder das ‚Du' bevorzugen und beim Vornamen genannt werden wollen.
2. Was ich hier im Unternehmen mache – Das heißt: In welcher Abteilung arbeiten Sie, wie sieht Ihre

Tätigkeit aus, mit wem haben Sie es zu tun? Vielleicht auch: Was haben Sie vorher gemacht; wie ist Ihr beruflicher Werdegang?

3. Was ich mache, wenn ich nicht auf der Arbeit bin – Welche Hobbys und Interessen haben Sie, wie leben Sie? Hier können Sie benennen, was auch immer Sie von sich mitteilen möchten.

4. Weshalb (und trotz was) ich hier bin – Wie kommt es, dass Sie hier sind? Wollten Sie schon seit Jahren mal ein Kommunikations-Seminar besuchen? Gibt es konkrete Wünsche und Erwartungen? Oder hat Sie Ihr Chef hierher geschickt? Vielleicht haben Sie auch Bedenken, vielleicht schlechte Erfahrungen aus anderen Seminaren? Wie sollte es hier nicht laufen? Was sollte auf keinen Fall passieren? Sind die Fragen klar?"

Falls es keine Fragen gibt, fordert der Trainer die Teilnehmer auf, sich einen Interviewpartner zu suchen. Bei einer ungeraden Anzahl an Seminarteilnehmern gibt es eine Dreier-Gruppe. *„Suchen Sie sich nun bitte eine Person aus, die nicht neben Ihnen sitzt und die Sie noch nicht kennen. Am leichtesten geht das, wenn Sie dazu aufstehen und auf eine Person zugehen."*

Der Trainer steht selbst auf. Er wartet ab, bis sich alle Paare gefunden haben und unterstützt bei Bedarf, indem er fragt, wer noch „zu haben" ist, so dass sich die zunächst übrig gebliebenen Personen schneller finden.

Dann fügt er hinzu: *„Es ist nicht notwendig, dass Sie sich Notizen machen. Es geht nicht darum, dass Sie nachher alles protokollgenau reproduzieren. Sondern es geht darum, dem anderen gut zuzuhören und das Wichtigste später wiederzugeben. Nehmen Sie sich insgesamt 15 Minuten Zeit, das heißt also sieben Minuten pro Interview. Wir treffen uns um 9.30 Uhr. Achten Sie bitte auf die Zeit."*

Falls es eine Dreier-Gruppe gibt: *„Die Dreier-Gruppe hat fünf Minuten pro Person Zeit."*

Nach 15 Minuten bittet er die Teilnehmer, wieder ins Plenum zu kommen. Wenn alle im Kreis sitzen, leitet er die Vorstellungsrunde an: *„Stellen Sie nun bitte Ihren Interviewpartner vor. Wie gesagt, es ist nicht notwendig, das, was Ihnen Ihr Interviewpartner gesagt hat, vollständig wiederzugeben. Es reicht vollkommen, wenn Sie das erzählen, was Sie behalten haben. Wer fängt an?"*

29

Während der Vorstellungsrunde hört der Trainer aufmerksam zu und macht sich ggf. Notizen. Falls ein wichtiger Punkt, etwa die Frage nach der Anrede oder die nach dem Anlass für den Seminarbesuch, vergessen wird, fragt der Trainer nach, bis er eine klare Antwort bekommt.

Wenn ein Teilnehmer mit der Vorstellung seines Interviewpartners fertig ist, fragt der Trainer die Person, die vorgestellt wurde: *„Gibt es etwas zu ergänzen?"*

Am Ende der Vorstellungsrunde trifft der Trainer eine Vereinbarung mit den Teilnehmern in Bezug auf die Anrede. Dabei sagt er auch, wie er angesprochen werden möchte.

Hinweise

Innere Widerstände aufdecken

▶ Bei der Frage *„Weshalb ich hier bin"* nennen die Teilnehmer meistens bereits erste Lernziele. Diese werden später konkretisiert. Bei der Frage nach dem *„Trotz was ich hier bin"* halten sich die Teilnehmer oft eher zurück. Häufig sagen die Teilnehmer eher gegen Ende des Seminars, dass sie zunächst ja *„eigentlich gar keine Lust"* auf das Seminar hatten, während sie am Anfang nichts zu ihren inneren Widerständen gesagt hatten. Obwohl man also an dieser Stelle höchstens Bruchstücke der vorhandenen Befürchtungen und Bedenken erfährt, ist es ein wichtiges Signal, dass die Frage danach gestellt wird und damit von Beginn an klar ist, dass es Raum für die Äußerung von Ängsten, Störungen und Widerständen gibt.

▶ Das Paarinterview hat den Vorteil, dass die Teilnehmer in der Intimität der Zweier-Situation mehr von sich erzählen, als wenn sie sich vor der ganzen Gruppe vorstellen würden. Deshalb erfahren die Teilnehmer bei der anschließenden Vorstellungsrunde oft bereits relativ viel voneinander.

▶ Bei der Klärung der Anrede finde ich es wichtig, dass diese Vereinbarung für alle stimmig ist und versuche deshalb, jene zu schützen, die eine von der Gruppennorm abweichende Anrede bevorzugen. So erlebe ich es häufig, dass sich die Mehrzahl in der Gruppe duzen möchte, während sich Einzelne mit dieser Regelung sichtlich unwohl fühlen. Dann bestärke ich die „Abweichler", indem ich beispielsweise sage: *„Ich finde*

es völlig in Ordnung, wenn jemand beim ‚Sie' bleiben möchte. Denn es kommt ja vor, dass man sich bei einem Seminar schnell duzt und das ‚Du' später, wenn man sich nur selten sieht, als unangemessen empfindet. Deshalb möchte ich Sie ermuntern, bei Ihrem Gefühl zu bleiben."

▶ Wenn der Trainer die Frage nach der Anrede stellt, äußern nach meiner Erfahrung die meisten Teilnehmer den Wunsch, zum „Du" überzugehen. Falls es der Trainer bevorzugt, beim „Sie" zu bleiben, sollte er sich also überlegen, ob er die Frage überhaupt thematisiert.

Variante: „Vorstellen im Rollentausch"

Bei dieser, aus dem Psychodrama stammenden, Variante weist der Trainer die Teilnehmer an, sich bei der Vorstellung des Interview-Partners hinter diesen zu stellen und ihn in der Ich-Form vorzu-stellen. Stellt also Frau Meier ihren Interviewpartner Herrn Müller vor, so stellt sie sich hinter ihn und beginnt etwa mit den folgen-den Worten: *„Ich bin der Herr Müller und bin 35 Jahre alt ..."* Die Teilnehmer werden dadurch angeleitet, in die „Haut" des anderen zu schlüpfen. Die Empathiefähigkeit wird in besonderem Maße geschult.

Eine weitere Kennen-lern-Übung „Gemein-samkeiten finden" auf Seite 256

Literatur

Weitere Kennenlern-Übungen finden Sie in folgenden Büchern:

▶ Baer, Ulrich: 666 Spiele für jede Gruppe für alle Situationen. Kallmeyer, Seelze-Velber, 1995, S. 16.
▶ Gudjons, Herbert: Spielbuch Interaktionserziehung. Klinkhardt, Bad Heilbronn, 1995, S. 49ff.
▶ Seifert, Josef: Games. Spiele für Moderatoren und Gruppenleiter. Gabal, Offenbach, 2000, S. 26ff.

09.55 Uhr   Übung ‚Name-Verb-Bewegung'

Ziele:

▶ Die Teilnehmer kennen untereinander ihre Namen.

▶ Die Atmosphäre wird aufgelockert.

Zeit:

▶ Ca. 15 Minuten (10 Min., 5 Min. Puffer)

Material: /

Überblick:

▶ Jeder überlegt sich ein Verb, das mit dem gleichen Buchstaben beginnt wie der eigene Name und eine zu dem Verb passende Bewegung.

▶ Reihum wiederholt jeder Teilnehmer zuerst die vorangegangenen Namen, Verben und Bewegungen. Anschließend sagt er den eigenen Namen, sein Verb und macht die entsprechende Bewegung.

▶ Die Bewegungen werden immer von allen Teilnehmern mitgemacht.

Erläuterungen

Teilnehmernamen spielerisch merken

„Der Mensch hört nichts lieber als Lob und seinen eigenen Namen", so lautet ein bekanntes Zitat des italienischen Staatsphilosophen Niccolo Machiavelli. Es sei dahingestellt, ob diese These immer zutrifft. Jedenfalls ist es für den Kontakt der Teilnehmer (und des Trainers) im Seminar ungemein wichtig, dass die Namen allen bekannt sind. Zu diesem Zweck ist die folgende Übung, bei der auf spielerische Weise eine effektive Mnemo-Technik eingesetzt wird, vorzüglich geeignet.

Vorgehen

„Ich vermute, dass die meisten von Ihnen sich noch nicht alle Namen eingeprägt haben. Deshalb möchte ich gerne eine kurze Übung machen, bei der es darum geht, sich mit einer einfachen Gedächtnistechnik die Namen zu merken. Bitte stehen Sie dazu auf."

Der Trainer steht auf. *„Wir stellen uns im Kreis zusammen."* Dann
wartet er, bis alle Teilnehmer im Kreis stehen. Er achtet darauf,
dass jeder Teilnehmer etwas Bewegungsfreiheit hat. Eventuell müssen Stühle, Taschen oder Tassen aus dem Weg gestellt werden. *„Die
Übung geht folgendermaßen: Jeder denkt sich zu seinem Namen ein
Verb aus, das mit dem gleichen Buchstaben beginnt wie sein Name.
Bei ‚Schmidt' also beispielsweise ‚schwimmen'. Außerdem denkt sich
jeder eine dazu passende Geste oder Bewegung aus. Bei ‚Schwimmen'
sieht das etwa so aus: ..."*

Er macht eine entsprechende Bewegung vor.

Abbildung: Der Trainer instruiert die Übung „Name-Verb-Bewegung".

Nun wartet der Trainer einen Moment, damit sich jeder ein entspre-
chendes Verb und eine dazu passende Bewegung überlegen kann.
Dann fragt er: *„Hat jeder ein Verb und eine Bewegung?"*

Falls jemand kein Verb gefunden hat, fordert der Trainer die anderen Teilnehmer auf, bei der Suche behilflich zu sein oder hilft
selbst weiter. Es gibt einige Namen, die mit Anfangsbuchstaben
beginnen, bei denen es schwierig ist, ein passendes Verb zu finden.
Hier kann man sich helfen, indem man Substantive, Adjektive oder
Adverbien zu Hilfe nimmt. Einige Anregungen zu „schwierigen"
Anfangsbuchstabenn:

33

Hilfen für schwierige
Buchstaben

- **C** (z.B. Christian oder Christiane): climben, curlen, am Computer arbeiten, Champion sein, Champignons essen.
- **I** (z.B. Ingo oder Ina): informieren, imitieren, insistieren, Ideen haben, ideal sein.
- **O** (z.B. Olaf): öffnen, offen sein, auf einer Oase sein, ordentlich sein, eine Oper singen.
- **U** (z.B. Uwe oder Ute): unterrichten, umzingeln, unterwegs sein, überholen.
- **V** (z.B. Verena): verzaubern, verzücken, verwandeln, verrückt sein.
- **X** (z.B. Xaver): Xylophon spielen, X für ein U vormachen.
- **Y** (z.B. Yvonne): Yoga machen, Yoghurt essen, ein Yuppie sein.

Ansonsten versucht der Trainer, möglichst schnell in die Übung einzusteigen.

„Ich fange an und dann geht es im Uhrzeigersinn weiter. Jeder muss die Namen und Bewegungen von allen wiederholen, die vor ihm an der Reihe waren. Anschließend nennt er seinen Namen, sein Wort und macht seine Bewegung dazu. Immer wenn eine Bewegung gemacht wird, machen alle mit. Ich fange an: Mein Name ist Schmidt und ich schwimme." Der Trainer macht einige Schwimm-Bewegungen.

Dann gibt der Trainer die Aufgabe an den Teilnehmer, der links neben ihm steht, weiter: *„Herr Meier, Sie machen weiter. Sie haben's leicht. Sie müssen nur meinen Namen, mein Verb und meine Bewegung wiederholen und sich dann in der gleichen Weise vorstellen. Die Bewegungen werden immer von allen mitgemacht."*

Die Übung läuft dann unter viel Spaß und Gelächter ab. Der Trainer achtet darauf, dass die Bewegungen von allen Teilnehmern mitgemacht werden, weil die Übung deutlich mehr „Pep" hat, wenn sich alle aktiv daran beteiligen.

Hinweise

- Im Allgemeinen führt diese Übung nach anfänglichen Irritationen dazu, dass die Stimmung deutlich aufgelockert wird und die Namen gut behalten werden. Insofern ist die Übung sehr effektiv.

- Den Bedenken gegenüber der spielerischen Form der Übung kann der Trainer begegnen, indem er diese wertschätzend und humorvoll thematisiert: *„Ich weiß, die Übung ist etwas ungewöhnlich und mag Sie vielleicht an Kindergeburtstagsfeiern erinnern. Gleichzeitig ist sie eine sehr gute Methode, um schnell viele Namen zu lernen. Und das gegenseitige Kennenlernen ist eine wichtige Grundlage für unsere Zusammenarbeit."*

  Wie Sie mit Bedenken gegenüber Übungen umgehen

- Dennoch kann es vorkommen, dass ein Teilnehmer sich über die „alberne" Übung lustig macht und sich gegen weitere „Spielchen" sperrt. Wichtig ist dann, den Einsatz spielerischer Übungen gut begründen zu können. Wenn man als Trainer hinter dem Spiel oder der Übung steht, die man einsetzt, wird man in aller Regel die Mehrheit der Teilnehmer überzeugen können, sich darauf einzulassen. Gleichzeitig sollte man nie einen Teilnehmer dazu zwingen, an einer Übung teilzunehmen. Man kann nur dazu einladen.

- Wenn der Trainer während der Übung bemerkt, dass einzelne Teilnehmer unter Stress geraten, weil sie manche Namen nicht erinnern können, ermuntert der Trainer die Gruppe, einander zu helfen: *„Es macht überhaupt nichts, wenn Sie einzelne Namen vergessen haben, die anderen können dann gerne helfen, indem sie die Bewegung vormachen, dann kommen Sie wahrscheinlich auf das Verb und vielleicht auch auf den Namen."*

- Zum Schluss kann der Trainer noch einmal alle Namen und Bewegungen wiederholen. Wenn er das nicht freiwillig tut, wird er nicht selten von den Teilnehmern dazu aufgefordert.

- Man kann bei der Übung die Bewegung auch weglassen. Damit ist man bei einer Gruppe, die spielerischen Elementen skeptisch gegenübersteht, eher auf der sicheren Seite. Andererseits verliert die Übung dann ihren auflockernden Charakter.

  Eine weitere Namens-übung auf Seite 260

Literatur
Weitere Namens-Übungen finden Sie in folgenden Büchern:
- Seifert, Josef: Games. Spiele für Moderatoren und Gruppenleiter. Gabal, Offenbach, 2000, S. 18ff.
- Weber, Hermann: Arbeitskatalog der Übungen und Spiele. Windmühle, Hamburg, 1986, S. 688ff.

10.10 Uhr Überblick über das Seminar

Orientierung

Ziele:

▶ Den Teilnehmern Orientierung geben.

Zeit:

▶ Ca. 15 Minuten (10 Min., 5 Min. Puffer)

Material:

▶ Flip-Chart „Seminarziele"
▶ Pinwand „Ablaufplan" und Moderationskarten, auf denen die Seminarthemen und -methoden stehen, Pins

Überblick:

▶ Der Trainer stellt die Seminarziele, den Ablaufplan und die Methoden des Seminars vor.
▶ Er klärt alle organisatorischen Fragen.

Erläuterungen

Die Teilnehmer sind nun miteinander in Kontakt gekommen, das erste Kennenlernen und die erste Auflockerung hat stattgefunden. Nun ist es an der Zeit, mit den Teilnehmern zu besprechen, wie das Seminar verlaufen soll. Es ist die Aufgabe des Trainers, für Transparenz und Orientierung zu sorgen. Dies hat in der Anfangsphase des Gruppenprozesses hohe Priorität. Folgende Aspekte müssen geklärt werden:

▶ Die Ziele des Seminars
▶ Der geplante Ablauf
▶ Organisatorisches

Ziele des Seminars

Vorgehen

Der Trainer geht zum Flip-Chart-Ständer und leitet über zur Präsentation der Seminarziele: *„Ich möchte Ihnen nun einen Überblick
darüber geben, was in den folgenden drei Tagen auf Sie zukommt.
Als Erstes möchte ich Ihnen vorstellen, welche Ziele dieses Seminar
hat."* Der Trainer schlägt das Flip-Chart „Seminarziele" auf.

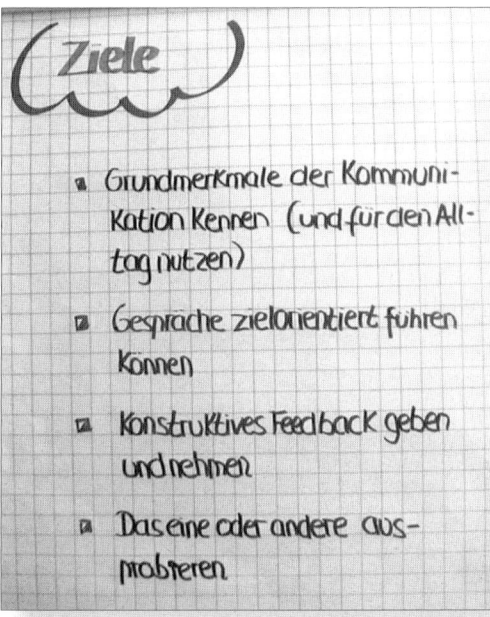

Abbildung: Das Flip-Chart „Seminarziele"

„Ziele des Seminars sind …

Zielformulierung

▶ *Die Grundmerkmale der Kommunikation kennen und für den
   Alltag nutzen.*
▶ *Gespräche zielorientiert führen können.*
▶ *Konstruktives Feedback geben und nehmen.*
▶ *Das eine oder andere ausprobieren.*

*Wir werden hier mit unterschiedlichen Übungen arbeiten, in denen es
darum geht, Gelerntes zu üben und Neues in einem geschützten Rahmen auszuprobieren. Hier geht es um die Frage: Wie kommuniziere
ich? Und was kann ich in bestimmten Situationen anders machen?
Gibt es Fragen zu den Seminarzielen?"*

37

Falls keine Fragen auftauchen, ermuntert der Trainer die Teilnehmer: *„Generell ist es so: Falls Sie Fragen haben, können Sie mich jederzeit gerne unterbrechen."*

Schließlich fragt der Trainer, ob die Teilnehmer mit den allgemeinen Seminarzielen einverstanden sind: *„Diese Seminarziele bilden ja den Rahmen für unsere Zusammenarbeit. Sind Sie denn mit diesem Rahmen einverstanden?"* In der Regel ist dies der Fall.

„Gibt es Ergänzungen?" Falls die Teilnehmer weitere Seminarziele äußern und diese zum Thema passen, ergänzt der Trainer diese Ziele auf dem Flip-Chart.

Hinweise

Gehen Sie möglichst auf Teilnehmerwünsche ein

Wenn es möglich ist, geht der Trainer bei der Vorstellung der Lernziele, wie auch im weiteren Verlauf, immer auf das ein, was die Teilnehmer bereits eingebracht haben. Wenn etwa ein Teilnehmer bereits in der Vorstellungsrunde angesprochen hat, dass er in Gesprächen oft den roten Faden verliert, kann der Trainer bei der Schilderung des zweiten Seminarziels darauf eingehen: *„Hier geht es um das, was Sie vorhin angesprochen haben, Herr X: Es geht um die Frage: ‚Wie kann ich verhindern, dass ich den roten Faden verliere? Wie kann ich das Gespräch steuern und dadurch meine Ziele erreichen?'"*

Überblick über den Ablauf des Seminars

Vorgehen

Der Trainer präsentiert die Pinwand mit dem Ablaufplan, auf dem anfangs nur die Seminarzeiten zu sehen sind. Die Karten, auf denen die Themen des Seminars stehen, hält er in der Hand, um sie während der Präsentation anzupinnen.

Abbildung: Pinwand „Ablaufplan" – Die Karten mit den Seminarthemen werden während der Präsentation angepinnt.

Der Trainer nennt zunächst noch einmal die zeitlichen Rahmenbedingungen: *„Wie gesagt, arbeiten wir jeweils von 9 Uhr bis 12.30 Uhr und nachmittags von 13.30 Uhr bis 17 Uhr. Die Mittagspause ist von 12.30 Uhr bis 13.30 Uhr. Heute kann es sein, dass es etwas länger als bis 17 Uhr dauert. In dem Fall würde ich aber dafür sorgen, dass wir am dritten Seminartag früher Schluss machen. Ist das für Sie in Ordnung?"*

Zeitliche Rahmenbedingungen

Dann pinnt der Trainer jede Karte nacheinander an und erläutert sie anschließend jeweils kurz. Die Erläuterungen des Trainers können etwa folgendermaßen klingen: *„Wir sind bereits gestartet mit dem ,Kennenlernen'. Danach steigen wir ins Thema ein. Wir werden uns mit den ,Grundmerkmalen der Kommunikation' und am Nachmittag mit einem ,Kommunikationsmodell' beschäftigen, bei dem es um die verschiedenen Ebenen in der Kommunikation geht. Damit haben*

Inhalte

39

wir eine gute Grundlage, um uns der Praxis zu widmen. ‚Schwierige Gespräche führen' wird unser Thema am späten Nachmittag sein.

Morgen früh geht es um die Frage: ‚Wie kann ich Gespräche zielorientiert steuern?' Dabei spielen Fragetechniken eine wichtige Rolle. Dann beschäftigen wir uns mit dem Thema ‚Kritik konstruktiv äußern': Wie kann ich etwas, das mich stört oder ärgert, so formulieren, dass die Kritik klar rüber kommt, ohne dass ich den Anderen verletze oder kränke? Dazu gibt es einige Anregungen und Übungen.

Danach geht es darum, je nach Ihren Lernzielen Kommunikations-Situationen aus Ihrer Praxis zu besprechen. Am Nachmittag geht es um das Thema ‚Auf den Gesprächspartner eingehen' – Aktiv Zuhören. Im zweiten Teil des Nachmittags werden wir uns in spielerischer Form mit dem Thema ‚Kommunikation und Zusammenarbeit in Gruppen' auseinander setzen.

Am dritten Tag stelle ich Ihnen einen ‚Gesprächsleitfaden' für schwierige Zweiergespräche vor. Das ist eine Art Kochrezept, das natürlich für die jeweilige Gesprächssituation entsprechend variiert und angepasst werden muss. Anschließend werden einige von Ihnen Gelegenheit haben, einmal probehalber in eine Führungsrolle zu schlüpfen und ein schwieriges Mitarbeitergespräch zu führen. Das ist für alle gedacht, die Interesse daran haben, einmal eine Führungsposition einzunehmen.

Danach ist wieder Zeit für ‚Fälle aus Ihrer Praxis'. Anschließend geht es um das Thema ‚Feedback' – wie wirke ich auf andere? Am Nachmittag geht es darum, das Gelernte zu bündeln und zusammenzufassen. Das ist hier mit den Stichworten ‚Do's und Don'ts der Kommunikation' gemeint. Es geht um die Frage: Was ist förderlich und was ist hinderlich in der Kommunikation?

Dann steht hier ‚Transfer'; damit ist nicht gemeint, wie Sie im Anschluss an das Seminar nach Hause gebracht werden, sondern es geht um die Frage: Was nehme ich für mich mit? Was will ich umsetzen? Worauf möchte ich achten? Danach werden wir das Seminar mit einer gemeinsamen Auswertung abschließen. "

Der Trainer blickt in die Runde und wartet, ob es Fragen gibt. Er äußert sich zu der Flexibilität des Ablaufplans: „Die Themen, die hier auf dem Plan stehen, werden alle drankommen, wir müssen uns

aber nicht sklavisch an diese Reihenfolge halten. Es ist Ihr Seminar.   *Reihenfolge*
Das heißt, es ist möglich, ein Thema vorzuziehen, wenn sich das
für Sie gerade anbietet. Und es ist möglich, Fragen und Themen zu
besprechen, die nicht auf dem Plan stehen, die Ihnen aber wichtig
sind."

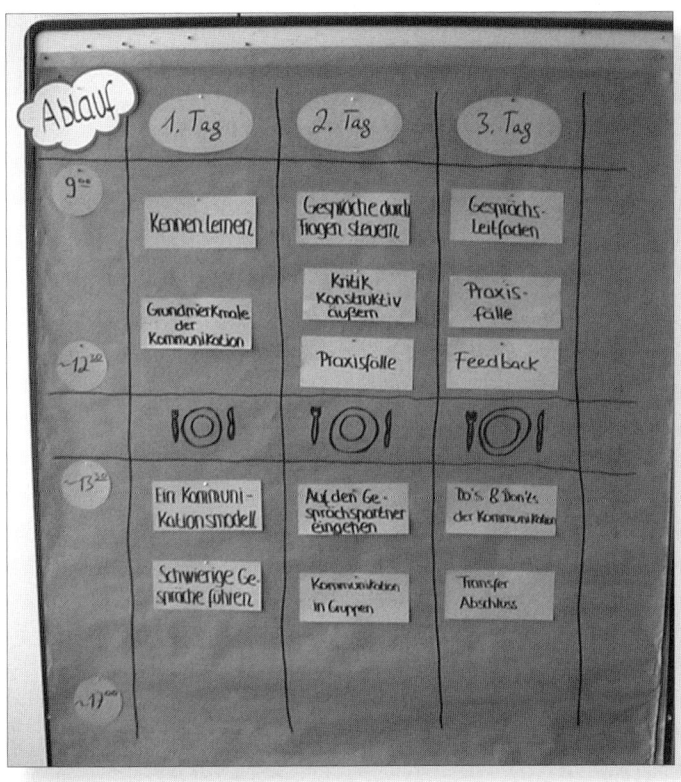

Abbildung: Pinwand „Ablaufplan" – Der Trainer hat die Seminarthemen angepinnt und erläutert.

Anschließend nimmt er zur Art der Zusammenarbeit und zu den Seminarmethoden Stellung. Dazu wählt er andersfarbige Karten, auf denen die Seminar-Methoden stehen und pinnt diese ebenfalls an, während er sie erläutert.

„Ich möchte noch ein paar Worte dazu sagen, wie ich hier mit   *Art der Zusammen-*
Ihnen zusammenarbeiten möchte. Wie Sie sehen, haben wir hier   *arbeit*
keine Tische. Sie sehen, dass es hier anders ist als in vielen anderen
Umgebungen, in denen man lernt. Anders als in Schule, Universität,
Akademien oder in fachlichen Schulungen. Das hängt damit zusam-

men, dass hier kein Frontalunterricht stattfindet, in dem ich Ihnen
erzähle, wie Sie zu kommunizieren haben. Das würde auch nicht
funktionieren.

Ich werde Ihnen natürlich die eine oder andere Anregung in Form
eines ‚Inputs' geben. Aber nur Sie können entscheiden, was für Sie
und für Ihre Praxis stimmig und passend ist. Deshalb wird es Gelegenheit zu ‚Diskussionen' geben und viele ‚Übungen', um diese
Anregungen umzusetzen. Manchmal werden die Übungen auch
spielerischen Charakter haben, um auf diese Weise ein Thema zu
bearbeiten oder um nach längerem Reden und Zuhören wieder wach
zu werden.

Und wir werden uns Zeit nehmen für Ihre Fragen und Kommunikations-Situationen, die Sie in Ihrer Praxis beschäftigen. Wir werden
also ‚Praxisfälle' bearbeiten. Damit das funktioniert, ist es wichtig,
dass alles, was hier besprochen wird, auch hier im Raum und bei den
Leuten hier bleibt. Voraussetzung unserer Arbeit ist also die Vertrau-
lichkeit hier im Seminar. Sind damit alle einverstanden?"

Fordern Sie eine
Reaktion Ihrer TN ein

Wenn mehrere Teilnehmer keine Reaktion zeigen, fordere ich sie
dazu auf, mir ihr Einverständnis – oder ihre Ablehnung – zu signalisieren. *„Falls Sie damit einverstanden sind, wäre es hilfreich, wenn
Sie kurz mit dem Kopf nicken würden."*

Diese Aufforderung wird meistens mit einem, durch ein Grinsen
begleitetes, Kopfnicken der Teilnehmer quittiert.

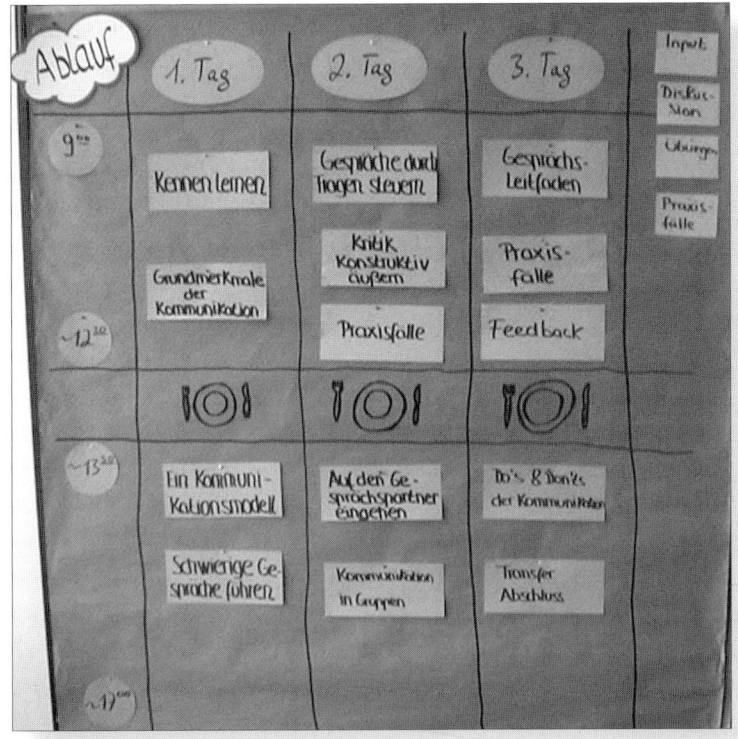

Abbildung: Pinwand „Ablaufplan" – Der Trainer hat auch die Seminarmethoden angepinnt und erläutert.

Hinweise

▶ Der zeitliche Rahmen ist am ersten Tag recht eng gehalten.
Wenn es viele Diskussionen im Plenum gibt oder viele
Teilnehmer im Seminar sind, kann es leicht später als 17 Uhr
werden. Das sollte der Trainer frühzeitig ankündigen und mit
den Teilnehmern abklären.

▶ Auf dem Ablaufplan werden die Seminarthemen bewusst
allgemein gehalten. Sie sind in einer Sprache formuliert, die von
den Teilnehmern verstanden werden. Die Überschriften sollen
neugierig machen. Auf Formulierungen im „Trainer-Jargon" wird
verzichtet. So wird etwa das Thema „Ich- und Du-Botschaften"
lieber „Kritik konstruktiv formulieren" genannt.

*Die Inhalte sollen
neugierig machen*

▶ Bei der Beschreibung der Seminarmethoden vermeidet der
Trainer Begriffe, die bei vielen Teilnehmern negativ besetzt sind
und leicht Widerstand hervorrufen können. Dazu gehören etwa

die Worte „Rollenspiel" und „Spiel". Hier spricht der Trainer lieber von „Übungen".

Touch, turn, talk   ▶ Bei der Präsentation des Ablaufplans an der Pinwand beachtet der Trainer die Präsentationsregel „touch, turn, talk": Er pinnt jeweils die Karte erst an, dreht sich zu den Teilnehmern um und erläutert dann das Thema.

▶ Alternativ kann der Trainer die Pinwand natürlich auch schon vor Seminarbeginn fertig vorbereiten, so dass alle Karten bereits angepinnt sind. Das ist, präsentationstechnisch gesehen, weniger elegant, aber auch einfacher. Gerade wenn der Trainer ungeübt oder nervös ist, ist dieses Vorgehen der sicherere Weg.

Variante: „Seminarregeln vereinbaren"

Gerade bei „seminarunerfahrenen" Gruppen kann es sinnvoll sein, sich mehr Zeit zu nehmen, um Spielregeln für die Zusammenarbeit zu vereinbaren. So kann der Trainer die Überschrift „Regeln zur Zusammenarbeit" auf ein Flip-Chart schreiben und diese mit den Teilnehmern erarbeiten. Falls dem Trainer bestimmte Seminarregeln

Die TZI-Regeln finden   wichtig sind (z.B. die TZI-Regeln), kann er diese auch selbst ein-
Sie ab Seite 262   bringen, erläutern und ergänzen lassen. Um die Verbindlichkeit der Regeln zu untermauern, kann der Trainer die Gruppe schließlich auffordern, die Seminarvereinbarung zu unterschreiben.

Organisatorisches

Schließlich werden alle weiteren organisatorischen Fragen geklärt. Folgende Aspekte sollten u.a. besprochen werden:
▶ Pausen
▶ Toiletten
▶ Rauchen
▶ Verpflegung
▶ Handys
▶ Termine außerhalb des Seminars

10.25 Uhr Pause

44

Lernziele der Teilnehmer   10.35 Uhr

Orientierung

Ziele:
- ▶ Die Teilnehmer formulieren ihre eigenen Lernziele.
- ▶ Der Trainer gewinnt einen Überblick über mögliche Anliegen für die Praxisberatung.

Zeit:
- ▶ 25 Minuten (20 Min., 5 Min. Puffer)

Materialien:
- ▶ Flip-Chart „Lernziele"
- ▶ Pinwand „Lernziele", Karten, Stifte und Pins

Überblick:
- ▶ Die Teilnehmer schreiben bis zu drei Lernziele und ihren Namen auf Karten.
- ▶ Sie präsentieren ihre Lernziele an einer vorbereiteten Pinwand.
- ▶ Der Trainer hilft, die Lernziele zu konkretisieren, und fragt nach, ob Interesse an einer Praxisberatung besteht.
- ▶ Am Ende fasst der Trainer die Lernziele zusammen und macht deutlich, welche Ziele im Rahmen dieses Seminars bearbeitet werden können und welche nicht.

Erläuterungen

Das Formulieren und Abklären der persönlichen Lernziele ist eine zentrale Grundlage für die weitere Zusammenarbeit. Zusammen mit den allgemeinen Seminarzielen bilden sie den Kontrakt, auf dessen Basis Teilnehmer und Trainer zusammenarbeiten. Anders als in den meisten Lernsituationen, in denen die Lernziele einseitig von den Lehrenden vorgegeben werden, können und sollen die Teilnehmer hier selbst mitbestimmen, was sie lernen. Sie werden damit als mündige „Kunden", nicht als unmündige Schüler betrachtet. Vorgehen: Der Trainer schlägt das Flip-Chart „Lernziele" auf.

Klären Sie die persönlichen Lernziele ab

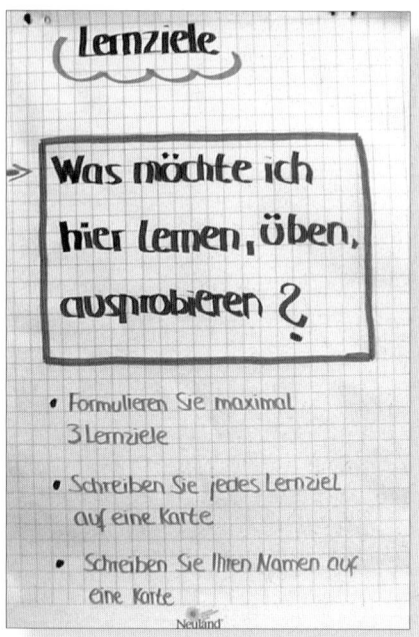

Abbildung: Das Flip-Chart „Lernziele" – Die Teilnehmer sollen jeweils bis zu drei Lernziele formulieren.

„Die allgemeinen Ziele und Themen des Seminars habe ich Ihnen ja vorgestellt. Jetzt geht es darum, diesen allgemeinen Rahmen mit Leben zu füllen, indem Sie Ihre persönlichen Lernziele formulieren. Was möchten Sie hier lernen, üben, ausprobieren? Was ist für Sie ganz persönlich wichtig? Was möchten Sie am Ende des Seminars erreicht haben?"

Der Trainer stellt den Teilnehmern den Moderationskoffer hin, so dass sie sich Karten und Stifte nehmen können. „Nehmen Sie sich bitte vier Karten und einen Stift. Schreiben Sie auf die erste Karte ihren Namen und auf die anderen Karten Ihre Lernziele. Schreiben Sie maximal drei Lernziele auf, so dass Sie sich auf das Wichtigste fokussieren. Auf jede Karte schreiben Sie bitte jeweils nur ein Lernziel. Schreiben Sie möglichst so, dass es für alle leserlich ist."

Nun stellt der Trainer die Pinwand „Lernziele" bereit.

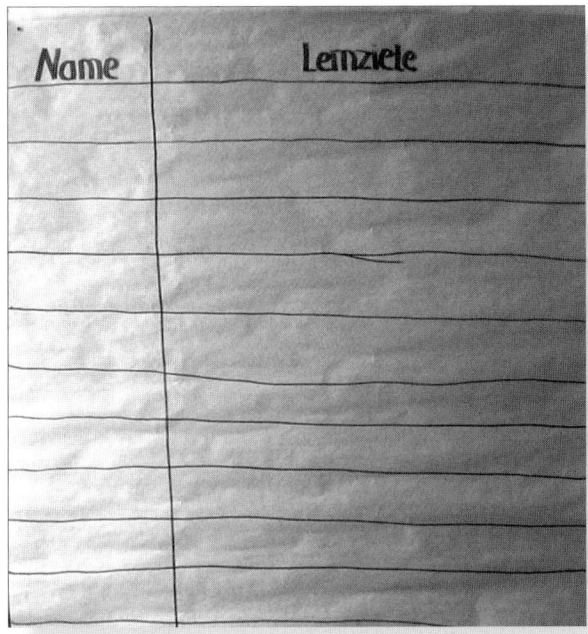

Abbildung: Pinwand „Lernziele" – Die Teilnehmer sollen ihren Namen und ihre Lernziele anpinnen.

Dann fordert er die Teilnehmer auf: *„Wenn alle fertig sind, machen wir es so, dass Sie Ihre Lernziele hier vorne anpinnen und vorstellen. Wer fängt an?"*

Während die Teilnehmer ihre Lernziele vorstellen, notiert der Trainer auf einem Notizblock die Lernziele und ordnet sie Themenblöcken zu. Hilfreich ist es, eine Strichliste zu machen, um einen Überblick zu erhalten, welche Lernziele wie häufig genannt wurden.

Lernziele ordnen

Bei unklaren, schwammigen Lernzielen fragt der Trainer nach und unterstützt die Teilnehmer dabei, sie zu konkretisieren, etwa mit folgenden Fragen:

Unklare Formulierungen klären

▶ *„Woran würden Sie festmachen, dass Sie Ihr Ziel erreicht haben?"*
▶ *„Können Sie mir ein Beispiel geben?"*
▶ *„Welche Situationen meinen Sie?"*
▶ *„Was meinen Sie mit ‚schwierige Gespräche'?"*

Durch das Nachhaken bei den Lernzielen gewinnt der Trainer bereits einen Überblick über die möglichen Fälle für die Praxisberatung, an denen in den kommenden Tagen gearbeitet werden kann. Der Trainer kann bereits hier nachfragen, ob der betreffende Teilnehmer sein Anliegen als Praxisfall einbringen würde:

▶ *„Würden Sie diesen Fall hier ins Seminar einbringen?"*
▶ *„Das ist ein Fall, an dem wir alle etwas lernen könnten. Wären Sie bereit, die Situation als Praxisfall einzubringen und mit uns zu besprechen?"*
▶ *„Können Sie sich vorstellen, dass wir uns die Situation hier mal genauer anschauen?"*

Themensammlung für die späteren Praxisfälle

Der Trainer notiert sich die möglichen Fälle für die Praxisberatung. Wenn alle Teilnehmer ihre Lernziele präsentiert haben, fasst der Trainer die Lernziele zusammen und gleicht diese mit dem Ablaufplan ab, indem er beispielsweise sagt: *„Häufig genannt wurde das Thema ‚Konflikte ansprechen'. Das werden wir morgen vormittag behandeln. Ein weiterer Schwerpunkt ist das Thema ‚Wissen, wie ich wirke', das kommt am dritten Seminartag dran ..."*

Auch die möglichen Praxisfälle fasst er zusammen: *„Als Fragen und Situationen, die sich für die Praxisberatung anbieten, haben wir die Fragestellungen ..."*

Außerdem macht der Trainer auch klar, welche Lernziele nicht oder nur am Rande bearbeitet werden können: *„Das Thema ‚Besser präsentieren' steht nicht im Fokus dieses Seminars. Dazu gibt es das Seminar ‚Professionell präsentieren'. Wenn das Interesse aber groß ist, können wir uns im Rahmen der Praxisfälle mit dem Thema beschäftigen, also morgen oder übermorgen Vormittag."*

Hinweise

▶ Während der Präsentation der Lernziele sollte der Trainer äußerst konzentriert sein. Denn hier bekommt er von den „Kunden" seine Aufträge. Auf dieser Basis kann er Kontrakte mit ihnen schließen, indem er klarmacht, welche Lernziele bearbeitet werden können – und welche nicht.

▶ Manchen Teilnehmern ist es unangenehm, wenn sie bereits zu diesem frühen Zeitpunkt gefragt werden, ob sie einen konkreten Praxisfall ins Seminar einbringen möchten. Der Trainer muss deshalb an dieser Stelle mit viel Fingerspitzengefühl vorgehen. Wenn er den Eindruck hat, dass das Vertrauen in der Gruppe noch gering ist, sollte er diese Frage zurückstellen.

▶ Manchmal kann es erschlagend wirken, wie vielfältig und anspruchsvoll die Ziele und Erwartungen der Teilnehmer sind. Der Trainer braucht sich dadurch jedoch nicht aus der Ruhe bringen zu lassen. Er kann sich in der Regel darauf verlassen, dass durch das „Standardprogramm" bereits ein großer Teil der Lernziele abgedeckt wird. Noch wichtiger ist, dass sich der Trainer immer darüber im Klaren ist, dass er nicht für die Erfüllung der Lernziele verantwortlich ist. Er kann und muss nicht alle Fragen beantworten. Er muss einen Rahmen schaffen, in dem die Lernziele bearbeitet werden können.

Umgang mit den Zielen und Erwartungen der Teilnehmer

▶ Die Pinwand, die hier zur Ordnung der Lernziele vorschlagen wird, hat den Vorteil, dass der Trainer während des Seminars immer auf den ersten Blick sieht, welches Lernziel von welchem Teilnehmer formuliert wurde. Ein Nachteil besteht hingegen darin, dass die Lernziele bei dieser Gliederung nicht thematisch geordnet werden können.

Varianten

Lernziele lassen sich auf vielfältige Weise ermitteln. Einige Varianten stelle ich Ihnen nachfolgend vor.

▶ Die Kartenabfrage

Bei der klassischen Kartenabfrage fordert der Trainer die Teilnehmer ebenfalls auf, ihre Lernziele auf Karten zu schreiben. Die Karten werden nun entweder von den Teilnehmern selbst angepinnt und erläutert oder vom Trainer eingesammelt und angepinnt.

Ähnliche Lernziele werden dabei untereinander gepinnt, unterschiedliche Lernziele nebeneinander. So erhält man einen guten Überblick darüber, wo die inhaltlichen Schwerpunkte der Teilnehmer liegen.

49

▶ „Das Ende am Anfang"

Bei dieser Variante werden die Teilnehmer aufgefordert, sich vorzustellen, dass das Seminar bereits zu Ende ist. Die Frage ist nun, woran sie für sich konkret festmachen könnten, dass das Seminar für sie erfolgreich war.

Der Trainer stellt hier die Frage: *„Was würden Sie gelernt haben, was würden Sie können oder wissen, wenn sich das Seminar für Sie gelohnt hat. Woran konkret würden Sie das im Anschluss an das Seminar merken?"*

Auch hier können die Aspekte wieder auf Karten notiert und anschließend präsentiert werden.

▶ Paaraustausch

Die Übung Paaraustausch nimmt etwas mehr Zeit in Anspruch

Jeweils zwei Teilnehmer schließen sich zusammen und tauschen sich zu folgenden Leitfragen aus, die dazu dienen, eigene Stärken und Schwächen in der Kommunikation zu reflektieren und zur Formulierung von Lernzielen hinzuführen:

1. Eine Stärke von mir in der Kommunikation ist ...
2. Ein Gespräch wird für mich schwierig, wenn ...
3. Angenommen, dieses Seminar wäre für mich erfolgreich, woran würde ich dies in der Zukunft merken?
4. Was möchte ich hier lernen, ausprobieren?

Die Teilnehmer interviewen sich gegenseitig und schreiben jeweils die wichtigsten Aspekte des Interviewpartners auf Karten. Dabei achtet der Interviewer darauf, dass der Interviewte möglichst konkret antwortet und fragt entsprechend nach, insbesondere bei den Lernzielen. Die wichtigsten Aspekte zur vierten Frage, die sich auf die Lernziele bezieht, werden auf Karten geschrieben.

Bei der Präsentation stellt jeder seine Lernziele selbst vor und pinnt sie an der Pinwand an. Wie bei der Kartenabfrage werden ähnliche Lernziele untereinander und verschiedene nebeneinander gepinnt.

Diese Variante dauert auf Grund des Austauschs in den Zweiergruppen und der differenzierteren Fragestellung deutlich länger, als wenn jeder Teilnehmer für sich alleine Lernziele formuliert. Dafür sind die Lernziele in der Regel später differenzierter ausformuliert. Es sollten 15 Minuten für den Paaraustausch, 15-20 Minuten für die Präsentation und 10 Minuten Puffer kalkuliert werden (= 45 Minuten). Als Material werden das Flip-Chart mit den Leitfragen, Moderationskarten und Stifte benötigt.

▶ Feedback-Übung in drei Schritten

Bereits an dieser Stelle kann der Trainer eine erste Feedback-Übung einsetzen. Eine passende Feedback-Übung wird beschrieben auf Seite 265f. (Feedback-Übung in drei Schritten).

Literatur

Anregungen zur Formulierung und Überprüfung von Lernzielen finden Sie bei:

- ▶ Kalnins, Monika & Röschmann, Doris: Icebreaker; Wege bahnen für Lernprozesse. Windmühle, Hamburg, 2000, S. 20ff.
- ▶ Fischer-Epe, Maren: Coaching. Miteinander Ziele erreichen. Rowohlt, Hamburg, 2002, 2. Aufl., S. 70ff.

11.00 Uhr Die Grundmerkmale der Kommunikation

Ziele:
▶ Die Teilnehmer kennen und verstehen die Grundmerkmale der Kommunikation.

Zeit:
▶ 30 Minuten (25 Min., 5 Min. Puffer)

Material:
▶ Flip-Chart „Grundmerkmale der Kommunikation", wobei zunächst nur die Überschrift sichtbar ist. Der Rest des Blattes ist verdeckt, indem dieser hochgeklappt und mit Klebeband befestigt wird

Überblick:
▶ Klärung des Begriffes „Kommunikation".
▶ „Zug-Übung" und Erläuterung des 1. Grundmerkmals „Man kann nicht nicht kommunizieren".
▶ Das 2. Grundmerkmal „Kommunikation ist immer auch nicht-sprachlich" anhand der Zug-Übung herausarbeiten, Doppel-Botschaften illustrieren und erläutern.
▶ Anhand von zwei Beispielen das 3. Grundmerkmal „Wir erleben unser Verhalten meist als Reaktion" erklären.

Erläuterungen

In den ersten 2 1/4 Stunden des Seminars ging es darum, den Boden für die inhaltliche Zusammenarbeit zu bereiten. Diese Zeit ist eine notwendige Investition, um die Teilnehmer miteinander und mit dem Thema „anzuwärmen".

Der Einstieg ins Thema beginnt nun mit der Klärung des Begriffes „Kommunikation". Dann werden drei Grundmerkmale der Kommunikation anhand einer aktivierenden Übung („Zug-Übung") und anhand von alltagsnahen Beispielen herausgearbeitet. Die Grundmerkmale basieren auf den Axiomen der pragmatischen Kommunikationstheorie von Paul Watzlawick (1969).

Begriffsklärung und erstes Grundmerkmal: „Man kann nicht nicht kommunizieren"

Überblick

▶ „Was heißt eigentlich ‚Kommunikation'?" Klärung der Begriffe: Kommunikation, Sender, Empfänger.
▶ Bei der „Zug-Übung" gehen die Teilnehmer paarweise zusammen
　▶ Sie stellen sich vor, im Zug zu sitzen.
　▶ A möchte kommunizieren, B nicht. Wechsel.
　▶ Paarweise Auswertung: „Wie erging es Ihnen als A (B)?"
　▶ Auswertung im Plenum: „Was haben Sie als A (B) gemacht?"
▶ Erläuterung des Grundmerkmals „Man kann nicht nicht kommunizieren" am Flip-Chart.

Vorgehen

Der Trainer klappt das Flip-Chart „Grundmerkmale der Kommunikation" auf.

Abbildung: Das Flip-Chart „Grundmerkmale der Kommunikation". Zunächst ist nur die Überschrift sichtbar, der Inhalt der Grundmerkmale ist verdeckt.

Begriffsklärung: Kommunikation	*„Steigen wir ins Thema ein. Was heißt eigentlich ‚Kommunikation‘? Wie würden Sie den Begriff definieren?"* Der Trainer sammelt und ergänzt.

„Kommunikation stammt von dem lateinischen Begriff ‚communicatio‘ ab. Das heißt ‚Mitteilung‘. In der Kommunikation teilt also einer einem anderen etwas mit. Es gibt einen Sender der Mitteilung und einen Empfänger. Also immer mindestens zwei Personen – wenn wir Selbstgespräche mal außer Acht lassen. Ich möchte Sie jetzt zu einem kleinen Kommunikations-Experiment einladen.

Gehen Sie dabei bitte zu zweit zusammen. Und zwar mit jemandem, der nicht neben Ihnen sitzt und mit dem Sie bislang noch wenig zu tun hatten. Verteilen Sie sich mit Ihren Stühlen im Raum und setzen Sie sich zu zweit gegenüber."

Bei einer ungeraden Teilnehmerzahl gibt es eine Dreier-Gruppe. Wenn sich alle Teilnehmer zu zweit (bzw. zu dritt) gefunden haben, fährt der Trainer fort. *„Vereinbaren Sie: Wer ist A? Wer ist B? (Bei der Dreier-Gruppe gibt es zwei Bs) Ich gebe später ein Signal, dann tauschen Sie die Rollen.*

Die Zug-Übung

Stellen Sie sich folgende Situation vor: Sie sitzen in einem Zug. Eine längere Fahrt liegt vor Ihnen. A hat sich auf die Fahrt gefreut. Denn A möchte gerne Leute kennen lernen. A möchte sich unterhalten. Er sucht die Kommunikation.

B hat sich auch auf die Fahrt gefreut. Denn B freut sich, dass er nun endlich seine Ruhe hat und sich entspannen kann. Er hat ein Buch dabei und will in Ruhe lesen. Er möchte nicht kommunizieren. Ist die Situation klar? Dann geht's los."

Abbildung: Der Trainer erklärt die „Zug-Übung", die dazu dient die ersten beiden Grundmerkmale der Kommunikation zu veranschaulichen.

Der Trainer lehnt sich zurück und beobachtet die Teilnehmer bei der Übung. Er lässt die Übung ca. drei Minuten laufen – oder kürzer, wenn er sieht, dass bei mehreren Paaren „Leerlauf" entsteht. Dann gibt er – mit lauter Stimme – das Signal: *„Wechsel! Tauschen Sie bitte die Rollen!"*

Nach wiederum drei Minuten gibt der Trainer folgende Anweisung: *„Und Stopp!"* Hier dauert es oft einen Moment, bis sich der Trainer Gehör verschaffen kann. Dann leitet der Trainer die Auswertung in den Zweiergruppen an: *„Tauschen Sie sich kurz zu zweit aus: Wie ging es Ihnen in der Rolle von A, der die Kommunikation sucht? Wie in der Rolle von B, der keine Kommunikation will? Was ist Ihnen leichter und was schwerer gefallen?"*

Nach ca. drei Minuten, bzw. wenn der Austausch verebbt, fordert der Trainer die Teilnehmer auf: *„Kommen Sie jetzt bitte in den Kreis zurück."*

Wenn alle Teilnehmer sitzen, folgt die Auswertung im Plenum: *„Was haben Sie denn als A gemacht, um ins Gespräch zu kommen?"* Häufige Antworten sind: Offene Fragen stellen, Blickkontakt suchen, nach vorne lehnen, offene Körperhaltung, viel erzählen etc.

Auswertung der Übung

„Was haben Sie als B gemacht, um zu signalisieren, dass Sie Ihre Ruhe haben wollen?" Häufige Antworten sind: Schweigen, kurze Antworten geben, Blickkontakt vermeiden, Arme verschließen, sich wegdrehen etc.

Das erste Grundmerkmal der Kommunikation

„Als B wollten Sie ja nicht kommunizieren. Kommunizieren heißt ja: etwas mitteilen. Hat B denn A etwas mitgeteilt oder nicht?" Der Trainer zielt hier auf das erste Grundmerkmal der Kommunikation ab. Es kann jedoch sein, dass Antworten aus der Gruppe kommen, die damit wenig zu tun haben. Zum Beispiel die Aussage, dass man als B nicht kommuniziert habe, dass man ja still gewesen sei. Hier kann der Trainer die Frage an andere Teilnehmer weitergeben. Immer kommt dann irgendwann die Feststellung, dass man in der Rolle von B auch etwas mitgeteilt habe, nämlich dass man seine Ruhe haben möchte. Dies greift der Trainer auf: *„Genau. Das sagt auch das erste Grundmerkmal der menschlichen Kommunikation."* Er deckt das erste Grundmerkmal der Kommunikation auf.

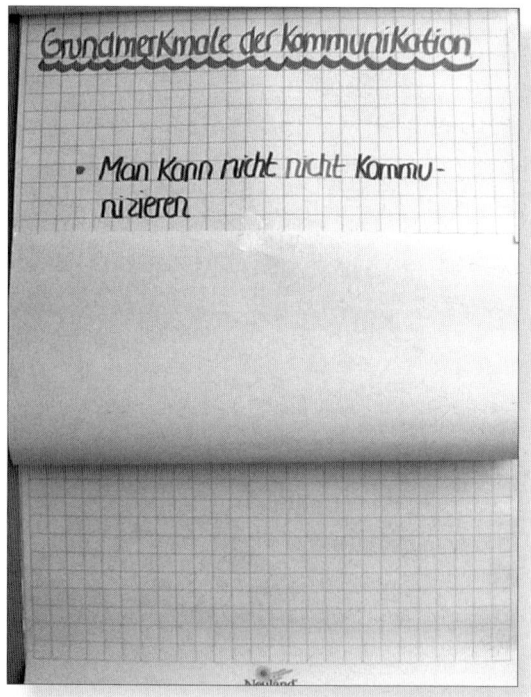

Abbildung: Das Flip-Chart „Grundmerkmale der Kommunikation" – Der Trainer präsentiert das erste Grundmerkmal der Kommunikation.

„Man kann nicht nicht kommunizieren. Egal, was wir tun, in Gegenwart anderer Menschen verhalten wir uns immer. Und unser Verhalten hat eine Wirkung. Auch wenn wir schweigen. Wir kommunizieren immer. Dieses Grundmerkmal macht die Bedeutung der Kommunikation sehr klar."

Hinweise

▶ Diese Übung kann nebenbei auch zur Selbstreflexion verwendet werden: Wie leicht fällt es mir, auf Menschen zuzugehen? Wie gehe ich mit Zurückweisung um? Wie leicht fällt es mir, anderen Menschen Grenzen zu setzen? Diese Fragen stehen hier jedoch nicht im Fokus, in erster Linie geht es um die Veranschaulichung der ersten beiden Grundmerkmale der Kommunikation.

Variante:
Selbstreflexion

▶ Manchmal wird kritisiert, dass die Übung zu wenig realitäts- und praxisbezogen sei: *„In der Realität ist das ja ganz anders. Da würde doch keiner so aufdringlich sein. Da würde man das doch akzeptieren, dass der andere seine Ruhe haben will."* Bemerkungen dieser Art begegnet der Trainer am besten gemäß der Devise *„Gehe mit dem Widerstand, nicht gegen ihn"*, indem er beispielsweise ergänzt: *„Das stimmt. Hier haben wir es bewusst mal anders gemacht als in der Realität. Denn es ging hier um den Versuch – als B – nicht zu kommunizieren. Und die Frage ist: Ist das möglich?"*

Literatur

Die Literaturhinweise zur Definition und zu den Grundmerkmalen finden sich am Ende des Abschnitts über die Grundmerkmale. Zum Thema „Umgang mit Widerstand" bieten folgende Bücher Anregungen:

▶ Kalnins, Monika & Röschmann, Doris: Icebreaker. Wege bahnen für Lernprozesse. Windmühle, Hamburg, 2000, S. 56ff.
▶ Doppler, Klaus & Lauterburg, Christoph: Change Management. Campus, Frankfurt/New York, 1996, 5. Aufl., S. 293ff.

Zweites Grundmerkmal: „Kommunikation ist immer auch nicht-sprachlich" (nonverbal)

Überblick

▶ Der Trainer arbeitet das zweite Grundmerkmal am Beispiel der Zug-Übung heraus.
▶ Er deckt das zweite Grundmerkmal am Flip-Chart auf.
▶ Er gibt zwei Beispiele für Doppel-Botschaften:
   ▶ *„Mir geht es gut"* und Trauermiene
   ▶ *„Komm zu mir"* und verschränkte Arme
▶ Fragen:
   ▶ Was ist das Gemeinsame an den beiden Beispiele?
   ▶ Welche Botschaft ist stärker – die verbale oder die nonverbale?
▶ Erläuterung: Nonverbale Kommunikation ist entwicklungsgeschichtlich älter, direkter, unverfälschlicher.

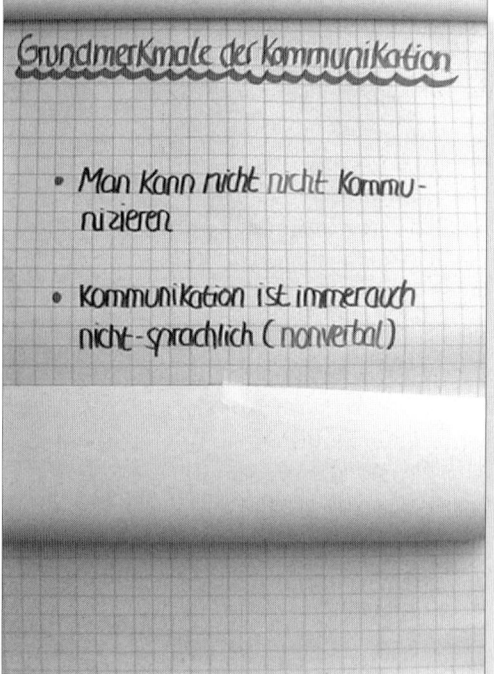

Vorgehen

Der Trainer knüpft bei der Zug-Übung an: *„Man kann ja schweigen. Verbal ist es also möglich, nicht zu kommunizieren. Aber auf welcher Ebene kommunizieren wir immer?"*

Wenn er die entsprechende Antwort erhält, bestätigt der Trainer: *„Genau. Auf der nonverbalen Ebene. Das sagt auch das zweite Grundmerkmal der Kommunikation aus."*

Dann deckt er das zweite Grundmerkmal der Kommunikation am Flip-Chart auf.

Abbildung: Der Trainer präsentiert das zweite Grundmerkmal der Kommunikation.

„Kommunikation ist immer auch nicht-sprachlich, nonverbal. Zur nonverbalen Kommunikation gehören Gestik, Mimik, Blickkontakt, der Abstand zum Gesprächspartner und die Körperhaltung."

„Zwei Beispiele zur nonverbalen Kommunikation. Beobachten Sie, was Ihnen auffällt: Stellen Sie sich vor, Sie treffen einen Bekannten und fragen ihn, wie es ihm geht. Er sagt ‚Mir geht es gut'." Gleichzeitig zieht der Trainer eine Trauermiene und signalisiert mit dem ganzen Körper, dass er sich zutiefst unglücklich fühlt. *„Was denken Sie?"* Häufige Antworten: *„Dass es ihm schlecht geht"; „Dass er mir nicht sagen will, wie es ihm geht."*

„Zweites Beispiel: Ein Vater (oder eine Mutter) sagt zu seinem (ihren) Kind: ‚Du kannst ruhig zu mir kommen'." Der Trainer verschränkt bei dieser Aussage die Arme und macht ein demonstrativ abweisendes, genervtes Gesicht. *„Wie wirkt das wohl auf das Kind?"* Häufige Antworten: *„Dass es besser nicht kommen soll"; „Verwirrend. Es weiß nicht, was es tun soll."*

Anschließend fragt der Trainer, was das Gemeinsame bei den beiden Beispielen war. Die erwartete Antwort, die meistens auch gegeben wird, lautet: *„Die verbale und die nonverbale Botschaft haben sich widersprochen."*

Darauf fragt der Trainer: *„Welche Botschaft war stärker, die verbale oder die nonverbale?"* Meistens wird geantwortet: *„Die nonverbale."*

Der Trainer bestätigt dies: *„So ist es. Wenn sich verbale und nonverbale Botschaft widersprechen, sprechen wir von einer widersprüchlichen Botschaft, einer Doppel-Botschaft. Solche Doppel-Botschaften führen zu Verwirrung, wie in unserem Beispiel bei dem Kind, das nicht weiß, ob es nun kommen soll oder nicht. Die nonverbale Kommunikation hat in der Regel eine stärkere Wirkung als das, was wir verbal sagen. Das liegt daran, dass die Körpersprache entwicklungsgeschichtlich viel älter ist und direkter ausdrückt, was wir denken und fühlen. Sie lässt sich schwerer manipulieren und sagt oft mehr aus als viele Worte.*

Was wir daraus für unsere Kommunikation ziehen können, ist der Anspruch: Sei klar in Deiner Kommunikation! Achte darauf, dass Du eindeutig kommunizierst und das, was Du sagst, sich mit dem deckt, wie Du es sagst."

An dieser Stelle wartet der Trainer und gibt Raum für Anmerkungen und Fragen der Teilnehmer.

Hinweis

Weitere Übungen und Inputs zum Thema „Nonverbale Kommunikation" finden Sie im Kapitel „Weitere Methoden" ab Seite 271

Beim zweiten Grundmerkmal handelt es sich um eine Vereinfachung des Axioms von Watzlawick, Beavin und Jackson (1969) zur „digitalen und analogen Kommunikation". Im Originaltext heißt es: *„Menschliche Kommunikation bedient sich digitaler und analoger Modalitäten."*

Drittes Grundmerkmal: „Wir erleben unser Verhalten meistens als Reaktion auf das Verhalten des anderen"

Überblick

► Zwei Beispiele geben:
  ► Nörgelnde Frau und sich zurückziehender Mann
  ► Unmotivierte Mitarbeiter und Chef, der nicht delegiert
► Frage: *„Was ist das Gemeinsame an den Beispielen?"*
► Erläuterung des dritten Grundmerkmals am Flip-Chart.

Vorgehen

„Nun kommen wir zum dritten Grundmerkmal der Kommunikation. Auch hier möchte ich Ihnen zwei Beispiele geben. Schauen Sie wieder, was das Gemeinsame ist. Erstes Beispiel: Eine Frau sagt über ihre Beziehung zu ihrem Mann: ‚Mein Mann zieht sich immer zurück. Immer geht er in den Keller und werkelt. Weil er sich immer zurückzieht, meckere ich.' Der Mann sieht währenddessen die Situation so: ‚Meine Frau meckert immer. Das ist furchtbar. Nicht zum Aushalten. Da verschwinde ich lieber gleich wieder in den Keller und werkele. Weil sie immer meckert, ziehe ich mich zurück.'

Zweites Beispiel: Der Vorgesetzte sagt: ‚Meine Mitarbeiter sind ja so unmotiviert und unselbstständig! Die anspruchsvollen Aufgaben erledige ich deshalb selbst. Weil die so unselbstständig sind, nehme ich die Sachen lieber selbst in die Hand'. Die Mitarbeiter dagegen sagen: ‚Der Chef gibt uns überhaupt keine anspruchsvollen Aufgaben! Weil

der alles an sich reißt, sind wir mittlerweile total demotiviert'. Was
ist das Gemeinsame an den beiden Beispielen?"

Hier muss der Trainer manchmal ein wenig nachhelfen, bis es zur
gewünschten Antwort, dem dritten Grundmerkmal der Kommunikation, kommt. Eine häufige Antwort ist beispielsweise: *„Die reden*
nicht miteinander." Das ist ebenfalls zutreffend und wird vom Trainer entsprechend bestätigt. Oft wird auch festgestellt, dass jeder
dem anderen die Schuld gibt. Diese Aussage kann der Trainer dann
aufgreifen: *„Genau. Was wir anhand der Beispiele in zugespitzter*
Form sehen, ist etwas Typisches und Allgemeingültiges in der Kom-
munikation."

Drittes
Grundmerkmal der
Kommunikation

Der Trainer zeigt am Flip-Chart das dritte Grundmerkmal der Kommunikation.

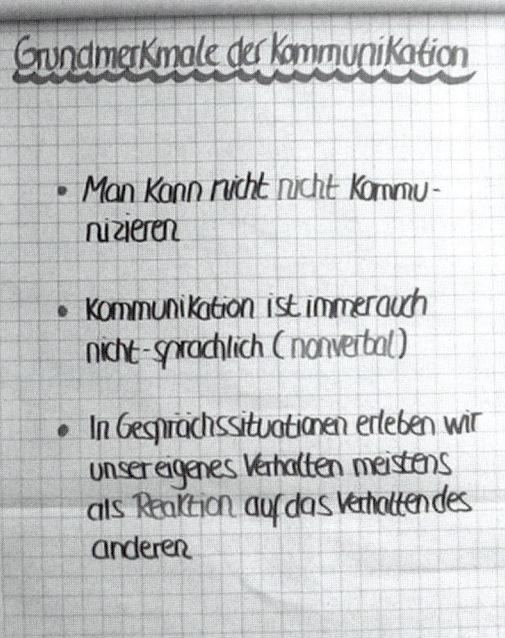

Abbildung: Der Trainer deckt das dritte
Grundmerkmal der Kommunikation auf.

„In Gesprächssituationen erleben wir unser eigenes Verhalten
meistens als Reaktion auf das Verhalten des anderen. Häufig meinen
wir, dass wir gar nicht anders hätten handeln können, dass unser
Handeln durch den anderen bestimmt wird. Wir neigen dazu, uns in
schwierigen Situationen als Opfer zu fühlen und glauben, dass wir
uns gar nicht anders verhalten können."

„Für unsere Kommunikation heißt das zweierlei: Erstens: Lerne Deine Wirkung in der Kommunikation kennen. Hol Dir Feedback. Dazu wird es in diesem Seminar mehrfach Gelegenheit geben. Zweitens: Frage Dich immer, wenn Kommunikation schwierig wird, was ist mein Anteil daran?" Der Trainer moderiert die sich anschließende Diskussion und achtet darauf, dass der zeitliche Rahmen gewahrt bleibt.

Hinweise

Zum dritten Grundmerkmal der Kommunikation passt gut die Geschichte mit dem Hammer, zu finden auf Seite 285

Beim dritten Grundmerkmal handelt es sich um eine Weiterentwicklung des Axioms von Watzlawick, Beavin und Jackson (1969) zur „Interpunktion von Ereignisfolgen". Im Originaltext heißt es: „Die Natur einer Beziehung ist durch die Interpunktion der Kommunikationsabläufe seitens der Partner bedingt" (ebd., S. 61). Interpunktion heißt: Das eine Verhalten wird als Ursache, das andere als Wirkung ausgelegt. Die Annahme, dass jeder sein eigenes Verhalten als Reaktion begreift, geht noch einen Schritt weiter und wird durch Befunde von Kurt Lewin gestützt (vgl. Schulz von Thun 1981, S. 85).

Variante

Kleingruppen sammeln Beispiele zum dritten Grundmerkmal

Wenn genug Zeit vorhanden ist, macht es Sinn, das Verständnis für das dritte Grundmerkmal anhand von Übungen zu vertiefen. So kann man etwa die Teilnehmer auffordern, in Kleingruppen Alltags-Beispiele zum dritten Grundmerkmal zu sammeln, eines davon auf Flip-Chart zu schreiben und anschließend zu präsentieren.

Literatur

In folgenden Büchern finden Sie Erläuterungen zu den Grundmerkmalen der Kommunikation:
- ▶ Watzlawick, Beavin und Jackson: Menschliche Kommunikation: Formen, Störungen, Paradoxien. Huber, Bern; Stuttgart; Toronto, 1990, 8. Aufl.
- ▶ Schulz von Thun, Friedemann: Miteinander reden. Störungen und Klärungen. Bd. 1. Rowohlt, Reinbek bei Hamburg, 1981
- ▶ Cole, Kris: Kommunikation – klipp und klar. Beltz, Weinheim; Basel, 2001, 3. Aufl.
- ▶ Gehm, Theo: Kommunikation im Beruf. Beltz, Weinheim; Basel, 1999

Die vier Seiten der Kommunikation   11.30 Uhr

Ziele:

▶ Die Teilnehmer kennen die vier Ebenen der Kommunikation.

▶ Sie können Aussagen anhand des 4-Seiten-Modells analysieren.

Zeit:

▶ 45 Minuten (Input: 10 Min., Übung: 30 Min., 5 Minuten Puffer)

Material:

Für den Input:

▶ Pinwand „Die vier Seiten der Kommunikation"

▶ Vier farbige Karten, die verdeckt an der Pinwand hängen: Auf der blauen Karte steht auf der Rückseite „Sachseite", auf der gelben „Beziehungsebene", auf der roten „Appell" und auf der grünen „Selbstaussage"

▶ Einen Moderationsstift

Für die Übung:

▶ Die Arbeitsblätter „Übung zu den vier Seiten der Kommunikation"

▶ Blaue, gelbe, rote, grüne und weiße Moderationskarten und Stifte für die Teilnehmer

▶ Eine weitere Pinwand

Überblick:

▶ Präsentation des Modells anhand eines Beispiels.

▶ Übung zum Modell in Kleingruppen.

Erläuterungen

Ein weiteres zentrales Axiom von Watzlawick, welches besagt, dass jede Mitteilung einen Inhalts- und einen Beziehungsaspekt aufweist, wurde im Rahmen der Grundmerkmale der Kommunikation noch nicht eingeführt, weil es im Kommunikations-Modell von Schulz von Thun, welches im Folgenden besprochen wird, mitenthalten ist.

Die Theorie des Hamburger Kommunikationspsychologen differenziert noch weitere Ebenen und ist heute das am weitesten
verbreitete Modell der menschlichen Kommunikation. Trotz dieser
Popularität können nach meiner Erfahrung die wenigsten Menschen
es auch anwenden, um Gespräche vorzubereiten oder um diese besser zu verstehen. Deshalb ist es ein zentraler Baustein eines jeden
Seminars zum Thema „Kommunikation und Gesprächsführung".

Das Modell wird anhand eines alltagsnahen Beispiels im Dialog mit
den Teilnehmern erarbeitet. Anschließend üben die Teilnehmer,
verschiedene Mitteilungen auf die vier Ebenen hin zu analysieren.

Input: Das Vier-Seiten-Modell

Überblick

▶ Präsentation des Beispiels „Sie machen heute aber früh
   Feierabend" an der Pinwand.
▶ Frage: *„Was will der Chef der Mitarbeiterin mitteilen?"*
▶ Alle Sätze zur jeweiligen Seite zuordnen und mitschreiben.
▶ Die Karten mit den Seiten der Kommunikation umdrehen und
   erläutern.

Vorgehen

*„Wir haben ja anhand des dritten Grundmerkmals gesehen, dass
Kommunikation von den Gesprächspartnern oft unterschiedlich erlebt
wird. Das hängt damit zusammen, dass in jeder Mitteilung immer
mehrere Aspekte mitschwingen. Es lassen sich bei allen Äußerungen
vier verschiedene Seiten unterscheiden. Auch hierzu ein Beispiel."*

Der Trainer präsentiert nun die Pinwand „Die vier Seiten der Kommunikation", bei der die Kärtchen, auf denen die Seiten benannt
werden, umgedreht sind.

Abbildung: Die Pinwand „Die vier Seiten der Kommunikation". Auf den Rückseiten der Kärtchen stehen die Bezeichnungen der vier Seiten. Die Kärtchen werden erst später umgedreht.

„Der Chef sagt zur Mitarbeiterin: ‚Sie machen heute aber früh Feierabend.' Was will er ihr mitteilen?" Der Trainer schreibt alle Sätze der Teilnehmer auf und ordnet sie der jeweiligen Seite zu.

Folgende Sätze werden häufig genannt:

- ▶ *„Es ist noch früh"*; *„Sie machen Feierabend"* (Sachseite)
- ▶ *„Sie arbeiten zu wenig"*; *„Sie sind freizeitorientiert/faul"* (Beziehungsseite)
- ▶ *„Arbeiten Sie länger"*; *„Bringen Sie mehr Einsatz"* (Appellseite)
- ▶ *„Ich bin ärgerlich"*; *„Ich würde auch gerne Feierabend machen"* (Selbstaussageseite)

Abbildung: Die Pinwand „Die vier Seiten der Kommunikation" mit den Sätzen, welche die Teilnehmer genannt haben. Der Trainer ordnet die Sätze der jeweiligen Seite zu (blau = Sachseite, gelb = Beziehung, grün = Selbstaussage, rot = Appell).

Der Trainer schreibt alle Sätze auf, die die Teilnehmer nennen. Erst wenn alle Aspekte genannt wurden, dreht der Trainer die Moderationskarten auf der Pinwand nacheinander um und erklärt die vier Seiten der Kommunikation.

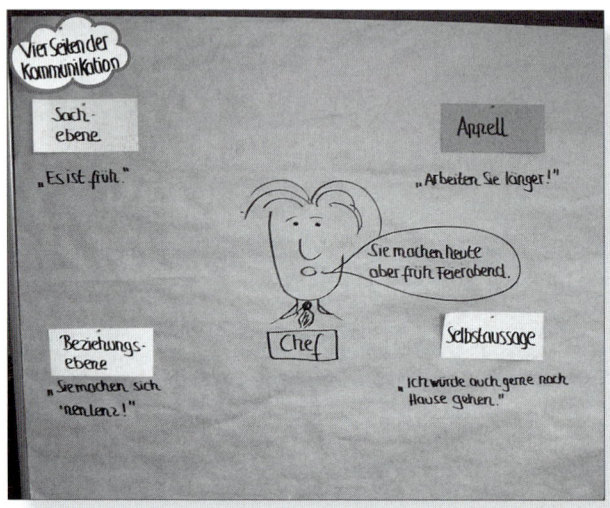

Abbildung: Die Pinwand „Die vier Seiten der Kommunikation". Erst nachdem er Sätze zu allen vier Seiten aufgeschrieben hat, dreht der Trainer die Karten um und erläutert das Modell.

„Die Aussage ‚Es ist früh' ist eine reine Sachinformation." Der Trainer dreht die blaue Karte um. *„Wenn es um die Sache geht, um den Austausch von Informationen, Fakten, Daten, dann steht diese Seite, die Sachseite der Kommunikation im Mittelpunkt. Aber es schwingen immer weitere Ebenen mit."*

„‚Sie machen sich einen Lenz' ist eine Aussage auf der ..." Der Trainer dreht die gelbe Karte um. *„... Beziehungsebene der Kommunikation. Aus jeder Äußerung geht hervor, wie der Sender zum Empfänger steht, was er von ihm hält. Oft geht dies nur indirekt, aus der Art, wie einer etwas sagt, über die nonverbale Kommunikation oder aus dem Tonfall hervor. Welche Botschaften wir auf der Beziehungsebene – offen oder verdeckt, vielleicht auch unbewusst – senden, entscheidet zum größten Teil darüber, wie die Kommunikation verläuft. Denn hier fühlt sich der andere entweder gut oder schlecht behandelt· – oder gar misshandelt.*

‚Arbeiten Sie länger' ist ein ..." Der Trainer dreht jetzt die rote Karte um. *„... Appell. Auf der Appellseite der Kommunikation geht es darum, was der Sender mit seiner Aussage bezwecken möchte, wozu*

er den anderen veranlassen möchte. Dieser Appell kann offen ausgesprochen oder – wie in unserem Beispiel – indirekt geäußert werden.

Die Aussage ‚Ich würde auch gerne nach Hause gehen' ist …" Der
Trainer dreht nun die grüne Karte um. „… eine Selbstaussage. Mit
jeder Aussage sagen wir auch immer etwas über uns selbst aus;
zeigen wir etwas von uns. Sobald ich also etwas von mir gebe, gebe
ich etwas von mir preis. Diese Seite der Kommunikation ist insofern
brisant, als ich mich dadurch greifbar, aber auch angreifbar mache.
Deshalb versuchen viele Menschen, die Selbstaussage eher zu ver-
schleiern. So ist es auch in unserem Beispiel. Es kann sein, dass er
die Mitarbeiterin tatsächlich beneidet, dass sie bereits nach Hause
gehen kann. Es könnte jedoch auch sein, dass der Chef verärgert ist,
dass sie nicht länger arbeitet.

Welche Fragen gibt es zu den vier Seiten der Kommunikation?"

Hinweise

▶ Wenn der Trainer die verschiedenen Aussagen sammelt, welche
die Teilnehmer aus dem Beispielsatz heraushören, schreibt er
zunächst alle Aussagen auf und erklärt erst im Anschluss die
vier Seiten der Kommunikation. Ein Fehler wäre es dagegen,
nach jedem Satz, den der Trainer aufschreibt, die entsprechende
Kommunikations-Ebene sofort aufzudecken und zu erklären.
Dann müssen die Teilnehmer zwischen dem Sammeln der
konkreten Botschaften und dem theoretischen Verstehen des
Kommunikationsmodells hin- und herspringen. Das führt nach
meiner Erfahrung zur Konfusion bei den Teilnehmern.

*Sammeln Sie
zunächst alle Aussa-
gen, bevor Sie mit
den Erläuterungen
beginnen*

▶ Falls zu einer Kommunikations-Ebene kein passender Satz
genannt wird, fragt der Trainer nach, ob sich jemand eine
weitere Botschaft vorstellen könnte. Falls auch dann kein
weiterer Satz genannt wird, erläutert er die vier Seiten der
Kommunikation, wobei er zuletzt jene Ebene erklärt, zu
der kein Satz genannt wurde. Schließlich fragt er, wie die
entsprechende Aussage bei diesem Beispiel lauten könnte. In
aller Regel fällt den Teilnehmern dann etwas ein.

▶ Oft werden die Selbstaussage- und die Beziehungsseite der
Kommunikation von Teilnehmern verwechselt. Wichtig ist
daher, dass der Trainer den Unterschied zwischen beiden

67

Ebenen deutlich macht: Auf der Selbstaussageseite macht der Sender eine Aussage über sich selbst, etwa über die eigenen Gefühle und Bedürfnisse. Auf der Beziehungsebene drückt er dagegen aus, was er vom Gesprächspartner hält. Diffizil ist die Bestimmung der richtigen Ebene bei Botschaften, die einen Vergleich zwischen dem Sender und dem Gesprächspartner ausdrücken, etwa – auf unser Beispiel bezogen – die Botschaft: *„Ich bin nicht so faul wie Sie."* Diese Botschaft bezieht sich einerseits auf den Sender (*„Ich bin nicht faul"*) und gleichzeitig auf den Empfänger (*„Sie sind faul"*). Daher liegt eine solche Botschaft im Grenzbereich zwischen Selbstaussage- und Beziehungsseite. Laut Schulz von Thun (1981) werden solche Botschaften zur Beziehungsebene gerechnet.

▶ Das klassische Beispiel, an dem Schulz von Thun selbst sein Modell in seinem Grundlagen-Buch erläutert hat – *„Du, da vorne ist grün"*, sagt der Mann auf dem Beifahrer-Sitz zur Frau am Steuer – ist mittlerweile zu bekannt, um es im Seminar noch verwenden zu können. Außerdem ist es im betrieblichen Kontext aus meiner Sicht günstiger, ein Beispiel aus dem beruflichen Bereich zu verwenden. Natürlich kann man auch einen anderen Beispielsatz verwenden. Wichtig ist, dass er eine Situation widerspiegelt, die viele Menschen in ähnlicher Weise schon einmal erlebt haben. Noch schöner ist es, wenn es dem Trainer gelingt, einen Satz zu formulieren, der speziell auf die Berufswelt der jeweiligen Zielgruppe zugeschnitten ist – was bei der fiktiven Zielgruppe dieses Buches natürlich kaum möglich ist. Eine weitere Möglichkeit, das Vier-Seiten-Modell lebendig zu präsentieren, liegt darin, einen prägnanten Satz aufzugreifen, der innerhalb des Seminars geäußert wurde. Wenn beispielsweise Teilnehmer fragen, ob im Seminar eine Video-Kamera verwendet wird, so kann der Trainer den Satz *„Verwenden Sie eine Videokamera?"* auf die Pinwand schreiben und fragen, welchen Botschaften in dieser Frage enthalten sind.

Variante:
Das Eisberg-Modell

Variante

Eine Alternative zur Kommunikationstheorie von Schulz von Thun ist das „Eisberg-Modell", welches ebenfalls hinreichend bekannt ist und in vielen Seminaren verwendet wird. Es geht auf Watzlawicks Axiom zurück, dass Kommunikation stets einen Inhalts- und einen Beziehungsaspekt aufweist (Watzlawick 1969, S. 53ff.). Das „Eis-

68

berg-Modell" besagt, dass sich das Verhältnis von der Inhalts- zur Beziehungsebene der Kommunikation so verhält wie bei einem Eisberg der sichtbare zu dem nicht sichtbaren Teil, der sich unter der Wasseroberfläche befindet. Dieser unsichtbare Teil macht in der Regel ca. 80% des Eisbergs aus. Ebenso werde die Kommunikation von der Beziehungsebene dominiert.

Literatur

Das Vier-Ohren-Modell liest man am besten im Originaltext nach:
▶ Schulz von Thun, Friedemann: Miteinander reden. Störungen und Klärungen. Bd. 1. Rowohlt, Reinbek bei Hamburg, 1981
Eine Beschreibung des Eisberg-Modells finden Sie beispielsweise bei:
▶ Bay, Rolf: Erfolgreiche Gespräche durch Aktives Zuhören. Expert, Ehningen, 1988, S. 91f.

Ein Repetitorium zum Vier-Seiten-Modell kann zum Beginn des zweiten Tages eingesetzt werden, um das Wissen zu wiederholen und zu vertiefen. Die Beschreibung hierzu finden Sie ab Seite 286

Übung zum Vier-Seiten-Modell

Überblick

▶ Die Teilnehmer gehen zu viert zusammen.
▶ Jede Gruppe erhält ein Hand-out mit zwei Beispielsätzen.
▶ Die Gruppen analysieren beide Beispiele hinsichtlich der vier Seiten.
▶ Dann präsentieren sie ein Beispiel mit farbigen Moderationskarten auf einer Pinwand.

Vorgehen

„Im nächsten Schritt geht es darum, das Modell auf konkrete Situationen anzuwenden. Dazu habe ich Ihnen Beispielsätze mitgebracht. Ihre Aufgabe ist es, die Beispielsätze anhand der vier Seiten zu analysieren. Gehen Sie dazu bitte jeweils zu viert zusammen."

Der Trainer wartet, bis sich die Kleingruppen gefunden haben. Häufig schließen sich diejenigen zusammen, die nebeneinander sitzen, was hier auch in Ordnung ist. Wenn die Kleingruppen-Bildung abgeschlossen ist, fährt der Trainer fort: *„Ich teile Ihnen gleich ein Arbeitsblatt aus, auf dem zwei Beispielsätze stehen, eines aus dem*

beruflichen und eines aus dem privaten Bereich. Analysieren Sie beide Sätze anhand des 4-Seiten-Modells und schreiben Sie die Aspekte auf einem Notizblock mit. Wählen Sie dann einen Satz aus, um ihn anschließend im Plenum zu präsentieren. Und zwar folgendermaßen: Schreiben Sie den Beispielsatz auf eine weiße Moderationskarte, die Sachbotschaft auf eine blaue, die Beziehungsbotschaft auf eine gelbe, die Selbstaussage auf eine grüne und den Appell auf eine rote Karte – so wie hier[3]."

Jede Kleingruppe erhält ein anderes Arbeitsblatt

Der Trainer zeigt auf die Karten der Pinwand „Vier Seiten der Kommunikation". *„Sie haben für die Übung 15 Minuten Zeit."* Dann teilt der Trainer die Arbeitsblätter aus. Dabei bekommen alle Mitglieder einer Kleingruppe das gleiche Blatt. Die Kleingruppen müssen sich einen Stift, eine weiße und vier farbige Karten (blau, rot, gelb, grün) mitnehmen. Auf den folgenden Seiten finden Sie vier Beispiele für die Arbeitsblätter, welche die Kleingruppen erhalten.

Arbeitsblatt

Analysieren Sie die folgenden beiden Sätze in Bezug auf das Kommunikationsmodell „Die vier Seiten einer Nachricht".
1. Kunde zum Mitarbeiter: *„Sind Sie überhaupt schon lange genug im Geschäft, um diese Sache beurteilen zu können?"*
2. Vater zum Kind: *„Deine Spielsachen liegen ja immer noch im Wohnzimmer herum."*

Wählen Sie dann ein Beispiel für die Präsentation im Plenum aus und gehen Sie dabei folgendermaßen vor:

Schreiben Sie:
▶ den ausgewählten Satz auf eine weiße Karte
▶ die Sachbotschaft auf eine blaue Karte
▶ die Beziehungsbotschaft auf eine gelbe Karte
▶ die Selbstaussage auf eine grüne Karte
▶ und den Appell auf eine rote Karte

Zeit: 15 Minuten

---

[3] Die Instruktionen stehen auch auf dem Arbeitsblatt, welches die Kleingruppen erhalten.

Arbeitsblatt

Analysieren Sie die folgenden beiden Sätze in Bezug auf das Kommunikationsmodell „Die vier Seiten einer Nachricht".
1. Mitarbeiter zum Kunden: *„Warum haben Sie denn nicht früher angerufen?"*
2. Mann zur Frau: *„Bertha, das Bier ist alle."*

Wählen Sie dann ein Beispiel für die Präsentation im Plenum aus und gehen Sie dabei folgendermaßen vor:

Schreiben Sie
▶ den ausgewählten Satz auf eine weiße Karte
▶ die Sachbotschaft auf eine blaue Karte
▶ die Beziehungsbotschaft auf eine gelbe Karte
▶ die Selbstaussage auf eine grüne Karte
▶ und den Appell auf eine rote Karte

Zeit: 15 Minuten

Arbeitsblatt

Analysieren Sie die folgenden beiden Sätze in Bezug auf das Kommunikationsmodell „Die vier Seiten einer Nachricht".
1. Der Kollege sagt: *„Seit drei Tagen liegen Deine Akten da rum."*
2. Frau zum Mann: *„So oft wie Du weg bist, da leiden die Kinder ja schon auch drunter."*

Wählen Sie dann ein Beispiel für die Präsentation im Plenum aus und gehen Sie dabei folgendermaßen vor:

Schreiben Sie:
▶ den ausgewählten Satz auf eine weiße Karte
▶ die Sachbotschaft auf eine blaue Karte
▶ die Beziehungsbotschaft auf eine gelbe Karte
▶ die Selbstaussage auf eine grüne Karte
▶ und den Appell auf eine rote Karte

Zeit: 15 Minuten

Arbeitsblatt

Analysieren Sie die folgenden beiden Sätze in Bezug auf das Kommunikationsmodell „Die vier Seiten einer Nachricht".

1. Außendienstmitarbeiter zum Innendienst-Kollegen: *„So ein Leben wie Ihr im Innendienst möchte ich auch mal gerne haben."*

2. Schwiegermutter zur Schwiegertochter (über ihren Sohn): *„Der Junge hat ja ganz schön abgenommen, seit Ihr zusammengezogen seid."*

Wählen Sie dann ein Beispiel für die Präsentation im Plenum aus und gehen Sie dabei folgendermaßen vor:

Schreiben Sie

- ▶ den ausgewählten Satz auf eine weiße Karte
- ▶ die Sachbotschaft auf eine blaue Karte
- ▶ die Beziehungsbotschaft auf eine gelbe Karte
- ▶ die Selbstaussage auf eine grüne Karte
- ▶ und den Appell auf eine rote Karte

Zeit: 15 Minuten

Der Trainer kann während der Kleingruppenarbeit zu den Kleingruppen gehen und sie bei Bedarf unterstützen. In der Regel sind die Teilnehmer aber in die Lage, die Übung alleine zu bewältigen. Für die Präsentation der Kleingruppen-Ergebnisse stellt der Trainer eine leere, bespannte Pinwand bereit.

Wenn alle Kleingruppen so weit sind, fragt der Trainer: *„Wer fängt an?"* Nach jeder Präsentation fragt der Trainer: *„Was sagen die anderen? Stimmt das so?"*

Hinweise

- ▶ Falls bei der Präsentation der Kleingruppen-Ergebnisse etwas nicht stimmt und der Fehler nicht von den anderen Teilnehmern korrigiert wird, interveniert der Trainer auf jeden Fall. Meistens sind die Sätze der Teilnehmer jedoch korrekt zugeordnet. Zuweilen kommt es jedoch vor, dass Selbstaussage- und Beziehungsseite verwechselt werden.

▶ Ein Tipp: Wenn der Trainer die Arbeitsblätter laminiert, sehen sie nicht nur besser aus, sondern können auch für längere Zeit weiterverwendet werden.

Tipp: Laminieren Sie die Arbeitsblätter

Variante

Der Trainer kann die Teilnehmer auch selbst Beispiele suchen lassen, statt ihnen Sätze vorzugeben. Dann lautet die Aufgabenstellung an die Kleingruppen, dass diese ein bis zwei markante Sätze aus dem beruflichen (und eventuell auch privaten) Alltag suchen und diese auf die vier Ebenen der Kommunikation hin analysieren sollen. Die Präsentation der Ergebnisse kann auch hier auf einem Flip-Chart erfolgen.

12.15 Uhr Empfängermodell ‚Vier Ohren'

Orientierung

Ziele:

▶ Die Teilnehmer kennen die „vier Ohren" in der Kommunikation.

▶ Sie verstehen, dass die ankommende Botschaft ein „Machwerk" des Empfängers ist.

Zeit:

▶ 15 Minuten (10 Min., 5 Min. Puffer)

Material:

▶ Die Pinwände „Die vier Ohren" und „Die vier Seiten der Kommunikation"

Überblick:

▶ Die vorbereitete Pinwand „ Die vier Ohren" präsentieren.

▶ Frage: Wie reagiert die Mitarbeiterin, wenn sie auf den verschiedenen Ohren hört?

▶ Unterschiedliche Reaktionen notieren.

▶ Erläutern: Die ankommende Botschaft ist ein „Machwerk" des Empfängers.

▶ Individuelle Kommunikationsstile am Beispiel „Liebst Du mich?" erläutern (nach der Mittagspause).

Erläuterungen

Nun geht es darum, die Arbeit an der Kommunikationstheorie von Schulz von Thun zu vertiefen. Bislang wurden die vier Ebenen aus der Perspektive des Senders analysiert. Nun wird die Kommunikation aus der Perspektive des Empfängers betrachtet. Dadurch wird die Komplexität und „Störanfälligkeit" des Kommunikationsprozesses deutlich.

Vorgehen

Der Trainer präsentiert die Pinwand „Die vier Ohren":

Abbildung: Die Pinwand „Die vier Ohren". Der Trainer fragt die Teilnehmer, wie die Empfängerin reagiert, je nachdem, auf welchem Ohr sie die Botschaft ihres Vorgesetzten gehört hat.

Er stellt die Pinwand „Die vier Ohren" mit etwas Abstand neben die Pinwand „Die vier Seiten der Kommunikation", so dass er in der Mitte zwischen beiden Pinwänden stehen kann.

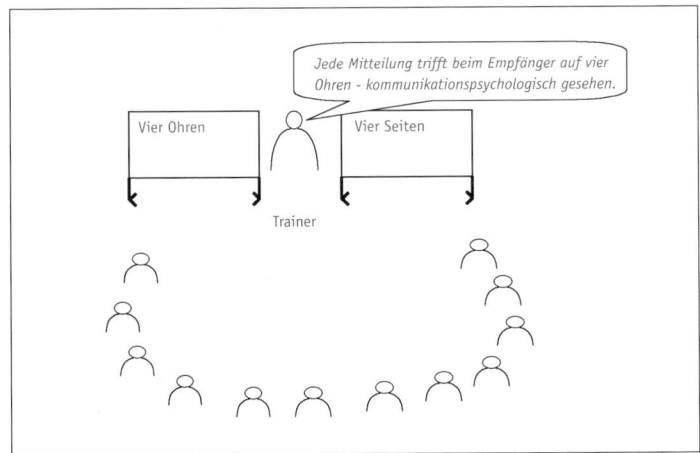

Abbildung: Der Trainer präsentiert das „4-Ohren-Modell".

„Wir haben gesehen, dass in einer Mitteilung eine ganze Menge „drin" ist, nämlich immer mindestens vier Botschaften. Nun kommt dieses ganze Paket beim Empfänger an und trifft bei ihm auf vier Ohren – kommunikationspsychologisch gesehen. Je nachdem, welche Seite er heraushört, wird er unterschiedlich reagieren. Kehren wir noch einmal zu unserem Beispiel zurück. ,Sie machen heute aber früh Feierabend', sagt der Chef zur Mitarbeiterin. Nun ist die Frage, auf welchem Ohr die Mitarbeiterin diese Mitteilung empfängt. Nehmen wir an, sie hört auf dem Sachohr. Das Sachohr hört allein die sachlichen Informationen, in diesem Fall also ,Es ist früh'. Wie wird die Mitarbeiterin vermutlich reagieren, wenn sie nur diese sachliche Information heraushört?" Richtige Antworten, wie z.B. *„Stimmt"* oder *„Ja, es ist früh"*, schreibt der Trainer auf. Bei falschen Antworten wie z.B. *„Sonst habe ich aber immer länger gearbeitet!"* fragt der Trainer zurück: *„Wie sehen es die anderen?"* In aller Regel kommt einer der Teilnehmer dann auf die richtige Antwort.

Der Trainer geht die weiteren Ohren durch: *„Mit dem Beziehungsohr hören wir die Beziehungsbotschaft des Gesprächspartners heraus, wir spüren also, wie wir behandelt werden. Wenn dieses Ohr stark ausgeprägt ist, sind wir deshalb besonders empfindlich. Wir achten darauf, wie uns der andere sieht und was er von uns hält. In unserem Beispiel hört die Mitarbeiterin: ,Sie machen sich einen Lenz'. Wie reagiert sie, wenn sie auf dem Beziehungsohr hört?"* Der Trainer schreibt zutreffende Antworten mit und erläutert: *„Genau. Auf negative Botschaften auf der Beziehungsebene reagieren Menschen häufig mit Rechtfertigung, Kränkung oder Aggression."*

„Auf dem Appellohr hört man den Appell des Gesprächspartners. Es filtert heraus, was sie nun tun soll. Sie reagiert also ausschließlich auf die – unausgesprochene – Forderung ihres Chefs: ,Arbeiten Sie länger!' Wie reagiert sie?" Der Trainer notiert z.B.: *„Sie arbeitet länger."*

„Nehmen wir an, sie hört auf dem Selbstaussageohr, dann hört sie die Selbstaussage des Senders, sie achtet darauf, wie es ihm gerade geht, wie seine Stimmung ist. Sie hört also zum Beispiel die Selbstaussage des Chefs: ,Ich würde auch gerne nach Hause gehen'. Wie reagiert die Mitarbeiterin darauf?" Der Trainer notiert beispielsweise: *„Schade, dass Sie so lange arbeiten müssen."*

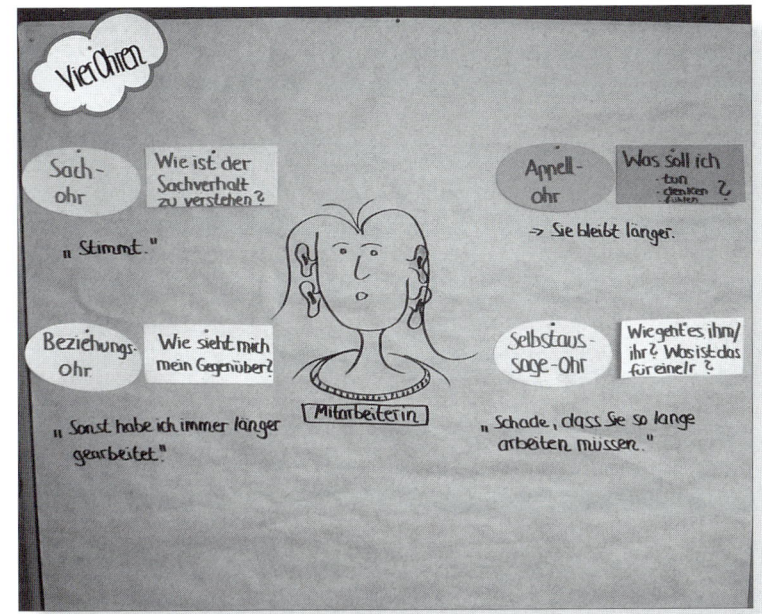

Abbildung: Die Pinwand „Die vier Ohren" – Je nachdem, auf welcher Ebene die Nachricht bei der Empfängerin ankommt, reagiert sie unterschiedlich.

Abschließend spricht der Trainer noch zwei Punkte an: *„Sie sehen also: Je nachdem, welches Ohr in der Kommunikation anspringt, reagiert der Mensch sehr unterschiedlich. Die empfangene Botschaft ist also gewissermaßen das Machwerk des Empfängers."*

Hinweis

Auch auf der Empfängerseite der Kommunikation werden Selbstaussage- und Beziehungsebene oft verwechselt. Daher sollte der Trainer nachfragen, ob der Unterschied klar geworden ist und ihn bei Bedarf nochmals erläutern.

Mittagspause   12.30 Uhr

Eine Stunde Mittagspause sollte der Trainer auch bei einem In-house-Seminar auf jeden Fall einräumen, um den bisherigen Verlauf reflektieren und das weitere Vorgehen planen zu können. Wenn das Seminar an einem externen Tagungsort stattfindet, bietet es sich an, eine längere Mittagspause von mindestens zwei Stunden zu machen und dafür abends länger zu arbeiten. So wird das physiologische Mittagstief nach dem Essen umgangen.

13.30 Uhr   Warm-up ‚Obstkorb'

Orientierung

Ziele:
▶ Die Teilnehmer kommen in Bewegung.
▶ Die Stimmung in der Gruppe wird aufgelockert.

Zeit:
▶ 15 Minuten (3 Min. Überblick, 7 Min. „Obstkorb", 5 Min. Puffer)

Material: /

Überblick:
▶ Kurzer Überblick über den Nachmittag.
▶ Warm-up „Obstkorb":
▶ Stuhlkreis bilden, der Trainer steht in der Mitte.
▶ Der Trainer ordnet jeden Teilnehmer einer Obstsorte zu.
▶ Wer in der Mitte steht, nennt eine Obstsorte oder sagt „Obstkorb" und sucht sich einen Stuhl.
▶ Die Betreffenden springen auf und suchen sich einen neuen Platz.

Erläuterungen

Der kurze Überblick über den weiteren Seminartag soll den Teilnehmern wiederum Orientierung geben. Dadurch haben die Teilnehmer Zeit, nach dem Essen auch psychisch wieder im Seminar „anzukommen", bevor es mit einer Übung losgeht. Das Spiel „Obstkorb" dient einfach dazu, die Teilnehmer wieder zu aktivieren und sie aus dem physiologischen „Mittagstief" zu holen.

Vorgehen

Geben Sie einen kurzen Überblick über den Nachmittag

Der Trainer gibt zunächst einen kurzen Überblick über den Nachmittag: *„Heute Nachmittag wird es unter anderem um die Frage gehen: Wie kommuniziere ich? Welchen Kommunikationsstil habe ich? Anschließend werden wir uns mit einer schwierigen Gesprächssituation aus der Praxis beschäftigen, ein Gespräch vorbereiten und in einer Praxis-Simulation durchführen.*

Thomas Schmidt: Kommunikationstrainings erfolgreich leiten

Bevor wir wieder ins Thema einsteigen, möchte ich Sie einladen, mit einer kleinen Übung zu starten. Setzen Sie sich dazu bitte in einem Kreis zusammen. Nur mein Stuhl bleibt draußen."

Der Trainer wartet, bis die Teilnehmer einen Stuhlkreis gebildet haben. Der Stuhlkreis sollte nicht zu eng sein, so dass alle Teilnehmer ein wenig Platz neben sich haben.

Dann geht der Trainer in die Mitte des Stuhlkreises und erklärt die Übung: *„Wir machen jetzt eine Übung zum Auflockern, damit wir alle wieder fit werden nach dem Mittagessen. Die Übung heißt ‚Obstkorb'. Sie geht folgendermaßen: Jeder von uns verwandelt sich in eine Obstsorte. Und jeder muss sich merken, welche Obstsorte er ist. Fangen wir bei Ihnen an."*

Obstkorb

Der Trainer zeigt auf einen beliebigen Teilnehmer und ordnet dann jedem Teilnehmer eine von drei Obstsorten, z.B. Apfel, Banane und Kiwi, zu. *„Apfel – Banane – Kiwi – Apfel – Banane – Kiwi – Apfel – Banane – Kiwi – Apfel – Banane – Kiwi."* Der Trainer ordnet sich auch einer Obstsorte zu: *„Apfel".*

Abbildung: Der Trainer leitet die Übung „Obstkorb" an. Die Teilnehmer sitzen im Kreis, der Trainer steht in der Mitte. Er ordnet jedem Teilnehmer eine Obstsorte zu. Wessen Obstsorte aufgerufen wird, muss sich einen neuen Platz suchen. Beim Stichwort „Obstkorb" tauschen alle die Plätze.

Dann erklärt er die Regeln: *„Es gibt folgende Spielregeln: Derjenige, der in der Mitte steht – im Moment also ich – will sich einen Platz erobern. Deshalb nennt er eine Obstsorte. Alle, die dazu gehören, müssen sich einen neuen Platz suchen, allerdings nicht den Nachbarstuhl.*

Statt einer Obstsorte kann man auch ‚Obstkorb' rufen. Dann müssen sich alle einen neuen Stuhl suchen. Auch hier wieder nicht den Nach- barstuhl. Alles klar? Dann geht es los: Obstkorb!"

Sobald die Teilnehmer aufspringen, sucht sich der Trainer einen Stuhl, so dass einer der Teilnehmer übrig bleibt. Nun ist dieser an der Reihe, eine neue Anweisung zu geben und sich selbst einen Stuhl zu ergattern. Der Trainer lässt die Übung höchstens fünf bis sieben Minuten laufen. Wenn der Energie-Level zu sinken beginnt, beendet er die Übung, indem er nach einer Anweisung als Letzter übrig bleibt, sich den eigenen Stuhl nimmt und beschließt, dass die Übung nun zu Ende ist.

Literatur

Weiteren Bewegungsspiele finden Sie hier:

► Seifert, Josef: Games. Spiele für Moderatoren und Gruppenleiter. Gabal, Offenbach, 2000, 3. Aufl.
► Vopel, Klaus W.: Anwärmspiele: Experimente für Lern- und Arbeitsgruppen. Iskopress, Salzhausen, 1994, 5. Aufl.
► Weber, Hermann: Arbeitskatalog der Übungen und Spiele. Windmühle, Hamburg, 1985
► Röschmann, Doris: Arbeitskatalog der Übungen und Spiele, Band 2. Windmühle, Hamburg, 1990
► Röschmann, Doris: 111 x Spaß am Abend. Windmühle, Hamburg, 2004

Fortsetzung ‚Vier-Ohren-Modell': Individuelle Kommunikationsstile

13.45 Uhr

Vorgehen

Der Trainer geht auf individuelle Unterschiede bei der Ausprägung der „Vier Ohren" ein: *„Vor der Mittagspause waren wir ja bei den vier verschiedenen Ebenen der Kommunikation und den Vier Ohren stehen geblieben. Vielleicht haben Sie es ja schon mal erlebt, dass auf einen aus Ihrer Sicht völlig harmlosen Satz ganz merkwürdig reagiert wurde. Dass der andere beispielsweise gekränkt oder verärgert reagiert, obwohl Sie das überhaupt nicht nachvollziehen können. Das liegt häufig daran, dass beim Empfänger ein Ohr angesprungen ist, das man gar nicht gemeint hat. Denn die Art und Weise, wie unsere Ohren ausgeprägt sind, unterscheidet sich von Mensch zu Mensch und ist auch bei jedem einzelnen Menschen abhängig von der Situation und der Tagesform. Hilfreich ist es, wenn man alle vier Kommunikations-Ebenen gleichermaßen zur Verfügung hat. Das ist aber nicht die Regel. Häufig haben Menschen ein oder zwei Ohren besonders stark entwickelt und andere kaum ausgeprägt."*

Der Trainer schlüpft im Folgenden abwechselnd in die Rolle einer Ehefrau und in die ihres Mannes und zeigt als Frau eine betont emotionale und als Mann eine betont sachliche Körpersprache. Um den Rollenwechsel deutlich zu machen, wechselt er jeweils auf einen anderen Stuhl.

Abbildung: Der Trainer demonstriert ein Beispiel für unterschiedliche Kommunikationsstile.

Zwei Kommunikationsstile

„Ein Beispiel[4]: Eine Frau fragt Ihren Mann: ‚Schatz, liebst Du mich eigentlich noch?' Der Mann antwortet: ‚Nun, da müssten wir zunächst einmal definieren, was mit dem Begriff Liebe eigentlich gemeint ist. Das ist ja ein durchaus komplexer, vielschichtiger Begriff ...' Die Frau: ‚Ich mein' ja nur, welche Gefühle Du mir gegenüber hast ...' Der Mann: ‚Gefühle – das sind ja zeitvariable Phänomene, die sozialisationsbedingt determiniert sind, darüber kann man ja keine generellen Aussagen treffen ...'

Wenn wir dieses Gespräch hinsichtlich der Ebenen der Kommunikation betrachten, was passiert hier?"

In der Regel bemerken die Teilnehmer, dass die Frau die Beziehungsebene anspricht und der Mann auf der Sachseite antwortet.

Anschließend fährt der Trainer fort: *„Das Beispiel ist natürlich etwas überspitzt. Aber es zeigt, wie unterschiedlich die Kommunikationsstile sein können und welche Schwierigkeiten entstehen, wenn wir auf manchen Ohren schwerhörig sind."*

---

[4] Nach Schulz von Thun, 1981, S. 47.

Thomas Schmidt: Kommunikationstrainings erfolgreich leiten

Reflexion des eigenen Kommunikationsstils

13.50 Uhr

Orientierung

Ziele:
- ▶ Die Teilnehmer reflektieren ihren eigenen Kommunikationsstil.
- ▶ Sie wissen, welche Seite der Kommunikation sie noch entwickeln können.

Zeit:
- ▶ 25 Minuten (20 Min., 5 Min. Puffer)

Material:
- ▶ Selbsteinschätzungstest zum Kommunikationsstil, Bleistifte/ Kugelschreiber
- ▶ Für die soziometrische Auswertung: Vier Moderationskarten, auf denen die Bezeichnungen der verschiedenen Ohren stehen

Überblick:
- ▶ Die Teilnehmer füllen den Kommunikationstest aus.
- ▶ Kurzer Austausch in Zweiergruppen.
- ▶ Soziometrische Auswertung in der Gruppe:
- ▶ Kärtchen mit den unterschiedlichen Ohren im Raum verteilen.
- ▶ Die Teilnehmer ordnen sich ihrem stärksten bzw. schwächsten Ohr zu.

Erläuterung

Nach der theoretischen Auseinandersetzung mit dem Kommunikationsmodell geht es nun darum, dieses in Bezug zur eigenen Person zu setzen. Anhand eines Selbsteinschätzungsbogens reflektieren die Teilnehmer den eigenen Kommunikationsstil. Der Test, den ich zu diesem Zweck entwickelt habe, genügt zwar nicht den wissenschaftlichen Gütekriterien, bietet aber dennoch ein geeignetes Mittel, um die eigenen kommunikativen Gewohnheiten zu reflektieren. Anschließend wird der Test soziometrisch ausgewertet, um sichtbar zu machen, wie die Kommunikationsstile in der Gruppe verteilt sind. Es ist sowohl für die Teilnehmer als auch für den Trainer aufschlussreich, zu sehen, welcher Kommunikationsstil in der Gruppe vorherrscht.

Die Teilnehmer führen eine Selbsteinschätzung durch

Vorgehen

„Die Frage ist nun: Wie ist Ihr Kommunikationsstil? Wie stark sind die verschiedenen Ohren bei Ihnen ausgeprägt? Ich habe Ihnen zu dieser Frage einen Selbsteinschätzungstest mitgebracht. In dem Test gibt es 12 Situationen mit jeweils vier Antwortmöglichkeiten. Kreuzen Sie diejenige Antwort an, die Ihnen am ehesten entspricht. Es gibt dabei kein ‚richtig‘ oder ‚falsch‘. Kreuzen Sie am besten spontan an. Anschließend übertragen Sie dann Ihre Antworten in den Auswertungsbogen auf der letzten Seite."

Der Trainer teilt den Selbsteinschätzungsbogen aus. Er ist auf den folgenden Seiten abgedruckt.

Ein Kommunikationstest

In dem vorliegenden Selbsteinschätzungsbogen geht es um Ihre spontanen Reaktionen auf verschiedene Situationen. Insgesamt gibt es zwölf unterschiedliche Situationen mit jeweils vier Antwortmöglichkeiten.

Bitte kreuzen Sie diejenige Antwort an, die Ihnen am ehesten entspricht. Es gibt dabei kein „richtig" oder „falsch". Kreuzen Sie möglichst spontan diejenige Reaktion an, für die Sie sich wahrscheinlich entscheiden würden; und nicht jene, die Sie am „besten" oder „vernünftigsten" finden. Anschließend übertragen Sie Ihre Antworten in den Auswertungsbogen auf der letzten Seite.

Situation 1:

Sie stehen in einer Schlange beim Bäcker. Sie warten schon eine ganze Weile. Endlich sind Sie an der Reihe und sagen rasch, was Sie haben möchten. Die Verkäuferin runzelt die Stirn und sagt: „Mal ganz langsam. Das ist ja eine Hektik heute."

a) Sie stimmen ihr zu, dass heute viel los ist.
b) Sie ärgern sich, dass die Verkäuferin Sie so unfreundlich behandelt, statt sich zu beeilen.
c) Sie sagen der Verkäuferin, dass Sie es nicht so eilig haben.
d) Sie stellen sich vor, dass es wirklich stressig sein muss, an ihrer Stelle zu sein.

Situation 2:

Auf dem Gang treffen Sie einen Kollegen aus einer anderen Abteilung, den Sie vor einem Jahr auf einem Seminar kennen gelernt haben. Der Kollege grüßt Sie nicht.

a) Sie vermuten, dass er wohl mit seinen Gedanken woanders ist.
b) Sie finden, dass es normal ist, dass man sich nach einer gewissen Zeit nicht mehr aneinander erinnern kann.
c) Sie finden es unfreundlich, dass der Kollege Sie ignoriert.
d) Sie vermuten, dass er in Ruhe gelassen werden will.

Situation 3:

Ihr Freund M. hat Sie zu einer Party eingeladen. Eine Ihnen unbekannte, etwa gleichaltrige Person des anderen Geschlechts fragt Sie: „Und woher kennst Du den M.?"

a) Sie vermuten, dass er/sie ein kontaktfreudiger Mensch ist und gerne auf andere zugeht.
b) Sie haben den Eindruck, dass er/sie sich für Sie interessiert und Sie gerne kennen lernen möchte.
c) Sie vermuten, dass er/sie hier wenig Leute kennt und nehmen sich bewusst Zeit für ihn/sie.
d) Sie überlegen, wie lange Sie M. kennen, beantworten die Frage und denken sich nichts weiter dabei.

Situation 4:

Ein Kollege, zu dem Sie ein eher distanziertes Verhältnis haben, kommt zu einer Besprechung in Ihr Büro und sagt: „Ui, das ist ja ganz schön stickig hier."

a) Sie stellen fest: „Das kann gut sein. Wir hatten das Fenster heute noch nicht offen."
b) Der Kollege will Sie offenbar auffordern, zu lüften.
c) Sie haben den Eindruck, dass Ihr Kollege viel Wert auf frische Luft legt.
d) Sie denken sich, dass er ja wieder gehen kann, wenn es ihm hier nicht passt.

Situation 5:

Sie kommen an einem warmen Sommerabend müde und geschafft von einem langen Bürotag nach Hause. Ihr Partner fragt Sie: „Na, willst Du erst mal duschen?" Er/sie will damit sagen:

a) dass Sie schlecht riechen.
b) dass er/sie sich um Ihr Wohlbefinden sorgt und hofft, dass Ihnen die Dusche gut tun wird.
c) dass eine Dusche nach einem anstrengenden Tag erfrischend ist.
d) dass Sie duschen gehen sollen.

Situation 6:

Sie erhalten einen Kundenanruf. Der Kunde sagt mit unüberhörbarer Ironie: „Das ist ja unglaublich, dass ich Sie heute noch zu sprechen bekomme. Den ganzen Vormittag hab ich versucht, Sie zu erreichen und immer war es besetzt."

Sie antworten:
a) innerlich gereizt: „Um was geht es denn?"
b) mit ehrlicher Anteilnahme: „Das ist ja ärgerlich, dass so oft besetzt war."
c) mit dem Versuch, das Ärgernis wieder gut zu machen: „Das tut mir Leid. Wie kann ich Ihnen weiterhelfen?"
d) neutral: „Um was geht es denn?"

Situation 7:

Sie haben einen Termin mit Ihrem neuen Vorgesetzten vereinbart, weil Sie einige fachliche Fragen haben. Als Sie sein Büro betreten, blickt er nicht vom Bildschirm auf und arbeitet weiter am PC, während er sagt: „Schießen Sie schon mal los. Ich höre Ihnen zu."

a) Sie versuchen, sich kurz zu fassen, damit Ihr Vorgesetzter nicht zu lange unterbrochen wird.
b) Sie haben den Eindruck, dass Ihr Chef im Stress ist und deshalb versucht, zwei Sachen auf einmal zu erledigen.
c) Sie finden es taktlos, dass Ihr Chef weiterarbeitet, während Sie mit ihm sprechen.
d) Sie stellen Ihre Fragen und bemerken kaum, dass Ihr Chef noch auf den Bildschirm blickt.

Situation 8:

Bei einer engagierten Diskussion im Freundeskreis sagt ein Freund in scharfem Tonfall zu Ihnen: „Jetzt hast Du mich schon zum dritten Mal unterbrochen."

a) Sie können verstehen, dass Ihr Freund sich ärgert, dass er unterbrochen wurde.
b) Sie überlegen, ob es stimmt, dass Sie ihn schon dreimal unterbrochen haben.
c) Sie versuchen, ihn jetzt nicht mehr zu unterbrechen.
d) Sie fühlen sich angegriffen und bloßgestellt.

Situation 9:

Sie arbeiten seit einem Jahr in einer Projektgruppe zur Entwicklung einer neuen Software mit. Heute präsentieren Sie vor den Führungskräften Ihrer Abteilung die Zwischenergebnisse der Projektarbeit. Als Sie die Präsentation beendet haben, sagt der Abteilungsleiter: „Und dafür hat die Projektgruppe ein Jahr gebraucht?"

a) Sie antworten: „Ja, die Entwicklung der Software braucht tatsächlich länger als erwartet."
b) Sie spüren die Ungeduld Ihres Abteilungsleiters und sagen: „Ich hoffe auch, dass es jetzt schneller vorangehen wird. Wir werden alles tun, damit wir rechtzeitig fertig werden."
c) Sie haben den Eindruck, dass Ihr Chef unter großem Druck steht und sagen: „Ich weiß, die Zeit drängt. Ich kann nachvollziehen, dass Sie sich die Ergebnisse schneller gewünscht hätten."
d) Sie finden diese Bemerkung abwertend, versuchen jedoch, sich Ihren Ärger über diese dumme Frage nicht anmerken zu lassen.

Situation 10:

Als Ihr Kollege, zu dem Sie ein neutrales Verhältnis haben, einen Blick auf die Liste für die Telefonbereitschaft wirft, sagt er: „Na so was, an den Freitagen kann ich Deinen Namen ja gar nicht entdecken!" Tatsächlich machen Sie kaum einen Freitags-Dienst, weil Ihr Kollege Andi Ihnen angeboten hatte, Ihre Freitags-Dienste zu übernehmen, wenn Sie dafür seinen Service an Montagen übernehmen. Dieses Angebot hatten Sie gerne angenommen.

a) Sie antworten: „Ja, die Dienste habe ich mit dem Andi getauscht. Aber wenn Du willst, kann ich auch den einen oder anderen Freitags-Dienst mit Dir tauschen."
b) Sie ärgern sich über den Eindruck, dass der Kollege Ihnen unkollegiales Verhalten unterstellt.

c) Sie antworten: „Das stimmt. Der Andi übernimmt für mich freitags den Service und ich montags für ihn."

d) Sie können verstehen, dass Ihr Kollege es ungerecht findet, dass Sie freitags keine Dienste übernehmen und erklären ihm, wie es dazu kommt.

Situation 11:

Sie sitzen zuhause am Frühstückstisch und sind in den Wirtschaftsteil der Zeitung vertieft. Ihr Gegenüber stellt nach einiger Zeit die Frage: „Sag mal, was gibt's eigentlich so Interessantes zu lesen?" Sie erwidern:

a) „Dich stört es, dass ich lese, nicht wahr?"

b) „Hier steht ein Bericht über unseren aktuellen Geschäftsbericht."

c) „Ich werde ja wohl noch kurz die Zeitung lesen dürfen!"

d) „Okay, bin gleich fertig!"

Situation 12:

Bei einer Besprechung, in der es um die Verbesserung der Arbeitsabläufe geht, plädieren Sie für eine flexiblere Aufteilung bei einigen Aufgaben. Herr Meier, ein älterer Kollege, lehnt das vehement ab: „Das geht doch nicht. Das gibt ja totales Chaos."

a) Sie sind verärgert, dass der Kollege Ihren Vorschlag so abkanzelt.

b) Sie versuchen, den Vorschlag so zu verändern, dass Herr Maier mit der Lösung zufrieden ist.

c) Sie erklären Herrn Meier noch einmal die Vorteile Ihrer Lösung.

d) Sie merken, dass Herr Meier auf genaue Regelungen Wert legt und versuchen, zu verstehen, welche Bedenken er genau hat.

Auswertungsbogen

Bitte übertragen Sie nun Ihre Antworten in die nachfolgende Übersicht (ankreuzen). Danach addieren Sie die Zahl der Kreuze in jeder Reihe.

1	2	3	4	5	6	7	8	9	10	11	12	Kommunikationsebene	Anzahl
a	b	d	a	c	d	d	b	a	c	b	c	Sachohr	
b	c	b	d	a	a	c	d	d	b	c	a	Beziehungsohr	
c	d	c	b	d	c	a	c	b	a	d	b	Appellohr	
d	a	a	c	b	b	b	a	c	d	a	d	Selbstaussageohr	

Übertragen Sie nun Ihre Ergebnisse in die folgende Tabelle und zeichnen Sie ein Balkendiagramm. Sie erhalten damit einen Überblick über die Ausprägungen Ihrer vier „Ohren". So können Sie erkennen, auf welchen Ebenen der Kommunikation Sie schwerpunktmäßig kommunizieren und welche Seiten Sie noch entwickeln können.

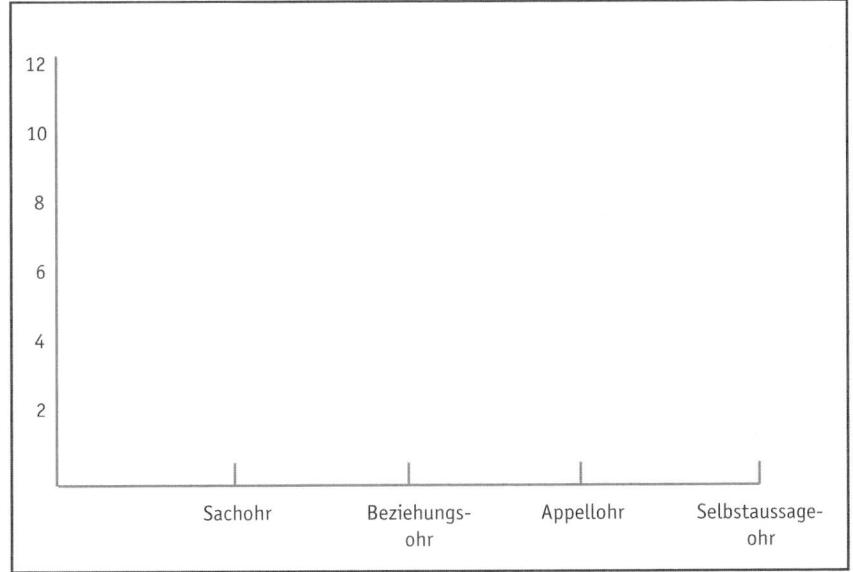

Austausch in
Zweiergruppen

Das Ausfüllen des Tests dauert etwa zehn bis fünfzehn Minuten. Wenn alle Teilnehmer die Auswertung des Tests beendet haben, fordert der Trainer die Teilnehmer zu einem kurzen Austausch in Zweiergruppen auf:

„Tauschen Sie sich kurz mit Ihrem Nachbarn zu zwei Fragen aus: Erstens, wie sind meine Ohren laut dem Test ausgeprägt? Zweitens, erlebe ich dieses Ergebnis als zutreffend?"

Nach etwa drei Minuten beendet er den Austausch und leitet über zur soziometrischen Auswertung in der Gruppe. Dazu legt er vier Moderationskarten mit den Bezeichnungen der verschiedenen „Ohren" auf den Boden.

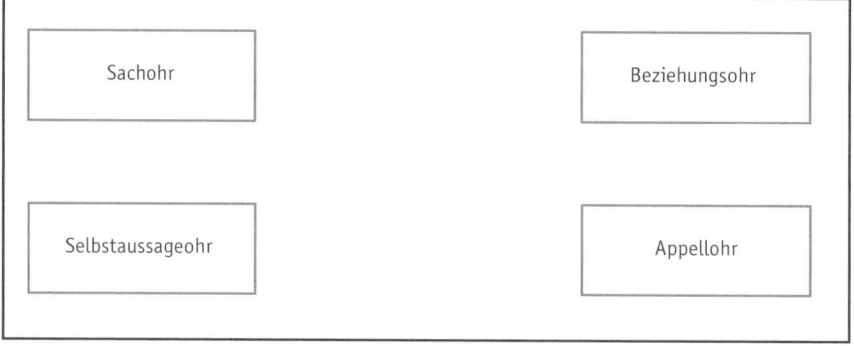

Abbildung: Bei der soziometrischen Auswertung des Selbsteinschätzungstests verteilt der Trainer Moderationskarten, auf denen die Bezeichnungen der vier Ohren stehen, im Raum. Die Teilnehmer ordnen sich, je nach ihrem stärksten, dann nach ihrem schwächsten Ohr, zu.

„Bitte stellen Sie sich zu dem Ohr, das bei Ihnen am stärksten aus-geprägt ist. Wenn es zwei oder mehrere Ohren gibt, die gleich stark sind, stellen Sie sich dazwischen."

Wenn alle Teilnehmer ihren Platz gefunden haben, interviewt der Trainer sie kurz, ob sie das Testergebnis als stimmig empfinden. Das kann beispielsweise folgendermaßen klingen: *„Wir haben zwei Personen beim Appellohr stehen. Überrascht Sie das Ergebnis?"*

Nachdem der Trainer die verschiedenen Gruppierungen interviewt hat, leitet er den nächsten Auswertungsschritt an: *„Gehen Sie jetzt zu dem Ohr, das bei Ihnen am wenigsten ausgeprägt ist."*

Anschließend fragt der Trainer: *„Wenn Sie jetzt die Verteilung der Ohren innerhalb der Gruppe Revue passieren lassen, was fällt Ihnen auf?"*

Der Trainer sammelt einige Stimmen und äußert sich bei Bedarf selbst dazu, was ihm auffällt hinsichtlich der Fragen, welche Ebenen über- und unterrepräsentiert sind und worauf in der Kommunikation verstärkt geachtet werden muss, zum Beispiel: *„Was auffällt, ist, dass die Sachohren hier in der Gruppe mit Abstand am stärksten ausgeprägt sind. Das heißt, dass ein guter sachlicher Informationsaustausch möglich ist und wir inhaltlich gut zusammenarbeiten können. Die Selbstaussageohren sind dagegen unterrepräsentiert. Das heißt, diese Gruppe sollte an der Fähigkeit arbeiten, die Gefühle und Empfindungen anderer zu erfassen. Deshalb sollten wir uns Zeit nehmen für das Thema ‚auf den Gesprächspartner eingehen', das morgen auf dem Programm steht."*

Zweiter Auswertungsschritt: Welche Ebene ist unterrepräsentiert?

Variante

Statt mit der soziometrischen Auswertung können die Selbsteinschätzungstests auch mittels einer Punktabfrage in der Gruppe ausgewertet werden. Dabei erhält jeder Teilnehmer einen grünen und einen roten Klebepunkt. Beide Klebepunkte werden auf das Plakat „Die vier Ohren" (s. Seite 75) geklebt. Den grünen Klebepunkt setzt jeder Teilnehmer auf das Ohr, welches bei ihm laut Testergebnis am stärksten ausgeprägt ist, den roten Klebepunkt auf jenes Ohr, welches am schwächsten ausgebildet ist.

Bei dieser Vorgehensweise ist eine höhere Anonymität gewährleistet als bei der soziometrischen Auswertung. Gleichzeitig erhält man auch hier einen schnellen Überblick über die Verteilung der „Ohren" und damit der Kommunikationsstile innerhalb der Gruppe.

14.15 Uhr Die Stärken und Schwächen der ‚Ohren'

Ziele:

▶ Die Teilnehmer kennen die Stärken und Schwächen der „Vier Ohren".

Zeit:

▶ 15 Minuten (10 Min., 5 Min. Puffer)

Material:

▶ 8 weiße Moderationskarten
▶ 4 Moderationsstifte
▶ Pinwand „Die vier Ohren"

Überblick:

▶ Die Teilnehmer verteilen sich gleichmäßig zu den Ohren.
▶ Jede Kleingruppe arbeitet auf Karten eine Stärke und eine Schwäche des Ohres heraus.

Erläuterung

Dieser Baustein dient dazu, die Stärken und Schwächen der unterschiedlichen Kommunikationsstile deutlich zu machen. Er rundet die Arbeit mit dem Vier-Seiten-Modell ab. Wenn die Zeit drängt, kann man ihn auch weglassen.

Vorgehen

Die Teilnehmer sollen sich gleichmäßig auf die vier „Ohren" verteilen. Falls sie bereits gleichmäßig verteilt stehen, können sie direkt loslegen. Falls die Verteilung bei den am stärksten ausgeprägten „Ohren" gleichmäßig war, sollen sich die Teilnehmer wieder zu ihrem „stärksten Ohr" stellen. Falls die Verteilung bei beiden Kriterien ungleichmäßig war, fordert der Trainer die Teilnehmer auf: *„Gehen Sie nun zu einem Ohr bzw. Kommunikationsstil, der Sie interessiert. Verteilen Sie sich bitte gleichmäßig."*

Wenn alle Teilnehmer beim entsprechenden Moderationskärtchen stehen, fährt er fort: *„Arbeiten Sie nun eine Stärke und eine Schwäche dieses ‚Ohres' bzw. Kommunikationsstils heraus. Schreiben Sie die Stärke auf eine weiße Moderationskarte und setzen Sie ein ‚Plus' davor. Die Schwäche schreiben Sie ebenfalls auf eine weiße Karte und setzen ein ‚Minus' davor. Die Hilfsfrage dazu ist: Stellen Sie sich vor, Sie haben nur dieses eine Ohr: Was können Sie dann gut? Und was können Sie nicht gut? Alles klar? Dann geht's los. Bleiben Sie hier im Raum. Nehmen Sie sich Karten, einen Stift und stecken Sie für fünf Minuten Ihre Köpfe zusammen."*

Kleingruppenarbeit

Während die Teilnehmer überlegen, schaut der Trainer, ob sie Unterstützung brauchen, was nicht selten der Fall ist. Diese Kleingruppenarbeit sollte nur kurz dauern. Falls die Pinwand „Die vier Ohren" nicht mehr in der Mitte steht, stellt der Trainer sie wieder dorthin, damit die Teilnehmer anschließend ihre Kärtchen anpinnen können.

Wenn die Kleingruppen fertig sind, fordert der Trainer die Teilnehmer auf, sich wieder zu setzen und sagt: *„Wir fangen mit dem Sachohr an. Welche Stärke und welche Schwäche hat das Sachohr? Pinnen Sie Ihre Karten an die Pinwand zu dem jeweiligen Ohr."* Während der Präsentation korrigiert und ergänzt der Trainer bei Bedarf.

Wichtige Stärken und Schwächen der „Ohren" sind:

Typische Stärken und Schwächen

Sachohr:
+ Sachlich, neutral, ergebnisorientiert, objektiv, unempfindlich
- Hört keine „Zwischentöne", unpersönlich, gefühllos

Appellohr:
+ hilfsbereit, lösungsorientiert, zuvorkommend
- lässt sich ausnutzen, achtet wenig auf eigene Bedürfnisse

Beziehungsohr:
+ sensibel, feinfühlig, liest zwischen den Zeilen, menschlich
- verletzlich, leicht gekränkt oder verärgert, hört das Gras wachsen, nimmt alles persönlich

Selbstaussageohr:

+ fühlt sich ein, verständnisvoll, seelisch gesünder als das
  Beziehungsohr
- Probleme werden auf den anderen verlagert, hinterfragt sich
  selbst nicht

Zum Schluss würdigt der Trainer die Präsentation und sagt: *„Vielen
Dank. Gibt es noch Fragen zu den vier Seiten und den vier Ohren?"*

Wenn alle Fragen beantwortet sind, stellt der Trainer eine Frage zur
Rückkoppelung: *„Was war denn bei dem Modell für Sie interessant
und was weniger?"* Falls zunächst wenig Rückmeldungen kommen,
kann der Trainer nachhaken: *„Ich würde gerne wissen, wie Sie das
Modell finden: Hilfreich oder weniger hilfreich? Einleuchtend oder
nicht? Sehen Sie einen praktischen Nutzen für sich oder eher nicht?
Ich würde gerne ein paar Stimmen hören."*

Der Trainer nimmt die Rückmeldungen entgegen und ergänzt abschließend: *„Eine Möglichkeit, das Modell bewusst zu nutzen, liegt
darin, ein Gespräch anhand der vier Ebenen der Kommunikation
vorzubereiten. Das ist unser nächster Punkt."*

Varianten

Um das Vier-Seiten-Modell der Kommunikation weiter zu vertiefen,
könnte der Trainer statt der hier aufgeführten kurzen Sequenz zu
den „Stärken und Schwächen" der Ohren differenziertere Fragen
stellen, welche die Teilnehmer in Kleingruppen beantworten. So
kann er jede Kleingruppe eine Seite der Kommunikation bearbeiten
lassen, etwa anhand der folgenden Fragestellungen:

▶ Welche Informationen werden vom Sender auf dieser Ebene
  vermittelt?
▶ Welche Informationen werden vom Empfänger mit diesem Ohr
  gehört?
▶ Was sind typische Schwierigkeiten auf dieser Ebene (auf Seiten
  des Senders und auf Seiten des Empfängers)?
▶ Wie sieht eine „gute" Kommunikation auf dieser Ebene aus?
  (Auf Seiten des Senders und auf Seiten des Empfängers)

Zur Abrundung des Themas kann der Trainer diskutieren lassen,
wozu das Vier-Seiten-Modell hilfreich ist und die Aspekte, die von
den Teilnehmern genannt werden, auf Flip-Chart sammeln.

Gespräche gezielt vorbereiten   14.30 Uhr

Ziele:
▶ Die Teilnehmer lernen, Gespräche zielorientiert vorzubereiten.
▶ Sie können das Vier-Seiten-Modell zur Gesprächsvorbereitung nutzen.

Zeit:
▶ 15 Minuten (10 Min., 5 Min. Puffer)

Material:
▶ Das Flip-Chart „Gespräche gezielt vorbereiten", auf einer Pinwand befestigt
▶ Einen großen orangefarbigen Kuller, auf dem „Vorbereitung" steht und vier kleine orangefarbige Kuller, auf denen die Zahlen 1-4 stehen

Überblick:
▶ Der Trainer stellt das Flip-Chart „Gespräche gezielt vorbereiten" vor.
▶ Die Reihenfolge bei der Vorbereitung wird durch orangefarbige Kuller dargestellt.
▶ Hand-out austeilen.

Erläuterungen

Das Modell von Schulz von Thun umfasst alle Aspekte der Kommunikation und ist deshalb für eine differenzierte Gesprächsvorbereitung hervorragend geeignet.

Vorgehen

Der Trainer schlägt das Flip-Chart „Gespräche gezielt vorbereiten" auf (siehe Folgeseite).

95

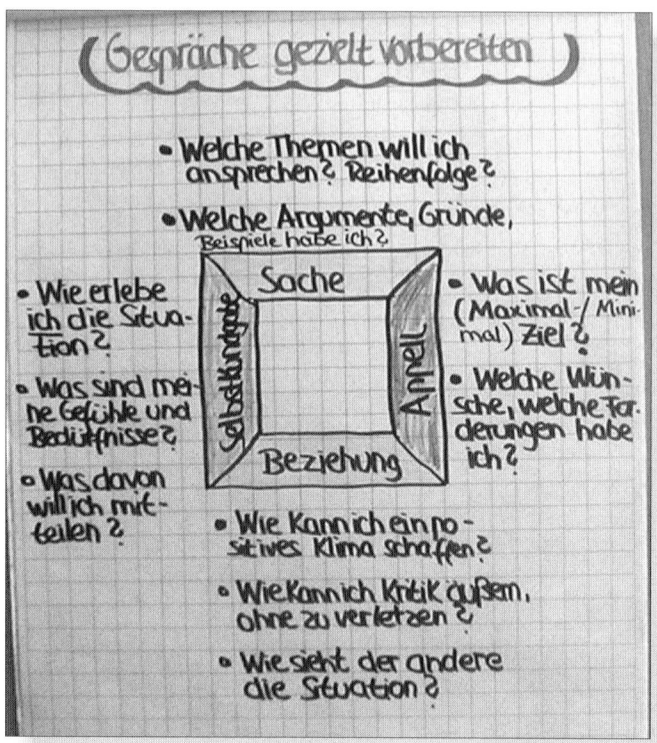

Abbildung: Das Flip-Chart „Gespräche gezielt vorbereiten", an einer Pinwand befestigt.

„Es geht jetzt um die Frage: Wie kann ich ein schwieriges Gespräch vorbereiten? Dazu habe ich einen Fall aus der Praxis mitgebracht. Anhand dieses Falles werden Sie gleich in kleinen Gruppen eine schwierige Gesprächssituation vorbereiten. Vorher möchte ich Ihnen gerne einen Leitfaden zur Gesprächsvorbereitung mit an die Hand geben. Der Leitfaden orientiert sich an den vier Seiten der Kommunikation. Die erste Frage, die Sie sich vor jedem Gespräch stellen sollten ist ... "

Ziel bestimmen

Der Trainer pinnt den kleinen orangefarbigen Kuller mit der „1" zu der Appellseite. *„Was ist mein Ziel? Was will ich erreichen? Wenn Sie beispielsweise Ihren Zimmerkollegen darauf ansprechen wollen, dass Sie sein Rauchen stört, ist die Frage: Was ist Ihr Ziel? Wollen Sie, dass er nie mehr im Büro raucht. Oder soll er nur weniger rauchen? Soll er nur rauchen, wenn Sie nicht im Raum sind? Die Frage ist: Was ist mein Maximalziel? Und was ist mein Minimalziel?"*

Thomas Schmidt: Kommunikationstrainings erfolgreich leiten

Danach pinnt der Trainer einen kleinen orangefarbigen Kuller mit einer „2" zu der Sachseite. *„Als Nächstes kommt die Frage: Welche Themen will ich ansprechen? Möchte ich nur das Thema ‚Rauchen' ansprechen oder gibt es noch anderes zu klären? Und wenn ja, in welcher Reihenfolge spreche ich die Themen an?*

Themen bestimmen

Dann: Welche Argumente und Beispiele habe ich? Etwa, dass mich der Rauch stört, dass mein Anzug nach Rauch riecht, dass ich den Kollegen schon mal gebeten hatte, weniger zu rauchen. Welche Argumente davon will ich bringen? In welcher Reihenfolge? All das ist der zweite Schritt."

Argumente sammeln

Nun pinnt der Trainer einen kleinen orangefarbigen Kuller mit einer „3" zu der Selbstaussageseite. *„Die Frage ist: Wie erlebe ich ganz persönlich die Situation? Was sind meine Gefühle? Was sind meine Bedürfnisse und Interessen? Und: Was will ich davon mitteilen? Beispielsweise stört es mich, dass der Kollege raucht, ich fühle mich beeinträchtigt. Es ärgert mich. Ich möchte, dass die Luft nicht verraucht ist. Eventuell finde ich es sogar ekelhaft, dass der Kollege so viel raucht. Das werde ich ihm vielleicht nicht ‚entgegenknallen' wollen. Wohl aber, dass mich der Rauch sehr stört."*

Eigene Gefühle orten

Schließlich pinnt der Trainer einen kleinen orangefarbigen Kuller mit einer „4" zu der Beziehungsseite. *„Last, not least, gilt es, zu berücksichtigen, wie der Gesprächspartner wohl die Situation erlebt. Vielleicht denkt er beispielsweise, dass er nicht jedes Mal den Platz verlassen kann, wenn er rauchen will, weil er sonst mit der Arbeit nicht fertig wird. Zur Beziehungsseite gehören auch die Fragen: Wie kann ich meine Kritik äußern, ohne den anderen abzuwerten oder zu verletzen? Und wie kann ich von Anfang an ein gutes Klima schaffen? Wie steige ich ins Gespräch ein? Dies sind also die vier Schritte in der Vorbereitung."*

Sich in die Situation des Gesprächspartners hineindenken

Der Trainer pinnt den großen orangefarbigen Kuller, auf dem „Vorbereitung" steht, zur Überschrift.

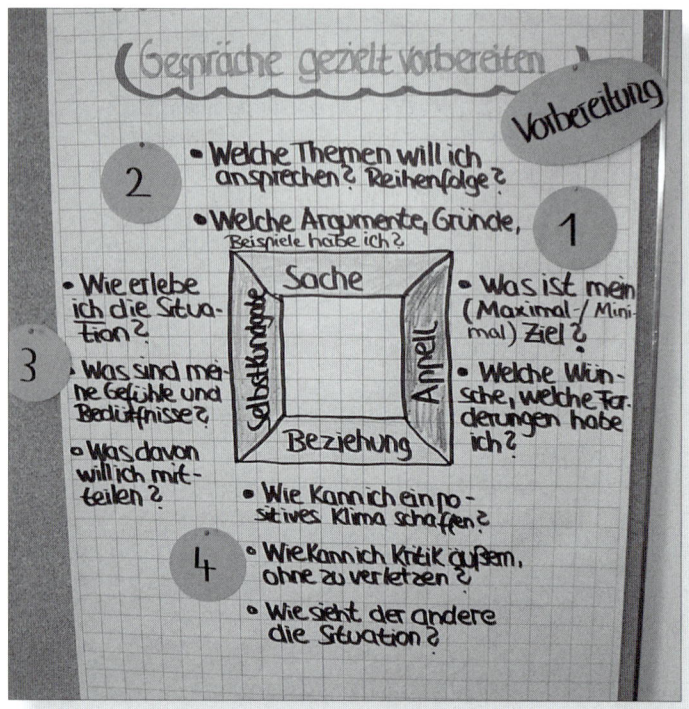

Abbildung: Der Trainer hat orangefarbige Kuller an das Plakat „Gespräche gezielt vorbereiten" gepinnt, um die Reihenfolge der in der Gesprächsvorbereitung zu absolvierenden Schritte zu kennzeichnen.

„Wenn ich das Gespräch nun führe, ist die Reihenfolge, grob gesagt, umgekehrt: Zu Beginn des Gespräches sorge ich für ein positives Klima, z.B. für einen ungestörten Raum und begrüße den anderen freundlich. Ich kümmere mich also um die Beziehungsebene. Dann nenne ich das Gesprächsthema, sage meine Argumente und stelle meine Sichtweise dar. Hier sind die Sachseite und die Selbstaussageseite beteiligt. Schließlich sage ich, was mein Wunsch ist, was mein Anliegen ist, bevor ich meinem Gesprächspartner Gelegenheit gebe, die Situation aus seiner Sicht darzustellen."

Der Trainer verteilt Hand-outs

Anschließend teilt der Trainer den Input zur Gesprächsvorbereitung als Hand-out aus und klärt ab, ob es Fragen oder Anmerkungen gibt.

2. Sachinhalt
- Welche Themen will ich ansprechen?
  In welcher Reihenfolge?
- Wie ist der Sachverhalt?
- Welche Argumente und Beispiele habe ich?

3. Selbstaussage
- Wie erlebe ich die
  Situation?
- Wie sind meine Ge-
  fühle und Bedürfnisse?
- Was davon möchte ich
  - wie - mitteilen?

1. Appell
- Was ist mein
  Gesprächsziel?
- Was will ich minimal/
  maximal erreichen?
- Welche Wünsche und
  Forderungen habe
  ich?

4. Beziehung
- Wie kann ich ein positives Klima schaffen?
- Wie sieht der andere die Situation?
- Wie kann ich das Gespräch positiv
  abschließen?

Abbildung: Hand-out zur Gesprächsvorbereitung.

Hinweise

▶ Im Anschluss an den Input kommen manchmal kritische
Bemerkungen der Art, dass dieses Modell ja „sehr theoretisch"
sei. In der Praxis würde ein Gespräch ja nie so ablaufen. Darauf
kann der Trainer folgendermaßen antworten: *„Das stimmt,
dieses Modell zur Gesprächsvorbereitung ist wie ein Kochrezept.
Und wie beim Kochen muss man je nach Geschmack und Situation
variieren oder auch mal die eine oder andere Zutat weglassen
oder ergänzen. Dennoch ist es gut, ein Rezept zu haben, weil es
eine Grundlage gibt."*

▶ Ein anderer häufiger Einwand ist, dass man sich in der Praxis
nie so ausführlich vorbereiten könne. Auch hier stimmt der
Trainer nur teilweise zu: *„Das stimmt sicherlich in manchen
Fällen. Auf der anderen Seite erlebe ich es auch häufig, dass
Menschen in Konflikten sehr viel Zeit und Energie damit*

verbringen, sich mit dem Konflikt zu beschäftigen, indem sie sich ärgern, nachgrübeln oder darüber reden. Aber meistens reden sie über- und nicht miteinander. Oder sie formulieren ihre Kritik so impulsiv, dass der Konflikt eskaliert. Und das kostet in der Folge weitaus mehr Zeit und Energie, als wenn sie sich 20 Minuten Zeit genommen hätten, um das Gespräch vorzubereiten. Deshalb empfehle ich dringend, schwierige Gespräche gut vorzubereiten."

▶ Die Gesprächsvorbereitung anhand der vier Seiten wird zuweilen als unübersichtlich wahrgenommen. Deshalb kann der Trainer alternativ das folgende chronologische Schema zur Gesprächsvorbereitung anbieten:

1. Was sind meine Gesprächsziele?
2. Welche Themen will ich ansprechen? Wie ist hierzu meine Sichtweise? Welche Argumente und Fakten habe ich?
3. Wie sieht mein Gesprächspartner vermutlich die Situation? Welche Argumente erwarte ich und wie will ich damit umgehen?
4. Wie möchte ich das Gesprächsklima gestalten?
5. Wie baue ich das Gespräch auf? Wie steige ich ein? Wie möchte ich das Gespräch gestalten? Wie könnte ein guter Abschluss aussehen?

▶ Ansonsten sollte der Trainer an dieser Stelle darauf achten, dass nicht zu lange diskutiert wird. Denn hinter vielen Einwänden steht der innere Widerstand dagegen, nun selbst aktiv werden und sich möglicherweise exponieren zu müssen. Doch nun geht es – endlich – darum, in praxisnahe Übungen einzusteigen!

Literatur

▶ Benien, Karl: Schwierige Gespräche führen. Rowohlt, Hamburg, 2003
▶ Schulz von Thun, Friedemann; Ruppel, Johannes & Stratmann, Roswitha: Miteinander reden: Kommunikation für Führungskräfte. Rowohlt, Hamburg, 2000

14.45 Uhr Pause

Rollenspiel ‚Schwieriges Zweier-Gespräch'

14.55 Uhr

Orientierung

Ziele:
▶ Vier Teilnehmer üben ein schwieriges Gespräch und erhalten ein Feedback zu ihrem Gesprächsverhalten.
▶ Die Teilnehmer sensibilisieren ihre Wahrnehmungsfähigkeit für kommunikative Prozesse.

Zeit:
▶ 1 Std., 50 Min. (35 Min. Instruktion und Vorbereitung, 2 x 15 Minuten Durchführung, 2 x 15 Minuten Auswertung, 5 Min. Pause, 10 Min. Puffer)

Material:
▶ Instruktionen für das Rollenspiel
▶ Beobachtungsbögen
▶ Blöcke und Kugelschreiber

Überblick:
▶ Vier Kleingruppen bilden.
▶ Zwei Kleingruppen erhalten die Instruktionen für die Rolle „A", die anderen beiden die Instruktionen für die Rolle „B".
▶ Die Gespräche werden in den Kleingruppen vorbereitet.
▶ Anschließend spielt aus jeder Kleingruppe eine Person, die anderen sind Beobachter.
▶ Die Beobachter werden instruiert, worauf beim Feedback zu achten ist.
▶ Das erste Rollenspiel wird durchgeführt.
▶ Auswertung: 1. Spieler, 2. Beobachter. Auf die Feedback-Regeln achten!
▶ Nach kurzer Pause folgt das zweite Rollenspiel, anschl. die Auswertung.

Erläuterungen

Rollenspiele sind ein effektives Instrument, um die kommunikativen Kompetenzen der Teilnehmer zu trainieren und zu erweitern. Der Einsatz von Rollenspielen bietet sich insbesondere dann an, wenn es schwierige Gesprächssituationen gibt, die typisch für die

101

Geben Sie den Rollenspielern ausreichend „Material" an die Hand

spezifische Teilnehmergruppe sind. Dann macht es Sinn, dass der Trainer eine solche Fallsituation in Form von Rollenspiel-Instruktionen vorbereitet. Dabei muss er darauf achten, dass er den Rollenspielern ausreichend „Material" an die Hand gibt, so dass sie sich die Situation vorstellen können und handlungsfähig sind. Gleichzeitig dürfen die Instruktionen den Spielern kein zu starres Korsett aufzwingen, etwa durch die Zuschreibung bestimmter Persönlichkeitsmerkmale, damit sie frei und spontan ihre Rolle gestalten und aus dem Feedback etwas über die Wirkung des eigenen Verhaltens erfahren können.

Vorbereitung des Rollenspiels in Kleingruppen

Vorgehen

„Soweit zur Theorie. Nun zur Praxis. Ich habe eine Fallsituation mitgebracht und als Rollenspiel ausgearbeitet. Jeder von Ihnen bekommt gleich eine Instruktion ausgeteilt, in der die Situation beschrieben wird. Sie bereiten das Gespräch dann anhand des Vier-Seiten-Modells zur Gesprächsvorbereitung in kleinen Gruppen vor.

Wir bilden gleich vier Kleingruppen. Aus jeder Kleingruppe spielt anschließend im Plenum einer, so dass wir zwei Rollenspieler im Plenum haben. Diejenigen, die nicht spielen, erhalten Beobachtungs- und Feedback-Aufgaben. Lassen Sie mich zur Bildung der Kleingruppen gerade bis vier durchzählen. Es gehen dann diejenigen mit der gleichen Zahl zu einer Gruppe zusammen."

Der Trainer zählt bis vier durch. Wenn sich die Kleingruppen gefunden haben, teilt der Trainer an zwei Gruppen die Instruktionen für die Rolle A aus und an zwei Gruppen die Instruktionen für die Rolle B. Der Trainer teilt den Teilnehmern mit: *„Sie haben 30 Minuten Zeit zur Vorbereitung."*

Auf den folgenden Seiten finden Sie exemplarisch die Rollenspiel-Instruktionen für ein Kollegengespräch.

Rollenspiel „Kollegengespräch"

Ihre Rolle: Herr/Frau Anton

Sie arbeiten bereits seit mehreren Jahren in der Marketing-Abteilung Ihres Unternehmens. Ihre Tätigkeit macht Ihnen viel Spaß. Sie können sehr eigenverantwortlich arbeiten und haben in Ihrem Job viel mit Menschen zu tun, insbesondere über das Telefon. In Ihrer Gruppe fühlen Sie sich eigentlich sehr wohl, mit Ihren Kollegen kommen Sie in der Regel gut aus.

Sie sitzen mit Herrn/Frau Blum (B) im Büro. B ist seit einem Jahr in der Gruppe dabei. Anfänglich hatten Sie auch mit ihm/ihr ein gutes Verhältnis, mittlerweile jedoch sind Sie ein wenig verärgert.

Was Sie in letzter Zeit zunehmend stört, ist, dass B immer schon um 15.30 Uhr nach Hause geht. Da zwischen 15.30 Uhr und 17.00 Uhr die meisten Anrufe eingehen, müssen Sie und die anderen aus der Gruppe dann immer das Telefon übernehmen. Das ist ziemlich ärgerlich, auch weil Sie viele Fragen dann nicht beantworten können und sich im Fachgebiet der Kollegin (des Kollegen) nicht auskennen. Natürlich sind die Kunden nicht begeistert, wenn sie B dann wiederholt nicht erreichen können und beschweren sich dann. Das ist auch nachvollziehbar, denn im Marketing-Bereich ist es absolut unüblich, dass jemand nicht bis mindestens 17 Uhr erreichbar ist. Ihren Ärger lassen die Kunden dann an Ihnen aus, gerade wenn es um dringende Projekte geht.

Das ist etwas, was nicht nur Sie stört. Auch die Kollegen sind von Bs Verhalten wenig begeistert. Sie vermuten, dass B wegen seiner/ihrer Fortbildung „Betriebswirtschaft kompakt" früher nach Hause geht. Das ist aber aus Ihrer Sicht kein Argument. Schließlich haben auch Sie diese berufsbegleitende Fortbildung vor zwei Jahren erfolgreich abgeschlossen und haben zu normalen Zeiten gearbeitet wie alle anderen auch, obwohl die Ausbildung recht anspruchsvoll ist. Man hat samstags den kompletten Tag und einen Abend in der Woche Schulung. Zusätzlich muss man zu Hause einiges nachlesen und lernen. Die zweijährige Fortbildung wird vom Unternehmen gefördert und gilt für Mitarbeiter ohne betriebswirtschaftliche Vorkenntnisse als Voraussetzung für eine Führungskarriere.

Einige Kollegen meinten bereits, B glaube wohl, sie/er sei etwas Besseres, sie/er sei der Liebling des Chefs, der sich dafür eingesetzt hatte, dass B in die Gruppe kommt.

Sie hoffen, dass Sie die Situation unter vier Augen klären können, ohne den Chef hinzuziehen zu müssen. Sie möchten, dass B ihr/sein Verhalten ändert.

Rollenspiel „Kollegengespräch"

Ihre Rolle: Herr/Frau Blum

Sie arbeiten seit einem Jahr in der Marketing-Abteilung Ihres Unternehmens. Ihre neue Tätigkeit macht Ihnen viel Spaß. Sie können bereits relativ eigenverantwortlich arbeiten und haben in Ihrem Job viel mit Menschen zu tun, insbesondere über das Telefon.

Allerdings ist es in letzter Zeit schon sehr anstrengend gewesen, da Sie gerade die berufsbegleitende Fortbildung „Betriebswirtschaft kompakt" absolvieren, die äußerst anspruchsvoll und zeitintensiv ist. Die zweijährige Fortbildung wird vom Unternehmen gefördert und gilt für Mitarbeiter ohne betriebswirtschaftliche Vorkenntnisse als Voraussetzung für eine Führungskarriere. Man hat samstags den kompletten Tag und einen Abend in der Woche Schulung. Zusätzlich muss man zu Hause einiges nachlesen und lernen.

Sie haben es sich angewöhnt, immer von 7.00 Uhr bis 15.30 Uhr zu arbeiten und sich anschließend Zeit für Ihr Studium zu nehmen. Wenn Sie um 15.30 Uhr das Büro verlassen, sind Sie um 17.00 Uhr zu Hause, da Sie einen ziemlich weiten Heimweg haben. Da die Bahn meistens überfüllt ist, kommen Sie in dieser Zeit nicht zum Lernen. Das machen Sie, wenn Sie daheim sind. Nur so haben Sie anschließend noch Zeit für Ihre/n Partner/in und für Ihr Hobby. Sie sind nämlich ein/e ambitionierte/r Tennisspieler/in und spielen 4x in der Woche Tennis. Im Tennis sind Sie so gut, dass Sie bereits einige regionale Turniere gewonnen haben. Das macht sich bezahlt. Mit ihrem Hobby haben Sie sich schon ordentlich was dazuverdient. Sie möchten hier unbedingt „am Ball bleiben" – eine Reduzierung des Trainings würde unweigerlich dazu führen, dass Sie bei den Turnieren weniger Chancen hätten. Und schließlich können Sie das Geld gut gebrauchen.

Die Fortbildung dauert nun noch ein Jahr. Danach wird sich Ihre Situation endlich wieder entspannen.

Mit der Zeiteinteilung, die Sie im Moment gefunden haben, sind Sie sehr zufrieden. Die Kollegen scheinen auch nichts dagegen zu haben. In der Zeit von 15.30 Uhr bis 17.00 Uhr gibt es zwar die meisten Anrufe, aber dafür sind Sie vor 8.30 Uhr meistens der einzige Mensch im Büro und auch in dieser Zeit kommen mehr Anrufe, als die Kollegen wahrscheinlich vermuten. Hier arbeiten Sie für alle anderen mit. Deshalb sind Sie der Meinung, dass Ihre Zeiteinteilung in Ordnung ist. Sie möchten gerne daran festhalten. Zudem hat Ihnen Ihr Chef/Ihre Chefin seine/ihre Unterstützung bei der Bewältigung Ihres Studiums zugesagt.

Sie sitzen mit Herrn/Frau Anton (A) im Büro. A arbeitet schon seit längerem in dieser Gruppe. Sie kommen recht gut miteinander aus, allerdings wirkt A in letzter Zeit etwas reserviert. Nun hat A Sie um ein Gespräch gebeten.

Der Trainer lässt die Kleingruppen arbeiten und baut währenddessen das Setting für ein Zweier-Gespräch auf: Er stellt einen kleinen Tisch und zwei Stühle nach vorne.

Das Setting für ein Zweier-Gespräch

Nach 25 Minuten geht er herum und fragt: *„Haben Sie sich schon geeinigt, wer spielen wird?"* In der Regel ist das nicht der Fall. Dann dringt der Trainer auf eine Entscheidung: *„Dann einigen Sie sich bitte jetzt."*

Er geht weiter und lässt die Gruppe die Entscheidung treffen. Anschließend ruft der Trainer alle Teilnehmer zusammen, die nicht spielen. Diese fungieren als Beobachter. Den Rollenspielern sagt er, dass sie sich noch fünf Minuten in Ruhe alleine vorbereiten können.

Instruktion der Rollenspiel-Beobachter

Vorgehen

Der Trainer führt die Instruktion der Beobachter räumlich getrennt von den Rollenspielern durch. *„Sie sind jetzt die Beobachter. Ihre Aufgabe ist es, das Gespräch genau zu beobachten und den Rollenspielern ein Feedback dazu zu geben, wie ihr Verhalten auf Sie wirkt. Damit Sie eine fundierte Rückmeldung geben können, ist es hilfreich, wenn Sie sich einen Kuli und einen Block nehmen und sich notieren, was Ihnen auffällt."*

Der Trainer teilt Blöcke und Kugelschreiber aus. Dann teilt er die Beobachtungsbögen aus, die Sie auf der kommenden Seite finden.

Beobachtungsbögen

Beobachtung des „Kollegengesprächs"

Ihre Aufgabe:

Sie beobachten folgende Kriterien:

1. Nonverbale Kommunikation – Körperhaltung, Gestik, Mimik, Blickkontakt.
2. Sachebene – Wie verständlich und nachvollziehbar argumentiert A, wie B?
3. Selbstaussageseite – Wie klar vertritt A seinen Standpunkt, wie B? Wie deutlich werden die eigenen Bedürfnisse und Gefühle ausgedrückt?
4. Beziehungsebene – Wie wird das Klima von den Gesprächspartnern gestaltet? Wie gehen sie miteinander um? Inwiefern geht der eine auf den anderen ein?
5. Appellseite – Inwiefern erreicht A bzw. B sein Ziel?

Geben Sie anschließend den Gesprächspartnern Feedback und beachten Sie dabei folgende Hinweise:

▶ Beschreiben Sie, was Sie wahrgenommen haben, und wie dies auf Sie persönlich gewirkt hat, anstatt die Gesprächspartner zu bewerten.
▶ Bleiben Sie bei Ihrer Rückmeldung konkret. Treffen Sie keine verallgemeinernden Aussagen (z.B. „Du bist unsicher").
▶ Sagen Sie immer auch, was Ihnen gefallen hat.
▶ Geben Sie direkt Feedback. Sprechen Sie denjenigen an, auf den Sie sich beziehen. Geben Sie jedem der Gesprächspartner ein individuelles Feedback.
▶ Geben Sie ein kurzes und prägnantes Feedback, so dass alle Beobachter Gelegenheit haben, zu Wort zu kommen.

Erläuterung einiger Feedback-Regeln

Der Trainer geht die verschiedenen Aspekte mit den Beobachtern durch und erläutert einige Feedback-Regeln etwas genauer:

„Sie müssen anschließend nicht zu allen Punkten etwas sagen. Wichtig ist, dass Sie den Gesprächspartnern eine Rückmeldung dazu geben, was Sie konkret beobachtet haben. Achten Sie vor allem darauf, dass Sie die Rollenspieler nicht abwerten, analysieren oder pauschal kritisieren. Sagen Sie also z.B. nicht ‚Sie sind unsicher', sondern beschreiben Sie, was Sie gesehen oder gehört haben. Zum Beispiel: ‚Mir ist aufgefallen, dass Sie häufig mit ihren Fingern auf den Tisch geklopft haben.'

Sagen Sie immer auch, was Ihnen gefallen hat. Häufig neigen wir ja dazu, wie ein Lehrer, der nur die Fehler rot anstreicht, einseitig das Negative zurückzumelden. Es ist aber noch wichtiger, für das Positive bestärkt zu werden. Das Feedback muss immer wertschätzend sein.

Differenzierte Beobachtungsbögen für Rollenspiele finden Sie ab Seite 293

Dabei müssen Sie nicht auf alle Punkte eingehen. Fokussieren Sie Ihr Feedback auf die Punkte, die Ihnen besonders wichtig erscheinen, so dass alle Beobachter Gelegenheit haben, zu Wort zu kommen. Mir ist wichtig, dass die Rollenspieler von möglichst vielen Beobachtern eine Rückmeldung erhalten. Gibt es Fragen zu den Feedback-Regeln?"

Durchführung des ersten Rollenspiels

Wenn es keine Fragen gibt, kann es losgehen. Der Trainer holt die Rollenspieler in den Seminarraum. Er lässt sie ihre Stühle und ihre Sitzposition auswählen. Dabei achtet er darauf, dass die Beobachter sie auch sehen können.

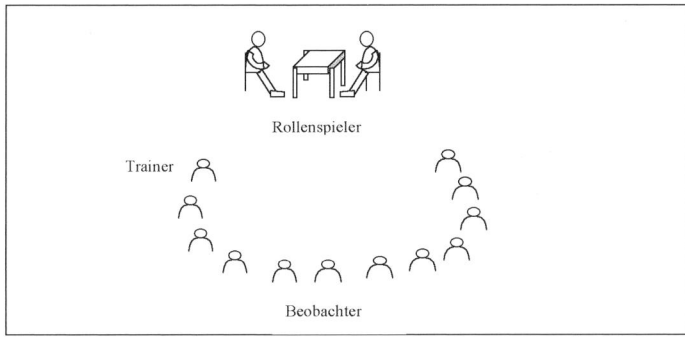

Abbildung: Raumaufbau beim Rollenspiel.

Um die Rollenspieler auf das Gespräch einzustimmen, kann der Trainer dem Rollenspieler mit der Rolle A, der das Gespräch eröffnet, ein paar Fragen stellen:
▶ *„Wo würde das Gespräch in der Realität stattfinden?"*
▶ *„Wie haben Sie das Gespräch vereinbart?"*
▶ *„Was ist ein passender Zeitpunkt für das Gespräch?"*

Anschließend gibt der Trainer den „Startschuss": *„Legen Sie los."*

Der Trainer beobachtet das Rollenspiel und macht sich Notizen für seine Rückmeldung. Er dokumentiert seine Beobachtungen und schreibt zentrale Formulierungen, darunter die Eröffnung und den Abschluss des Gespräches, möglichst wörtlich mit. Er lässt am Rand Platz, um Kommentare, wie etwa die Zuordnung zu den Beobachtungskriterien, anfügen zu können.

Notizen für die
Trainer-Rückmeldung

Ein mögliches „Formular" für die Notizen des Trainers könnte so aussehen:

Beobachtungen	Kriterium/Kommentar

Auswertung des ersten Rollenspiels

Wenn das Gespräch beendet ist, bittet der Trainer um Applaus für die „Darsteller". Wenn nötig, gibt er den Beobachtern (und sich selbst) Zeit, die Notizen zu vervollständigen.

Reihenfolge der
Rückmeldungen

Dann fragt der Trainer die Rollenspieler: „Wie haben Sie das Gespräch erlebt?" Dabei fragt er zuerst A, der den Konflikt ansprechen musste. Anschließend gibt er B Gelegenheit, sein Erleben zu schildern.

Eventuell fragt er nach:
▶ „Womit sind Sie zufrieden?"
▶ „Womit nicht?"
▶ „Wie sind Sie mit dem Ergebnis des Gespräches zufrieden? Haben Sie Ihr Ziel erreicht (auf der Inhalts- und auf der Beziehungsebene)?"
▶ „Wie haben Sie Ihren Gesprächspartner erlebt?"

Anschließend bittet er die Beobachter um Rückmeldungen: „Wie haben Sie als Beobachter das Gespräch erlebt? Bitte geben Sie jedem der beiden Rollenspieler möglichst konkretes und konstruktives Feedback."

An die Rollenspieler gewandt, ergänzt er: *„Sie können sich jetzt zurücklehnen und hören, wie Ihr Gespräch auf die Beobachter gewirkt hat. Die Beobachter hatten auf verschiedene Kriterien zu achten: Auf die nonverbale Kommunikation und auf die vier Ebenen, also beispielsweise darauf, wie nachvollziehbar Sie auf der Sachebene argumentiert haben oder wie das Klima auf der Beziehungsebene war. Eine Bitte nun an Sie: Hören Sie nur zu, auch wenn Sie den Impuls haben, etwas zu erklären oder richtigzustellen. Lassen Sie einfach die unterschiedlichen Wahrnehmungen auf sich wirken und entscheiden Sie am Ende, was Sie annehmen möchten und was nicht."*

Während der Rückmeldung nimmt der Trainer vor allem seine Schutzfunktion für die Rollenspieler wahr und achtet darauf, dass keine verletzenden oder abwertenden Feedbacks geäußert werden. Sobald dies passiert, interveniert er, erläutert die entsprechende Feedback-Regel und visualisiert sie am Flip-Chart. Zum Schluss gibt der Trainer seine Rückmeldung und geht insbesondere auf jene Aspekte ein, die noch nicht erwähnt wurden.

Der Trainer übernimmt eine Schutzfunktion für die Rollenspieler

Durchführung und Auswertung des zweiten Rollenspiels

Nach einer kurzen Pause folgt das zweite Rollenspiel. Der Trainer instruiert kurz die Spieler: *„Sie haben nun die Gelegenheit, die Situation noch einmal zu spielen. Natürlich können Sie aus der Auswertung vom ersten Durchgang profitieren. Das ist in Ordnung."*

Erneut kann er Fragen zur Anwärmung an Rollenspieler A stellen. Das ist beim zweiten Durchgang jedoch weniger notwendig. Bei der Auswertung geht der Trainer in der gleichen Reihenfolge vor wie beim ersten Rollenspiel. Da die Feedback-Regeln nun klarer sind, geht es hier meistens effizienter und schneller voran.

Im Anschluss an das zweite Rollenspiel bittet der Trainer die Teilnehmer, ihre Rollenspiel-Instruktionen zu behalten, da diese am zweiten Tag noch einmal benötigt werden.

Hinweise

▶ Es passiert, insbesondere beim ersten Rollenspiel, immer (!), dass Feedback-Regeln verletzt werden. Es ist äußerst wichtig, dann sofort zu intervenieren. Wenn beispielsweise ein

Achtung: Anfangs werden Feedback-Regeln immer verletzt!

109

Beobachter sagt: *„Ich fand es nicht gut, dass Herr Müller seine Kritik so unklar geäußert hat"*, interveniere ich: *„Geben Sie Ihr Feedback bitte direkt an Herrn Müller und versuchen Sie, auf Bewertungen zu verzichten. Es ist hilfreicher, wenn Sie ihm sagen, was Sie konkret beobachtet haben."* Nach dem – dann hoffentlich regelkonformen – Feedback schreibe ich auf ein Flip-Chart mit der Überschrift „Feedback-Regeln" die Regeln „▶ direkt" und „▶ beschreiben statt bewerten" und erläutere

Intervenieren Sie bei jeder Regelverletzung

sie kurz. Es ist manchmal mühsam, bei jeder Regel-Verletzung zu intervenieren. Daher ist die Verführung groß, das ein oder andere Mal lieber ein Auge zuzudrücken. Nach meiner Erfahrung rächt sich das jedoch. Wenn man die Feedback-Kultur in einer Gruppe nicht von Anfang an in konstruktive Bahnen lenkt, wird es später umso schwieriger, noch eine Veränderung herbeizuführen. Deshalb habe ich mir angewöhnt, bei der Einhaltung der Feedback-Regeln sehr genau zu sein. Feedback ist ein zu sensibler und wichtiger Prozess, bei dem es für den Trainer oberste Priorität hat, die Rollenspieler, die viel von sich gezeigt haben, zu schützen.

Das Trainer-Feedback

▶ Das Feedback des Trainers ist für die Rollenspieler natürlich von besonderem Interesse. Es wird von ihm als „Kommunikations-Experten" zu Recht erwartet, dass er ein fundiertes und differenziertes Feedback gibt. Eine Gefahr liegt allerdings darin, dass das Feedback des Trainers als unumstößliche Wahrheit empfunden wird, gerade wenn er Psychologe ist und ihm unterstellt wird, bis in jene dunklen Winkel der Seele schauen zu können, die einem selbst verborgen bleiben. Wenn ich das Gefühl habe, dass mein Feedback derart überbewertet wird, stelle ich klar, dass mein Feedback lediglich meine Wahrnehmung ist und die Sichtweisen der anderen Teilnehmer ebenso wichtig sind.

▶ Bei dem zweiten Rollenspiel handelt es sich um die gleiche Situation wie beim ersten Spiel. Das hat natürlich zur Folge, dass die Spieler des zweiten Durchgangs aus der Auswertung des ersten Spiels profitieren können. Wenn man das vermeiden möchte, kann man die beiden Rollenspieler, die in der zweiten Runde spielen, während des ersten Rollenspiels und ihrer Auswertung bitten, den Raum zu verlassen. Das heißt allerdings, dass diese ca. 30 Minuten tatenlos warten müssen. Eine andere Möglichkeit liegt darin, zwei unterschiedliche Rollenspiele

110

auszuteilen. Das bedeutet allerdings, dass für den Trainer ein höherer Aufwand in der Vorbereitung entsteht. Außerdem müssen die Situationen der jeweils anderen Halbgruppe dann erst erklärt werden, bevor das Spiel beginnen kann. Auf Grund dieser Schwierigkeiten ziehe ich es vor, zweimal die gleiche Situation spielen zu lassen und das zweite Rollenspieler-Paar beim ersten Durchgang zusehen zu lassen. Ich sage offen, dass es in Ordnung ist, dass sie aus der Auswertung des ersten Rollenspiels etwas lernen können. Tatsächlich ist es so, dass die zwei Gespräche meist sehr unterschiedlich verlaufen. Von daher ist es aus meiner Sicht unproblematisch, dass zweimal die gleiche Situation gespielt wird. Die Gespräche sind unterschiedlich, weil die Menschen unterschiedlich sind.

Variante: Teilen Sie zwei vorbereitete Rollenspiele aus

▶ Ein Einwand, der häufig von den Rollenspielern als Reaktion auf kritische Rückmeldungen vorgebracht wird, lautet: *„Das war ja auch ganz anders als in der Realität. In Wirklichkeit hätte ich mich nie so verhalten."* Häufig wird die künstliche Situation des Rollenspiels dafür verantwortlich gemacht, dass der Spieler sich anders verhalten habe als sonst. Darauf entgegne ich dem Spieler in der Regel, dass es zwar sicherlich richtig sei, dass die Seminarsituation (oder die Art der Instruktion) ihn beeinträchtigt habe, dass es aber wahrscheinlich die eine oder andere Rückmeldung gebe, die sich auf Verhalten beziehe, das er auch in anderen Situationen zeige. Das sei jedenfalls meistens der Fall. Er könne ja einfach mal beobachten, wie er sich sonst in vergleichbaren Situationen verhalte und welche Parallelen es möglicherweise doch gebe.

Alternativ zu vorgegebenen Rollenspielen kann der Trainer real erlebte Gesprächssituationen der Teilnehmer in Rollenspielen verwenden. Die Beschreibung finden Sie ab Seite 289

Variante

Die Qualität der Auswertung kann durch den Einsatz einer Videokamera gesteigert werden. Die Video-Auswertung hat den Vorteil, dass die Teilnehmer, die das Gespräch geführt haben, sich einen eigenen, objektiven Eindruck von ihrem Kommunikationsverhalten machen können. Allerdings haben viele Menschen eine Abneigung dagegen, sich auf Video zu sehen (und zu hören). Außerdem ist eine Video-Auswertung deutlich zeitaufwendiger.

Kurze Pause   16.45 Uhr

16.50 Uhr   Abschlussrunde

Ziele:

▶ Der Trainer erhält eine Rückmeldung über die Stimmung der Teilnehmer und ihre Lernwünsche für den nächsten Seminartag.

▶ Der Trainer erfährt, welche Teilnehmer konkrete Anliegen für die Praxisberatung haben.

Zeit:

▶ 10 Minuten

Material: /

Überblick:

▶ Blitzlicht: *„Wie es mir geht und was ich mir für morgen wünsche."*

▶ Lernwünsche konkretisieren und Bedarf für die Praxisberatung abklären.

Erläuterung

Die Abschlussrunde dient dazu, den Tag „abzurunden". Der Trainer bekommt ein Feedback zum Verlauf des ersten Tages und erfährt, auf was er am kommenden Tag achten muss.

Vorgehen

Der Trainer leitet die Abschlussrunde an: *„Zum Schluss möchte ich eine kurze Abschlussrunde machen, damit ich eine Rückmeldung bekomme, wie die Stimmung bei Ihnen ist und welche Themen für Sie morgen wichtig sind. Wir machen das reihum. Jeder sagt kurz etwas zu der Frage: ,Wie es mir geht und was ich mir für morgen wünsche.' Fangen wir rechts oder links an?"*

Der Trainer schaut die beiden Teilnehmer an, die neben ihm sitzen und überlässt ihnen die Entscheidung, wer anfängt. Bei der Abschlussrunde lässt der Trainer keine Diskussion zu. Jedes Statement soll unkommentiert stehen bleiben. Der Trainer fragt bei Bedarf

 Thomas Schmidt: Kommunikationstrainings erfolgreich leiten

nach, um Lernwünsche zu konkretisieren und den Bedarf für die Praxisberatung abzuklären:

- ▶ *„Können Sie sich vorstellen, diesen Fall morgen einzubringen?"*
- ▶ *„Wollen Sie diesen Fall morgen im Rahmen der Praxisberatung besprechen?"*

Abschließend hat der Trainer das letzte Wort und sagt ebenfalls, wie es ihm geht und was er sich für den morgigen Tag wünscht. Dabei vermeidet er es aber auf jeden Fall, (versteckte) Kritik zu äußern (z.B. *„ich wünsche mir, dass wir morgen noch offener und konstruktiver zusammen arbeiten und sich alle auf das Seminar einlassen"*) und orientiert sich am Prinzip der „selektiven Authentizität" (Ruth Cohn).

Der Trainer hat das letzte Wort

Video: Loriot-Sketch

Wenn man früher als geplant fertig geworden ist, bietet sich als ein ebenso erheiterndes wie pointiertes Schmankerl zum Thema „Missglückte Kommunikation" ein Video von Loriot an, etwa sein Sketch „Das Frühstücksei". Er findet sich auf dem Video „Der sprechende Hund – oder von Mensch zu Mensch", Bd. 5.[4]

Ende des 1. Tages 17.00 Uhr

Insgesamt ist der beschriebene Seminarablauf, insbesondere am ersten Seminartag, recht straff durchstrukturiert. Es kann daher leicht passieren, dass der Trainer in Zeitverzug kommt. Wenn dies der Fall ist, kann ein Baustein, etwa das letzte Rollenspiel, auf den nächsten Tag verschoben werden. Natürlich kann dann das eine oder andere Thema am folgenden Tag nicht oder nicht so ausführlich bearbeitet werden, wie geplant. Daher sollte der Trainer sich rechtzeitig darüber im Klaren sein, welche Themen er als „Muss"- und welche er als „Kann"-Bausteine des Seminars ansieht.

---

[4] Auch Filmausschnitte dürfen nicht ohne Genehmigung öffentlich gezeigt werden. Auskünfte hierzu erteilt die Gesellschaft zur Übernahme und Wahrnehmung von Filmaufführungsrechten (GÜFA): www.guefa.de.

Während am ersten Tag die theoretischen Grundlagen im Fokus standen, geht es heute in erster Linie um die Vermittlung von kommunikationspsychologischem „Handwerkszeug". Mit den Fragetechniken, den Ich-Botschaften und dem Aktiven Zuhören stehen die klassischen Techniken der Gesprächsführung auf dem Programm. Am späten Vormittag wird der erste konkrete Praxisfall bearbeitet. Eine bewährte Methode zur Fallarbeit, das psychodramatische Rollenspiel, wird hier exemplarisch vorgestellt. Am Nachmittag geht es um das Thema „Kommunikation in Gruppen", welches erlebnisaktivierend in spielerischer Form bearbeitet wird.

Auf einen Blick

2. Der zweite Seminartag

Überblick über den Tag   09.00 Uhr

Orientierung

Ziele:
▶ Den Teilnehmern Orientierung geben.

Zeit:
▶ 5 Minuten (3 Min., 2 Min. Puffer)

Material:
▶ Pinwand „Ablaufplan"

Überblick:
▶ Der Trainer gibt einen Überblick über den geplanten Ablauf des Tages.

Vorgehen

Der Trainer bezieht sich bei seinem Überblick möglichst auf die Themen, Beispiele und Ziele, welche die Teilnehmer eingebracht haben. Der Wortlaut kann beispielsweise folgendermaßen klingen:

Überblick über den Ablauf

„Guten Morgen. Schön, dass Sie alle da sind und wir rechtzeitig loslegen können. Heute stehen einige wichtige Themen auf dem Programm. Gestern Nachmittag haben wir ja zwei schwierige Gespräche hier gesehen. Heute Vormittag wird es als Erstes um eine Frage gehen, die einige von Ihnen gestellt haben: ‚Wie kann ich Gespräche so führen, dass ich die Fäden in der Hand habe? Wie kann ich das Gespräch selbst aktiv steuern?' Dabei spielen Fragetechniken eine wichtige Rolle.

Danach geht es um das Thema ‚Kritik äußern‘. Das hatten ja auch Sie, Herr X und Sie, Frau Y angesprochen: ‚Wie kann ich einen Konflikt ansprechen, ohne meinen Gesprächspartner vor den Kopf zu stoßen?‘ Daran anschließend nehmen wir uns Zeit für Ihre konkreten Fragen und Fälle aus der Praxis. Da geht es darum, gemeinsam nach Lösungen zu suchen für Fragen, die Sie mitgebracht haben.

Nach dem Mittagessen steht das Thema ‚Auf den Gesprächspartner eingehen‘ auf dem Programm. Hier geht es um die Frage: Wie kann ich so auf mein Gegenüber eingehen, dass er sich verstanden fühlt, auch wenn wir unterschiedlicher Meinung sind? Denn dadurch erhöhe ich auch die Chancen, zu einer Lösung zu kommen und auch meine Ziele zu erreichen. Am späteren Nachmittag werden wir dann eine Übung machen, bei der es darum geht, spielerisch etwas über Zusammenarbeit und Kommunikation in Gruppen zu lernen. Gibt es Fragen zum Ablauf?“

Warm-up ‚Alle, die‘ oder ‚Ja-Nein-Rätsel‘

09.05 Uhr

> **Orientierung**
>
> **Ziele:**
> ▶ Aktivierung der Teilnehmer.
>
> **Zeit:**
> ▶ ca. 10 Minuten, 5 Minuten Puffer
>
> **Material: /**
>
> **Überblick:**
> ▶ Vorgehen ähnlich wie bei der Übung „Obstkorb".
> ▶ Derjenige, der in der Mitte steht, sagt einen Satz, der mit „Alle, die ..." beginnt.
> ▶ Diejenigen, auf die der Satz zutrifft, suchen sich einen neuen Platz.

Erläuterung

„Alle, die" ist ein dem „Obstkorb" ähnliches Bewegungsspiel. Der zusätzliche Nutzen neben der Aktivierung der Teilnehmer liegt darin, dass die Teilnehmer etwas übereinander erfahren können.

„Alle, die"-Übung

Vorgehen

„Stellen Sie bitte Ihre Stühle in einem Kreis auf." Der Trainer wartet, bis der Stuhlkreis steht. Dann geht er in die Mitte des Kreises und erklärt den Ablauf der Übung: *„Die Situation ist ähnlich wie bei dem ‚Obstkorb‘ von gestern: Sie haben einen Stuhl, ich habe keinen. Und ich will, dass sich das ändert.*

Dazu sage ich nun einen Satz, der mit ‚Alle, die ...‘ beginnt, z.B. ‚Alle, die eine Uhr tragen‘. Dann müssen alle, die eine Uhr tragen, einen neuen Platz finden. Ich versuche auch, einen Platz zu kriegen. Derjenige, der dann übrig bleibt, bildet einen neuen Satz, der mit ‚Alle, die‘ beginnt und versucht dann ebenfalls, einen neuen Platz zu bekommen.

Man kann dabei etwas Offensichtliches wählen wie die Uhr, Brille, schwarze Socken, Zöpfe usw. Oder man wählt etwas, das nicht so offensichtlich ist, z.B. ‚Alle, die Fußball spielen, im Chor singen, Kinder haben, verheiratet sind' oder was auch immer Sie interessiert."

Der Trainer beendet die Übung nach etwa sieben bis zehn Minuten, bzw. dann, wenn der Spannungsbogen nachzulassen beginnt.

Variante „Ja-Nein-Rätsel"

Vor dem anschließenden Thema „Fragearten" bietet es sich alternativ an, statt mit einem körperlichen Warm-up mit einer kognitiven themenbezogenen Anwärmübung zu starten. Dazu eignen sich Rätselgeschichten, welche die Teilnehmer mittels geschlossener Fragen lösen müssen.

Ein solches Rätsel ist etwa das folgende: *„Sie kommen in ein Zimmer. Dort finden Sie Johnny und Mary tot am Boden liegen. Es ist kein Blut zu sehen. Der Teppich unter den Leichen ist nass. Außerdem befindet sich auf dem Teppich zerbrochenes Glas. Was ist passiert?"*

Der Trainer erzählt das Rätsel, anschließend versuchen die Teilnehmer, es zu lösen. Dabei dürfen sie nur Fragen formulieren, die mit „Ja" oder „Nein" beantwortet werden können. Der Trainer antwortet jeweils mit „Ja", „Nein" oder mit „Apfelkuchen", wenn die Frage für die Lösung irrelevant ist. Die Lösung des vorgestellten Rätsels ist folgendermaßen: Johnny und Mary sind Fische. Sie befanden sich in einem Aquarium, das durch das Fenster, welches durch einen Windstoß aufgegangen war, zu Boden gestoßen wurde.

Achtung: Diese Rätsel sind mittlerweile sehr bekannt — Allerdings ist diese Geschichte wie viele ähnliche Rätsel mittlerweile sehr bekannt, so dass man immer fragen sollte, wer das Rätsel schon kennt. Die Kenner der Geschichte werden dann mit in die Jury aufgenommen.

Literatur

Weitere Rätselgeschichten finden Sie hier:
▶ Birkenbihl, Vera F.: Fragetechnik – schnell trainiert. MVG-Verlag, Landsberg, 2002, 13. Aufl.
▶ Im Internet, z.B. unter www.eigene-welten.de/Ja-Nein-Raetsel

118

Fragearten

09.20 Uhr

Ziele:
▶ Die Teilnehmer wissen, wann sie welche Fragearten mit welchem Zweck einsetzen können.
▶ Sie verstehen die Bedeutung von Fragetechniken für die Gesprächssteuerung.

Zeit:
▶ 15 Minuten (10 Min., 5 Min. Puffer)

Material:
▶ Flip-Chart „Fragearten", auf dem anfangs nur die Überschrift steht und das dann mit den Teilnehmern erarbeitet wird

Überblick:
▶ Frage an die Teilnehmer: *„Welche Fragearten kennen Sie?"*
▶ „Offene" und „Geschlossene Fragen" zentral auf dem Flip-Chart.
▶ Nach folgenden Aspekten fragen und die richtigen Antworten notieren: Definition, Beispiele, Wirkung.
▶ Bezug zum gestrigen Rollenspiel herstellen.
▶ Den Leitsatz „Wer fragt, führt" erläutern.
▶ Die Grenzen der Fragetechniken deutlich machen.

Erläuterung

Die Unterscheidung von offenen und geschlossenen Fragen ist zwar weitgehend bekannt, aber die Bedeutung von Fragetechniken als zentrales Instrument der Gesprächssteuerung ist den meisten Teilnehmern nicht bewusst. Deshalb gehört das Thema „Fragearten" in jedes Kommunikationstraining.

Vorgehen

Der Trainer deckt das Flip-Chart „Fragearten" auf (siehe Folgeseite).

119

Abbildung: Das Flip-Chart „Fragearten" wird im Dialog mit den Teilnehmern erarbeitet.

Den Input über Fragearten steuert der Trainer am besten über Fragen: *„Welche Fragearten kennen Sie?"*

Hier werden nur die beiden Fragearten „offene und geschlossene Fragen" behandelt. Je nach Kontext ist es sinnvoll, weitere Fragearten (Alternativfragen, Suggestivfragen, Rhetorische Fragen oder Gegenfragen) zu erläutern

Auf diese Frage hin nennen die Teilnehmer in aller Regel offene und geschlossene Fragen. Diese Unterscheidung ist im Rahmen dieses Seminars entscheidend. Deshalb werden die beiden Fragearten auf dem Flip-Chart an zentraler Stelle visualisiert. Der Trainer lässt diese beiden Fragearten definieren und mit Beispielen konkretisieren:

▶ *„Was sind offene/geschlossene Fragen?*
▶ *Was sind Beispiele für offene/geschlossene Fragen?*
▶ *Welche offenen/geschlossenen Fragen verwenden Sie in Ihren beruflichen Gesprächen häufig?"*

Der Trainer notiert die wichtigsten Aspekte auf dem Flip-Chart und ergänzt bei Bedarf: *„Offene Fragen werden W-Fragen genannt, weil das Fragewort in aller Regel mit einem ‚W' beginnt. Beispiele für W-Fragen sind: ‚Was ist geschehen?', ‚Wo sehen Sie die Ursachen?', ‚Wie würden Sie es sich wünschen?' Geschlossene Fragen werden auch als Entscheidungsfragen bezeichnet, da sie eine Entscheidung nahe legen. Der andere muss also eine kurze, klare Antwort geben, häufig ‚ja' oder ‚nein'. Beispiele für solche Fragen sind: ‚Können wir diesen Punkt abhaken?', ‚Sind Sie damit einverstanden?' oder ‚Können Sie mir das bitte bis morgen zufaxen?'"*

Weitere Fragearten, die von den Teilnehmern genannt werden, kann der Trainer erklären lassen und am Rand des Flip-Charts notieren. Anschließend kommt er wieder auf die Unterscheidung von offenen und geschlossenen Fragen zurück: *„Welche Wirkung haben denn offene Fragen/geschlossene Fragen?"*

Auch hier notiert der Trainer die wichtigsten Aspekte und ergänzt: *„Auf offene Fragen erhalte ich eher ausführliche Informationen. Ich erfahre Hintergründe und die genaue Sichtweise des Gegenübers. Außerdem stelle ich durch offene Fragen eher einen guten Kontakt her als durch geschlossene. Ich kann so intensiver ins Gespräch kommen."*

„Geschlossene Fragen ermöglichen mir, dass ich Klarheit und Verbindlichkeit herstelle. Ich halte die Gespräche eher kurz und komme schneller zum Abschluss."

Anschließend fragt der Trainer: *„Wann setze ich denn welche Frageart am besten ein? Zu welchem Zeitpunkt eines Gespräches stelle ich eher offene Fragen bzw. geschlossene Fragen?"*

Wann wird welche Frageart eingesetzt?

Die Antwort liegt auf der Hand und wird in der Regel richtig beantwortet. *„Offene Fragen passen eher am Anfang und in der Mitte eines Gesprächs, geschlossene Fragen eher am Schluss oder dann, wenn ich das Gespräch generell kurz halten will."*

Schließlich ist es hilfreich, die erarbeitete Theorie auf eine konkrete Situation zu beziehen. Dazu bietet sich das am Vortag erlebte Rollenspiel an. Der Trainer skizziert kurz noch einmal die Situation, um anschließend zu erarbeiten, welche Fragen hilfreich sind: *„Lassen Sie uns noch mal auf das Rollenspiel von gestern Nachmittag zurückkommen. In dem Gespräch ging es ja darum, dass Hr./Fr. Antons störte, dass der Kollege Blum immer schon um 15.30 Uhr nach Hause geht und um diese Uhrzeit die meisten Anrufe eingehen, die Antons dann übernehmen muss und oft nicht beantworten kann. Nun führt Antons das Gespräch mit Blum und schildert die Situation aus seiner Sicht. Welche Fragen können ihm anschließend helfen, das Gespräch zielorientiert zu gestalten?"*

Beispiele bilden

Er sammelt die wesentlichsten Fragen und ergänzt bei Bedarf: *„Nachdem er/sie seine/ihre Sichtweise geschildert hat, kann er/sie fragen: ,Wie sehen Sie die Situation?' Später kann er/sie fragen:*

,Welche Lösung sehen Sie?' Dann kann er/sie selbst einen Vorschlag einbringen und etwa fragen: ,Sind Sie damit einverstanden?' Und nachdem eine Lösung gefunden wurde: ,Können wir das so vereinbaren?'"

Die Bedeutung von Fragen für die Gesprächssteuerung

Abschließend stellt der Trainer die zentrale Bedeutung der Fragetechniken für die Gesprächssteuerung heraus und erläutert den Leitsatz „Wer fragt, führt".

„Das Wichtige ist folgendes: Viele Menschen haben das Gefühl, dass ihnen Gespräche häufig aus der Hand gleiten und nicht sie, sondern ihre Gesprächspartner das Gespräch führen. Das entscheidende Mittel, um das Gespräch zu steuern, ist nun nicht, mehr Gesprächsanteile zu haben als der andere. Es geht vielmehr darum, die Richtung des Gespräches zu steuern, je nach Ihrem Gesprächsziel. Und das gelingt in erster Linie über Fragen. Wenn wir auf das Gespräch von gestern zurückblicken, kann Antons das Gespräch anhand der genannten Fragen steuern. Natürlich muss er/sie auch seinen/ihren Standpunkt klarmachen, aber um die Fäden in der Hand zu behalten, kommt es darauf an, die richtigen, zielführenden Fragen zu stellen und dabei zu bleiben bzw., wenn der Gesprächspartner abweicht, immer wieder auf die eigenen zielführenden Fragen zurückzukommen, bis sie befriedigend beantwortet sind. Das ist ein zentraler Grundsatz der Gesprächsführung: Wer fragt, führt."

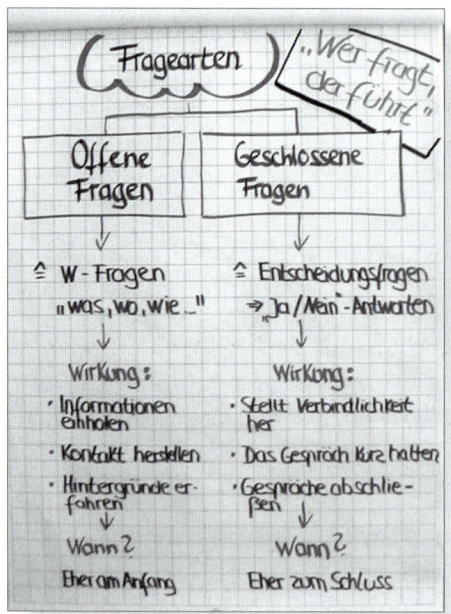

Abbildung: Das fertige Flip-Chart „Fragearten.

Anschließend macht der Trainer auch die Grenzen des Einsatzes von Fragetechniken deutlich: *„Allerdings liegt das alleinige Heil in der Kommunikation nicht darin, Gespräche durch Fragen zu steuern. Der einseitige Einsatz von Fragetechniken erhält leicht etwas Manipulatives. Das wird dann besonders deutlich, wenn zwei Gesprächspartner aufeinander treffen, die beide darin geschult sind, durch Fragen zu führen. Jeder stellt Fragen, aber keiner gibt mehr Antworten. In guten Gesprächen geht es dagegen immer um eine Balance zwischen dem zielorientierten Steuern durch Fragetechniken, dem Eingehen auf den Gesprächspartner – das wird heute Nachmittag unser Thema sein – und der Fähigkeit, selbst klar Stellung zu beziehen. Mit diesem Thema ‚Den eigenen Standpunkt vertreten – Kritik konstruktiv formulieren‘ werden wir uns im Anschluss beschäftigen. Gibt es vorab Fragen oder Anmerkungen?"*

Varianten

Man kann an den Input noch eine Übung zu offenen Fragen anschließen. Folgende Übung ermöglicht es den Teilnehmern, ihre Fragekompetenz auf spielerische Weise zu trainieren: Die Teilnehmer gehen in Kleingruppen mit jeweils vier Personen zusammen. Einer erhält eine Karte, auf der ein Begriff steht, der bekannt, aber nicht zu leicht zu erraten ist, z.B. „Seilbahn". Die drei anderen haben die Aufgabe, den Begriff herauszufinden, indem sie fünf Fragen stellen, wobei die letzte Frage eine geschlossene sein muss. Natürlich ist es dabei nicht möglich, zu fragen, wie der gesuchte Begriff heißt. In der Auswertung wird reflektiert, welche Fragen effektiv waren, um die Lösung zu finden und welche Kriterien es für „gute" Fragen gibt. Gegebenenfalls kann man mehrere Durchgänge machen.

„Seilbahn": Eine Übung zum Training der Fragekompetenz

Literatur

- ▶ Birkenbihl, Vera F.: Fragetechnik – schnell trainiert. MVG-Verlag, Landsberg, 2002, 13. Aufl.
- ▶ Gehm, Theo: Kommunikation im Beruf. Beltz, Weinheim; Basel, 1994, S. 109ff.
- ▶ Saul, Siegmar: Führen durch Kommunikation. Beltz, Weinheim; Basel, 1993, S. 53f.

09.50 Uhr Kritik konstruktiv äußern – Einleitende Übung

Orientierung

Ziele:

▶ Die Teilnehmer erleben exemplarisch Du- und Ich-Botschaften.

▶ Sie reflektieren die Wirkungen von Du- und Ich-Botschaften.

Zeit:

▶ 15 Minuten (10 Min., 5 Min. Puffer)

Materialien:

▶ Drei Stühle, die der Trainer bereitgestellt hat

Überblick:

▶ Der Trainer trägt einem freiwilligen Teilnehmer jeweils eine Du- und eine Ich-Botschaft vor; dieser schildert dann, wie die beiden Sätze auf ihn gewirkt haben.

▶ Es gibt drei Durchgänge mit verschiedenen Beispielen.

▶ Anschließend wertet der Trainer die Übung mit der Gruppe aus.

Erläuterungen

Die Themen „Konflikte ansprechen" und „Kritik äußern" finden regelmäßig hohes Interesse bei den Teilnehmern. Deshalb werden sie ausführlich behandelt. Die folgende Demonstrations-Übung macht die Wirkung von Du- und Ich-Botschaften erlebbar. Der anschließende Input wird auf diesem Hintergrund unmittelbar einsichtig.

Vorgehen

„Es geht nun um das Thema ‚Kritik konstruktiv formulieren'. Ich möchte Sie dazu zu einem kleinen Experiment einladen."

Der Trainer nimmt sich die drei Stühle, die er zuvor bereitgestellt hatte. Zwei Stühle stellt er nebeneinander in Richtung der Teilnehmer auf, einen Stuhl stellt er in etwa zwei Meter Abstand den beiden Stühlen gegenüber auf (s. Abbildung Seite 126).

124

„Es geht nun darum, dass Sie zwei grundlegend unterschiedliche Formen, Kritik zu äußern, kennen lernen. Dazu möchte ich einen von Ihnen bitten, sich zwei Sätze anzuhören und anschließend zu sagen, wie diese Sätze gewirkt haben. Wer möchte das machen?"

Sobald sich ein Freiwilliger findet, was manchmal einen Moment dauern kann, fährt der Trainer fort.

Erstes Beispiel

„Ich erkläre Ihnen kurz die Situation, um die es geht und sage Ihnen dann zwei Sätze. Sie hören sich zunächst beide Sätze an und achten darauf, welches Gefühl sie in Ihnen auslösen und wie Sie darauf reagieren würden. O.K.?"

„Stellen Sie sich vor, wir sind Kollegen und ich habe Ihnen neulich etwas Privates erzählt. Ich habe zwar nicht ausdrücklich gesagt, dass Sie das für sich behalten sollen, habe es aber stillschweigend vorausgesetzt. Nun habe ich aber erfahren, dass Sie Kollegen davon erzählt haben."

Der Trainer steht von seinem eigenen Stuhl auf und setzt sich auf den ersten der beiden Stühle, die er für die Demonstrations-Übung bereitgestellt hat.

„Satz 1: ‚Immer müssen Sie alles weitertratschen! Ihnen kann man nichts anvertrauen. Sie sind echt die letzte Plaudertasche!'"

Der Trainer lässt den Satz einen Moment wirken und geht dann auf den zweiten Stuhl.

„Satz 2: ‚Ich habe mitbekommen, dass Sie den Kollegen davon erzählt haben. Mir ist das sehr peinlich, dass die davon etwas mitbekommen haben.'"

Beispiele für Du- und Ich-Botschaften

Abbildung: Der Trainer demonstriert anhand des ersten Beispiels die unterschiedliche Wirkung von Du- und Ich-Botschaften.

Der Trainer steht auf, setzt sich auf seinen eigenen Stuhl, der etwas am Rand steht und fragt den Teilnehmer: *„Wie haben Sie innerlich reagiert auf Satz 1 und wie auf Satz 2?"*

In der Regel äußert der Teilnehmer, dass er sich bei Satz 1 angegriffen fühlte und den Impuls hatte, sich zu verteidigen oder zum Gegenangriff überzugehen, während er sich bei Satz 2 eher betroffen fühlte und sich vermutlich entschuldigt hätte.

Zuweilen sagt ein Teilnehmer auch, dass er Satz 2 als klarer und treffender erlebt habe als den ersten Satz. Selten kommt es vor, dass kein Unterschied wahrgenommen wird. Wie auch immer der Teilnehmer reagiert, der Trainer nimmt die Gefühlsäußerung wertschätzend entgegen.

Zweites Beispiel

„Vielen Dank. Wer hört sich als Nächster zwei Sätze an?" Es kann manchmal einen Moment dauern, bis sich jemand bereit erklärt, aber schließlich findet sich stets jemand, der sich auf den Stuhl in der Mitte setzt.

„Die Situation ist dieses Mal folgendermaßen: Wir beide diskutieren lebhaft miteinander und im Eifer des Gefechts haben Sie mich ein paar Mal unterbrochen." Der Trainer setzt sich auf den ersten Stuhl.

„Satz 1: ‚Müssen Sie immer dazwischen reden?! Sie sollten mal in einen Diskutier-Kurs gehen!'"

Der Trainer lässt den Satz einen Moment wirken und setzt sich dann auf den zweiten Stuhl.

„Satz 2: ‚Mir ist aufgefallen, dass Sie mich nun zum dritten Mal unterbrochen haben. Ich habe jetzt den Faden verloren und bin mir unsicher, ob es Sie interessiert, was ich sagen möchte.'"

Dann steht der Trainer auf und setzt sich wieder auf seinen eigenen Stuhl. *„Wie ging es Ihnen bei den beiden Sätzen?"* Wieder nimmt der Trainer die Reaktion des Teilnehmers entgegen. *„Dankeschön."*

Drittes Beispiel

„Wer mag als Nächster?" Sobald sich ein weiterer Freiwilliger auf den Stuhl in der Mitte gesetzt hat, beschreibt der Trainer die Situation. *„Stellen Sie sich vor, wir arbeiten in einem Team zusammen und haben gerade eine Besprechung. Sie machen einen Vorschlag und ich reagiere darauf mit den Worten ..."*

Der Trainer setzt sich auf den ersten Stuhl.

„Satz 1: ‚Ihr Vorschlag ist doch völlig unbrauchbar. Sie sollten erst denken und dann reden.'"

Wieder lässt der Trainer den Satz einen Moment wirken und wechselt dann auf den zweiten Stuhl.

„Satz 2: ‚Ich bin da anderer Meinung.'"

Der Trainer steht wieder auf, nimmt auf seinem Stuhl Platz und fragt den Teilnehmer: *„Wie war Ihr Gefühl bei Satz 1 und wie bei Satz 2?"*

127

Nachdem der Trainer die Antwort entgegengenommen hat, bedankt er sich auch bei diesem Teilnehmer fürs Mitmachen.

Auswertung der Übung

Wenn der Teilnehmer seinen Platz wieder eingenommen hat, fragt der Trainer ins Plenum: *„Was war nun jeweils der Unterschied zwischen Satz 1 und Satz 2?"*

Hier wird oft angemerkt, dass die Sätze auf dem ersten Stuhl aggressiver gewesen seien als auf dem zweiten Stuhl. Manche Teilnehmer benennen den entscheidenden Punkt, dass beim ersten Satz der Gesprächspartner angegriffen wurde, während der Sprecher beim zweiten Satz sein eigenes Erleben schilderte. Hin und wieder nennen Teilnehmer bereits die entsprechenden Fachbegriffe der „Ich-" und der „Du-Botschaft".

Manche Teilnehmer bevorzugen „Klartext"

Viele Teilnehmer sagen, dass Sie den zweiten Satz als angemessener und konstruktiver empfunden hätten als den ersten. Es gibt aber auch Stimmen, welche die Ich-Botschaften als „zu soft" bezeichnen und den „Klartext" der Du-Botschaften bevorzugen. Der Trainer nimmt die unterschiedlichen Wahrnehmungen entgegen, ohne sie zu bewerten.

Anschließend stellt er das Konzept der Ich- und Du-Botschaften vor.

Ich- und Du-Botschaften – Input 10.05 Uhr

Orientierung

Ziele:
▶ Die Teilnehmer verstehen das Konzept der Ich- und Du-Botschaften.
▶ Sie kennen ein bewährtes Schema zum Formulieren vollständiger Ich-Botschaften.

Zeit:
▶ 15 Minuten (10 Min., 5 Min. Puffer)

Material:
▶ Flip-Chart „Du-/Ich-Boschaften"
▶ Flip-Chart „Die vollständige Ich-Botschaft", auf einem zweiten Flip-Chart-Ständer oder an einer Pinwand befestigt

Überblick:
▶ Der Trainer stellt Definition, Beispiele und Wirkungen von Du- und Ich-Botschaften anhand eines Flip-Charts vor.
▶ Er stellt die vier Schritte der vollständigen Ich-Botschaft dar.
▶ Er führt aus, dass das Schema eine gute Hilfe ist, aber nicht immer alle vier Schritte notwendig sind.

Vorgehen

Der Trainer stellt das Flip-Chart „Du-/Ich-Boschaften" vor, das zunächst zum Teil verdeckt ist (siehe Folgeseite).

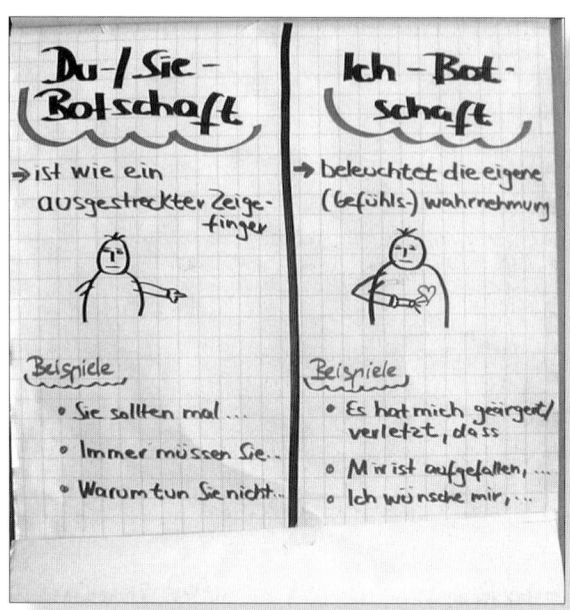

Abbildung: Das Flip-Chart „Du-/Ich-Botschaft". Zunächst wird nur die Definition mit Beispielen vorgestellt. Der Rest des Plakates ist verdeckt.

Dabei bezieht er sich möglichst auf die Aussagen der Teilnehmer: *„Es ist genau, wie Sie gesagt haben, Frau X. Auf dem ersten Stuhl habe ich Botschaften gesagt, die den Gesprächspartner angreifen und ihm die Schuld zuschieben. Diese Botschaften beginnen häufig mit ‚Du' bzw. ‚Sie', weil sie das Fehlverhalten des anderen herausstellen. Eine solche Du- oder Sie-Botschaft ist wie ein ausgestreckter Zeigefinger.*

Beispiele sind: ‚Sie sollten mal einen Kommunikationskurs besuchen', ‚Immer müssen Sie alles weitertratschen!' oder ‚Warum können Sie nicht mal nachdenken, bevor Sie etwas sagen?' Dagegen haben die Sätze auf dem zweiten Stuhl die eigene Wahrnehmung in den Mittelpunkt gestellt. Hier wurde die eigene Sichtweise und zum Teil auch das eigene Gefühl geschildert. Solche Sätze beginnen häufig mit dem Wort ‚Ich'. Deshalb heißen sie ‚Ich-Botschaften'. Beispiele sind: ‚Es hat mich geärgert, dass Sie das weitererzählt haben', ‚Mir ist aufgefallen, dass Sie mich dreimal unterbrochen haben'. ‚Ich wünsche mir, dass Sie mich ausreden lassen'. Die Wirkung von Ich- und Du-Botschaften ist sehr unterschiedlich. Das haben wir eben ja auch erlebt."

Der Trainer deckt die bisher abgedeckten Teile des Flip-Charts auf:

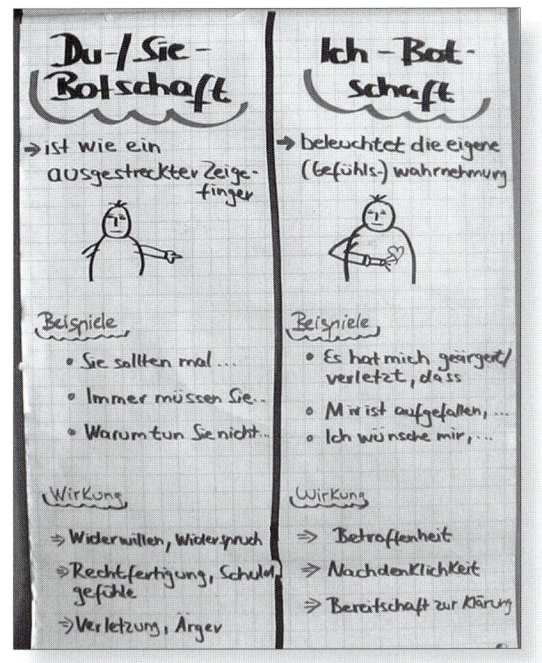

Abbildung: Das Flip-Chart „Du-/Ich-Botschaft". Der Trainer erläutert die Wirkungen
dieser unterschiedlichen Formen, Kritik zu äußern.

„Du- oder Sie-Botschaften, wie z.B. ‚Sie sollten mal einen Diskutier-   **Du-Botschaften lösen**
Kurs besuchen', lösen in der Regel Widerwillen und Widerspruch aus.   **Widerstände aus**
Der Gegenüber rechtfertigt sich, da ihm die Schuld zugeschoben wird.
Verletzung und Ärger sind weitere typische Reaktionen auf Du-Bot-
schaften.

Ich-Botschaften dagegen lösen in der Regel Betroffenheit aus. Das   **Ich-Botschaften lösen**
Gegenüber wird nachdenklich und ist eher zu einer Klärung bereit."   **Betroffenheit aus**

Der Trainer gibt den Teilnehmern Gelegenheit, Fragen und Anmerkungen zu äußern.

Die vollständige Ich-Botschaft

Anschließend stellt der Trainer das Flip-Chart „Die vollständige Ich-Botschaft" vor, welches er auf einem zweiten Flip-Chart-Ständer oder auf einer Meta-Plan-Wand bereitgehalten hat und jetzt neben das Flip-Chart „Du- und Ich-Botschaften" stellt.

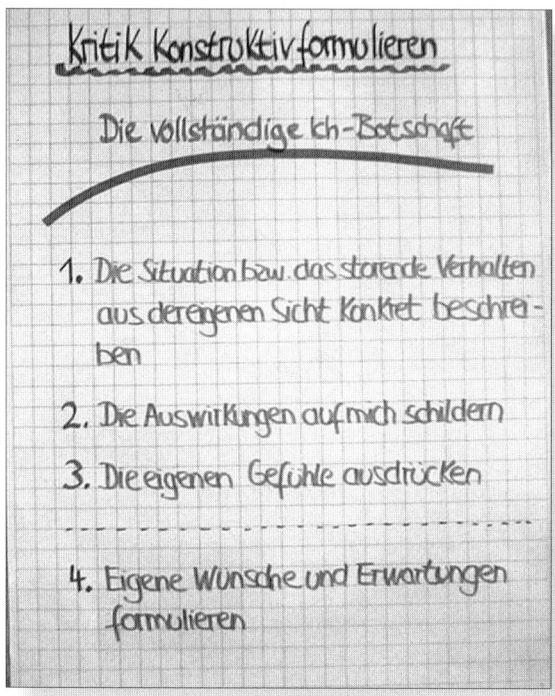

Abbildung: Das Flip-Chart „Die vollständige Ich-Botschaft" – Dieses Schema hat sich bewährt, um Konflikte anzusprechen.

„Die Ich-Botschaft ist die wichtigste Technik, um die Kommunikation in Konflikten auf der Sender-Seite konstruktiv zu gestalten. Dabei haben sich vier Schritte als hilfreich herausgestellt, wobei nicht immer jeder einzelne Schritt notwendig und die Reihenfolge ebenfalls nicht entscheidend ist.

Der Prozess eines Konflikt-Gesprächs

Aber das Schema hier gibt eine gute Struktur: Erstens, die Situation bzw. das störende Verhalten aus der eigenen Sicht konkret beschreiben. Beispielsweise: ‚Mir ist aufgefallen, dass Sie mich dreimal unterbrochen haben.' Hier kann also auch bei der Ich-Botschaft

Thomas Schmidt: Kommunikationstrainings erfolgreich leiten

ein ‚Du' oder ‚Sie' vorkommen. Wenn ich nicht um den heißen Brei herumreden will, muss ich das störende Verhalten des anderen klar benennen.

Zweitens, die Auswirkungen auf mich schildern, z.B. ‚ich verliere dadurch den Faden', und drittens, die eigenen Gefühle zu benennen, z.B. ‚ich fühle mich unsicher' oder ‚das ärgert mich'.

Danach sehen Sie eine gestrichelte Linie. Denn hier ist es gut, erst einmal den Gesprächspartner zu Wort kommen zu lassen. Dann, viertens, die eigenen Wünsche und Erwartungen formulieren, beispielsweise ‚bitte lass mich jetzt ausreden'. "

Der Trainer signalisiert Offenheit für Fragen und Diskussionsbeiträge.

Anschließend ergänzt er: *„Das Schema soll Ihnen eine Hilfe sein beim Ansprechen von Konflikten und beim Formulieren von Kritik. Es soll aber auch kein Korsett sein. Es ist nicht immer nötig, alle vier Schritte zu formulieren. So kann es ja sein, dass Sie es eher unangemessen finden, Ihre Gefühle zu offenbaren, zum Beispiel, weil es sich eher um einen kleineren Kritikpunkt handelt, oder weil Sie sich nicht angreifbar machen wollen. Dann können Sie natürlich den dritten Schritt auch auslassen."*

Hinweise

Falls es keine Beiträge gibt, fragt der Trainer die Teilnehmer, wie sie über die Ich- und Du-Botschaften denken. Häufig gibt es dann Diskussionen über die Frage, ob Ich-Botschaften in der Praxis tatsächlich umsetzbar sind. Hier ist es wichtig, dass der Trainer der Diskussion Raum gibt und diese moderiert. Häufig wird in Frage gestellt, ob Ich-Botschaften denn tatsächlich „besser" seien als Du-Botschaften. Der Trainer tut gut daran, diese Frage zunächst an andere Teilnehmer weiterzugeben.

Geben Sie hier aufkommenden Diskussionen ausreichend Raum

Schließlich ist es auch sinnvoll, Stellung zu beziehen, wobei es nicht darum geht, Ich-Botschaften als Allheilmittel darzustellen und Du-Botschaften zu verteufeln. Vielmehr kann der Trainer darauf verweisen, dass es sich gezeigt hat, dass die Wirkung eben unterschiedlich ist: Du-Botschaften führen in der Regel zur Eskalation eines Konfliktes, Ich-Botschaften eher zur Deeskalation.

Im Sinne einer konstruktiven Gesprächsführung sind daher also Ich-Botschaften zu empfehlen. Allerdings ist es wichtig, darauf zu achten, dass die Ich-Botschaften zur eigenen Person und zur Situation passen. Im Gegensatz zu dem Vorurteil, dass Ich-Botschaften meist „Weichspülerei" seien, können sie auch sehr konfrontativ sein: „Ich bin sehr verärgert", beispielsweise, ist eine deutliche Konfrontation.

Jedenfalls kann der Trainer darauf hinweisen, dass es wichtig ist, die Fähigkeit zu entwickeln, Ich-Botschaften anzuwenden. Dies leitet zum nächsten Baustein über.

Literatur

▶ Gehm, Theo: Kommunikation im Beruf. Beltz, Weinheim; Basel, 1994, S. 118ff.
▶ Gordon, Thomas: Managerkonferenz. Heyne Verlag, München, 1993, 10. Aufl., S. 103ff.

Ich- und Du-Botschaften – Übung   10.20 Uhr

Orientierung

Ziele:

▶ Die Teilnehmer üben, stimmige Ich-Botschaften zu formulieren.

Zeit:

▶ 40 Minuten (5 Min. Instruktion, 5 Min. Einzelarbeit, 15 Min. Kleingruppen-Arbeit, 10 Min. Präsentation, 5 Min. Puffer)

Material:

▶ Einen Notizblock und einen Kugelschreiber für jeden Teilnehmer
▶ Einen Flip-Chart-Bogen und einen Moderationsstift für jede Kleingruppe

Überblick:

▶ Jeder überlegt sich in Einzelarbeit eine Du-Botschaft, die er jemand gesagt hat oder gerne gesagt hätte und schreibt diese auf.
▶ In Kleingruppen wird zu einer Du-Botschaft eine stimmige Ich-Botschaft formuliert.
▶ Diese werden im Plenum präsentiert.

Vorgehen

Die Übung beginnt mit einer kurzen Einzelarbeit: *„Als Nächstes geht es um die Frage: Wie kann ich das Modell von den Ich- und Du-Botschaften konkret umsetzen? Dazu machen wir eine Übung. Überlegen Sie bitte jeder für sich eine Du- oder Sie-Botschaft, die Sie in den letzten Monaten jemandem mitgeteilt haben oder gerne jemand mitgeteilt hätten und schreiben Sie diese Botschaft auf. Der Empfänger darf unbenannt bleiben. Nehmen Sie sich dazu einen Notizblock und einen Stift.“*

Zunächst kurze Einzelarbeit ...

Wenn die Teilnehmer fertig sind, geht die Übung in Kleingruppen weiter: *„Gehen Sie nun bitte zu dritt zusammen. Lesen Sie einander die unterschiedlichen Du-Botschaften vor und wählen Sie dann eine Du-Botschaft aus, zu der Sie zusammen eine stimmige, idealerweise vollständige, Ich-Botschaft formulieren.*

... dann weiter in Kleingruppen

Achten Sie darauf, dass die vollständige Ich-Botschaft auch wirklich zu der Situation und zu der Person passt, von der das Beispiel stammt. Die anderen beiden machen Vorschläge, aber derjenige, der das Beispiel zur Verfügung stellt, entscheidet, ob sie für ihn stimmig sind, ob er das so sagen könnte.

Schreiben Sie danach bitte die Du-Botschaft und die Ich-Botschaft auf ein Blatt Flip-Chart-Papier. Das präsentieren Sie dann anschließend im Plenum. Für die gesamte Übung haben Sie 15 Minuten Zeit. Gehen Sie jetzt bitte zu dritt zusammen, nehmen Sie sich ein Flip-Chart-Blatt und einen Moderationsstift und legen Sie los."

Wenn die Kleingruppen anfangen, zu der ausgewählten Du-Botschaft eine Ich-Botschaft zu formulieren, geht der Trainer herum und unterstützt die Kleingruppen.

Präsentation der Kleingruppen

Wenn die Kleingruppen fertig sind, beginnt die Präsentation. *„Wer fängt an?"* Der Trainer lässt die Kleingruppen präsentieren und fragt bei Bedarf nach, ob es Anmerkungen oder Fragen gibt.

Pseudo-Ich-Botschaften

Nach der Präsentation fügt der Trainer eine Ergänzung an, um den Unterschied zwischen echten und „Pseudo-Ich-Botschaften" klarzustellen: *„Auf ein häufiges Missverständnis möchte ich noch hinweisen. Es gibt immer wieder Menschen, die in Kommunikationsseminaren etwas über Ich-Botschaften gelernt haben, dann hinaus in die Welt gehen und ihre Mitmenschen mit Sätzen beglücken, wie beispielsweise ‚Ich erlebe Dich als total dominant' oder ‚Ich habe irgendwie das Gefühl, dass Du total unsensibel bist'. Sind das Ich-Botschaften?"*

Nicht immer kommen gleich alle Teilnehmer auf die zutreffende Antwort, dass es sich nicht um echte Ich-Botschaften handelt. In jedem Fall fragt der Trainer nach dem Grund für die Einschätzung. Der Trainer korrigiert oder bestätigt schließlich und erläutert. *„Sätze wie ‚Ich erlebe Dich als dominant' sind keine echten Ich-Botschaften. Sie sind so genannte ‚Pseudo-Ich-Botschaften'. Sie beginnen zwar mit dem Wort ‚Ich', schließen dann jedoch eine Aussage über den anderen an, die wie ein ausgestreckter Zeigefinger wirkt, also eine verkappte Du-Botschaft ist."*

Hinweise

▶ Bei der Einzelarbeit zu Beginn gibt es hin und wieder Teilnehmer, denen partout kein Satz einfallen will. Hilfreiche Hinweise können hier sein: *„Denken Sie mal an Kollegen, den Vorgesetzten oder an Personen aus ihrem privaten Freundes- oder Familienkreis. Und überlegen Sie mal, wo es da Situationen gab, in denen Sie ein bestimmtes Verhalten gestört, geärgert oder irritiert hat und was Sie der entsprechenden Person am liebsten an den Kopf geworfen hätten."* Falls dem betreffenden Teilnehmer dann immer noch nichts einfällt, akzeptiert der Trainer das und sagt ihm, dass er gleich den anderen helfen kann.

▶ Wenn der Trainer die Kleingruppen unterstützt und schaut, ob ihre Ich-Botschaften stimmig sind, geht die anschließende Präsentation deutlich schneller vonstatten. Sonst kann es passieren, dass die Beispiele fehlerhaft sind und sich eine mühselige Korrektur-Arbeit im Plenum ergibt, die für die präsentierenden Personen frustrierend ist. Es kann zwar sein, dass es von den Kleingruppen als Form der Kontrolle erlebt wird, wenn ihnen der Trainer über die Schultern schaut. Aber dies ist immer noch angenehmer, als wenn ihr Ergebnis anschließend im Plenum korrigiert wird.

▶ Häufig konstruieren die Teilnehmer zwar formal korrekte Ich-Botschaften, die sie aber nie im Leben so sagen würden. Deshalb fragt der Trainer stets die Person, von der das Beispiel kommt: *„Würden Sie das auch in Wirklichkeit so sagen?"* Wenn der Teilnehmer das verneint, unterstützt der Trainer zusammen mit den anderen Teilnehmern die betreffende Person darin, eine stimmige Ich-Botschaft zu finden. Es können dabei durchaus einzelne Elemente der vollständigen Ich-Botschaft fehlen. Wichtiger ist es, dass die Ich-Botschaft stimmig formuliert ist. Denn nur so kann die Fähigkeit, Ich-Botschaften zu senden, auch im Alltag umgesetzt werden.

Variante

Die Übung zu den Ich-Botschaften kann der Trainer auch so gestalten, dass er den Teilnehmern exemplarische Situationen per Hand-out zur Verfügung stellt und sie auffordert, in Kleingruppen passende Ich- bzw. Du-Botschaften zu erarbeiten. Die Kleingruppen

Der Trainer stellt exemplarische Situationen zur Verfügung

137

erarbeiten dann eine Du- und eine Ich-Botschaft auf Flip-Chart und präsentieren diese anschließend im Plenum.

Dieses Vorgehen bedeutet einen höheren Aufwand in der Vorbereitung für den Trainer, insbesondere dann, wenn er für jede Kleingruppe eine andere Situation entwickelt. Außerdem fehlt bei den vorgegebenen Situationen der direkte Bezug der Übung zur individuellen Lebenswelt der Teilnehmer. Andererseits geht die Durchführung der Übung hier schneller vonstatten, weil die Teilnehmer weniger Zeit benötigen, um geeignete Situationen zu finden. Ein Beispiel für ein Arbeitsblatt:

Du-Botschaft & Ich-Botschaft

Lesen Sie sich die folgende Situation durch und formulieren Sie anschließend
1. eine passende Du/Sie-Botschaft
2. eine stimmige Ich-Botschaft

Situation

Sie leiten seit einem Jahr ein Projekt. Einer der Projektmitarbeiter, Herr Stefan Späth, ist heute bereits zum dritten Mal zu spät zur Besprechung gekommen. Seine Verspätung von ungefähr zehn Minuten lenkt jedes Mal die anderen ab, weil eine Kollegin ihm dann erklärt, was bislang besprochen wurde. Dadurch entsteht Getuschel und Unaufmerksamkeit in der Runde. Das ist insbesondere im Moment ärgerlich, weil dringend wichtige organisatorische Themen geklärt werden müssen. Nach dem Ende der Sitzung sprechen Sie Herrn Späth unter vier Augen an.

Bei der Formulierung der Ich-Botschaft können Sie sich an folgenden Schritten orientieren, wobei es nicht erforderlich ist, jeden einzelnen Schritt abzuarbeiten. Wichtiger ist es, dass Sie eine stimmige Botschaft finden.

Die vollständige Ich-Botschaft:
1. Konkrete Beschreibung der Situation bzw. des störenden Verhaltens aus meiner Sichtweise
2. Beschreibung der Auswirkungen
3. Schilderung meiner eigenen Gefühle
4. Meine Wünsche und Erwartungen für die Zukunft

11.00 Uhr Pause

 138

Erste Praxisberatung: Fallarbeit mit dem Psychodramatischen Rollenspiel   11.15 Uhr

Ziele:
▶ Ein Teilnehmer entwickelt Lösungsmöglichkeiten für ein persönliches Anliegen.
▶ Die anderen Teilnehmer erleben modellhaft Lösungsmöglichkeiten und Handlungsalternativen für eine schwierige Kommunikationssituation und übertragen diese auf ähnliche eigene Fälle.

Zeit:
▶ 75 Minuten (15 Min. Erläuterung der Vorgehensweise und Themenwahl, 50 Min. Praxisberatung, 10 Min. Puffer)

Material:
▶ Flip-Chart „Praxisberatung"
▶ Notizblatt, auf dem der Trainer die möglichen Praxisfälle notiert hat
▶ Moderationskarten und einen -stift, um die möglichen Themen aufzuschreiben
▶ weitere Materialien je nach methodischer Bearbeitung

Überblick:
0. Einleitung und Auswahl des Falles:
▶ Die Vorgehensweise am Flip-Chart erläutern.
▶ Abklären, wer seinen Fall einbringen möchte, Fragestellung auf Karten notieren.
▶ Karten, auf denen die Fragestellungen stehen, in die Mitte legen.
▶ Die anderen Teilnehmer stellen sich zu dem Fall, der sie am meisten interessiert.
▶ Praxisberatung in fünf Schritten:
1. Exploration: Der Protagonist schildert die Situation, die anderen stellen Fragen.
2. Zieldefinition: Es wird geklärt, was der Protagonist mit der Fallarbeit erreichen will.
3. Methodische Bearbeitung: Das Anliegen wird erlebnisaktivierend bearbeitet.
4. Auswertung: Die Fallarbeit wird ausgewertet.
5. Ergebnissicherung: Es werden Lernerfahrungen aus der Fallarbeit abgeleitet.

Erläuterung

Individuelle
Fallbearbeitung
Die Praxisberatung ist eines der Herzstücke eines Kommunikationstrainings. Während die übrigen Inputs und Übungen darauf ausge-
richtet sind, dass sie für alle Teilnehmer gleichermaßen lehrreich
und nützlich sind, zielt die Praxisberatung in erster Linie auf das
individuelle Anliegen eines einzelnen Teilnehmers ab. Erst im zweiten Schritt wird dafür gesorgt, dass aus der individuellen Fallbearbeitung allgemeingültige Schlüsse gezogen werden.

Für die meisten Anliegen, welche die Teilnehmer tiefer gehend bewegen und berühren, braucht man Zeit und das geeignete methodische Repertoire, um ihnen wirklich weiterhelfen zu können. Hierfür
gibt es eine Vielzahl möglicher Methoden zur Anliegenbearbeitung.
Eine differenzierte Darstellung dieser verschiedenen Varianten
würde den Rahmen dieses Buches bei weitem sprengen, zumal es
bereits einige Bücher gibt, die hier einen guten Überblick geben (s.
Literaturhinweise auf Seite 166).

In diesem Buch möchte ich Ihnen drei Grundformen der metho-
dischen Bearbeitung vorstellen, mit denen Sie die Mehrzahl der
Anliegen gut bewältigen können:
▶ Psychodramatisches Rollenspiel (ab Seite 139)
▶ Beratung mit dem Inneren Team (ab Seite 206)
▶ Kognitiv orientierte Beratungsformen: Kollegiale Beratung oder
  Problemlösung in Kleingruppen (ab Seite 225).

Im Folgenden erläutere ich Ihnen das Vorgehen bei der Fallarbeit
mit dem psychodramatischen Rollenspiel, weil sich häufig Anliegen
an das vorangegangene Thema „Kritik konstruktiv formulieren"
anschließen, die mit dieser Methode gut bearbeitet werden können.
Die beiden anderen Methoden werden im Abschnitt über die Praxis-
beratungen am Vormittag des dritten Tages beschrieben.

0.   Einleitung und Auswahl des Falles

In der Einleitung erläutert der Trainer den Teilnehmern das Vorgehen bei der Praxisberatung: *„Wir kommen jetzt zur Praxisberatung.*
Es geht jetzt um Ihre Fragen und Fälle aus der Praxis. Wir hatten ja
gestern einige Praxisfälle gesammelt und werden jetzt einen dieser

*Fälle auswählen und gemeinsam versuchen, Antworten und Lösungen
zu finden."* Der Trainer präsentiert das Flip-Chart „Praxisberatung".

Abbildung: Flip-Chart „Praxisberatung" – Die fünf Schritte der Fallarbeit.

*„Das Vorgehen wird folgendermaßen sein: Der Protagonist, das
ist derjenige, dessen Thema ausgewählt wurde, berichtet zunächst
einmal von der Situation, um die es geht. Wir anderen stellen Fragen
und versuchen, die Situation zu verstehen. Das ist mit ‚Exploration'
gemeint. Lösungsvorschläge sind hier nicht erlaubt. Dann formuliert
der Protagonist sein Ziel für die Beratung. Damit wissen wir, was der
Protagonist erreichen will.*

*Auf dieser Grundlage werde ich dann eine Form der methodischen
Bearbeitung vorschlagen und anleiten. Hier kann es sein, dass in
Kleingruppen Ideen gesammelt werden oder einige von Ihnen den
Auftrag bekommen, sich in den Protagonisten oder in seine Interaktionspartner hineinzuversetzen oder es kann sein, dass wir eine
schwierige Gesprächssituation hier szenisch darstellen. Die Auswahl
der geeigneten Methode ist mein Job, wobei der Protagonist natürlich
ein Mitspracherecht hat.*

141

Anschließend erfolgt die Auswertung. Dann ist das Feedback der Berater – das sind wir alle – gefragt. Es können ähnliche Erfahrungen, Beobachtungen oder Anregungen mitgeteilt werden. Der fünfte Schritt ist schließlich die Ergebnissicherung. Da geht es um die Frage, welche allgemeinen Schlüsse wir aus dem Praxisfall ziehen können und welche Lernerfahrungen wir mitnehmen wollen."

Anliegen abklären Der Trainer schaut, ob es Fragen gibt und fährt dann fort. Er setzt sich und schaut auf seinem Notizblock nach, welche Teilnehmer bei der Formulierung der Lernziele Praxisfälle genannt hatten. Diese spricht er an und fordert sie auf, ihr Anliegen kurz zu erläutern: *„Wir haben Anliegen von Ihnen, Frau A, von Ihnen, Herr B, und von Ihnen Frau C. Bitte erklären Sie jeweils kurz, worum es Ihnen geht und wie die Frage heißt, die Sie hier klären möchten."*

Der Trainer achtet darauf, dass die Erläuterungen kurz und prägnant bleiben. Die Fragestellungen der möglichen Protagonisten schreibt er stichpunktartig jeweils auf eine Moderationskarte. Dann fragt er in die Runde: *„Vielleicht hat sich noch die eine oder der andere von Ihnen anregen lassen und auch noch einen Fall gefunden, den er gerne einbringen möchte. Wer hat noch ein Thema?"*

Es ist eher selten der Fall, dass nun noch ein Thema genannt wird. Eher kommt es vor, dass ein potenzieller Protagonist noch abspringt und anmerkt, dass sein Thema doch „nicht so wichtig" sei oder sich „schon erledigt" habe. Das akzeptiert der Trainer.

Der nächste Schritt ist die Auswahl des Falles, der dann bearbeitet wird. Die Entscheidung darüber trifft idealerweise die Gruppe. Das Vorgehen ist dabei folgendermaßen: Der Trainer verteilt die Moderationskarten, auf denen er die unterschiedlichen Fragestellungen notiert hat, im Raum und fordert die Teilnehmer, die keinen Fall eingebracht haben, zur soziometrischen Wahl auf: *„Entscheiden Sie sich nun bitte, welches Thema Sie am meisten interessiert und stellen Sie sich zu diesem Thema dazu."*

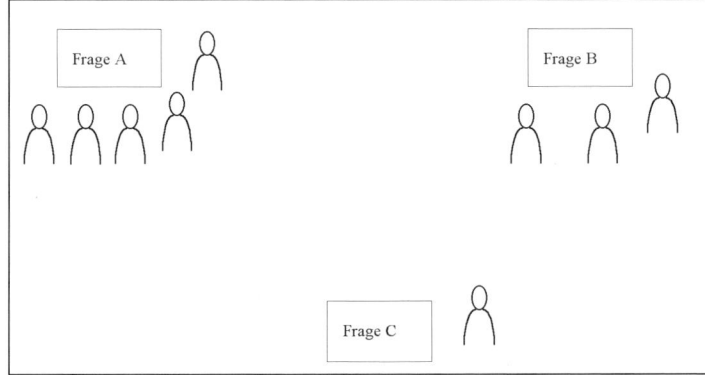

Abbildung: Die Auswahl des Falles, der im Anschluss bearbeitet wird, erfolgt durch die soziometrische Wahl der Gruppe. Der Trainer hat Moderationskarten ausgelegt, auf denen die verschiedenen Fragestellungen notiert sind. Die Teilnehmer stellen sich zu der Fragestellung, die sie am meisten interessiert.

Es wird nun an dem Fall gearbeitet, der am häufigsten gewählt wird. *„O.K. Für die Frage A haben sich die meisten entschieden. Damit fangen wir jetzt an. Für die anderen Fälle werden wir uns morgen Zeit nehmen."*

Die Karten, auf denen die Fragestellungen der nicht gewählten Fälle stehen, pinnt der Trainer am Rand des Ablaufplans an, so dass klar ist, dass diese Fälle noch bearbeitet werden.

Hinweise

▶ Falls es bei der soziometrischen Wahl einen Gleichstand zwischen zwei Fällen gibt, fordert der Trainer diejenigen, die bei jenen anderen Fällen stehen, die weniger oft gewählt wurden, auf, sich für einen der beiden Fälle zu entscheiden, die am häufigsten gewählt wurden. Falls auch dann noch ein Patt vorliegt, fordert er die Fallbringer auf, sich zu einigen, wer nun arbeiten möchte.

▶ Bei der Auswahl des Falles halte ich es in der Regel für die sinnvollste Lösung, die Gruppe entscheiden zu lassen, an welchem Thema sie arbeiten möchte. Denn nur dann kann der Protagonist, der das Thema einbringt, Repräsentant der Gruppe sein, der exemplarisch ein Thema bearbeitet, welches in der Gruppe ein hohes Interesse findet. Dann können die anderen

Die Gruppe entscheidet, an welchem Fall sie arbeiten möchte

143

Teilnehmer modellhaft von der Praxisberatung profitieren, denn zumeist wählen sie eine Situation, die sie in ähnlicher Weise kennen und können daher die anhand der Fallarbeit gewonnenen Erkenntnisse auf ihre eigenen Situationen übertragen. Zudem fühlt sich der Protagonist, dessen Fall gewählt wurde, durch die Gruppe unterstützt und „getragen".

▶ Zu dem gruppenzentrierten Vorgehen bei der Auswahl des Falles gibt es zwei Alternativen:
- Der Trainer entscheidet, welches Anliegen an dieser Stelle des Seminars am besten passt, etwa weil es an die vorangegangenen Themen anknüpft. Dies sollte er allerdings nur dann tun, wenn sowohl das Thema als auch die Person, die es einbringt, einen starken Rückhalt in der Gruppe hat.
- Der Trainer fragt diejenigen, die ihre Fälle eingebracht haben, wer von ihnen nun arbeiten möchte. Auch hier liegt die Gefahr darin, dass das Thema möglicherweise wenig Interesse in der Gruppe findet.

1. Exploration

Der Protagonist schildert den Fall, die Teilnehmer stellen Fragen

In der Exploration wendet sich der Trainer an den Protagonisten: *„Dann erzählen Sie uns mal etwas genauer, worum es geht. Wir anderen versuchen, die Situation zu verstehen und stellen Fragen. Lösungsvorschläge sind nicht erlaubt, auch keine Fragen, die einen Lösungsvorschlag beinhalten, wie zum Beispiel ‚Haben Sie schon mal versucht ...' oder ‚Warum tun Sie nicht ...'. "*

Der Trainer hält sich bei der Exploration erst einmal zurück und überlässt es zunächst den Teilnehmern, Fragen zu stellen. Wenn offene oder verdeckte Lösungsvorschläge gegeben werden, interveniert er und erinnert die Teilnehmer daran, dass jetzt nur Fragen erwünscht sind.

In der folgenden Liste sind einige Fragen aufgeführt, die in der Explorationsphase hilfreich sein können. Dabei stellt der Trainer nur jene Fragen, die zur Bearbeitung des jeweiligen Anliegens zielführend sind. Gerade, wenn der Trainer erlebnisaktivierend arbeiten möchte, wie etwa mit dem psychodramatischen Rollenspiel, wird er

sich auf die wichtigsten Fragen beschränken, um möglichst rasch in
die methodische Bearbeitung einsteigen zu können.

Fragen zur Exploration in der Fallarbeit

I. Zur Situationsklärung:
▶ Worum geht es?
▶ Wie ist die Situation genau?
▶ Eigenschaften und Verallgemeinerungen hinterfragen:
  • Wie äußert sich das? Welche Beispiele gibt es? Wann ist das so?
  • Welche Auswirkungen hat das?

II. Fragen zum Verlauf:
▶ Wie war es am Anfang? Welche Veränderungen gab es? Wie ist es aktuell?
▶ Wann und wodurch traten Veränderungen auf?
▶ Wann ist es anders? Welche Ausnahmen gibt es? Was unterscheidet diese Situationen?

III. Fragen zu den Beteiligten:
▶ Wer ist beteiligt? Wer ist indirekt betroffen? Wie?
▶ Wenn ich X fragen würde, wie würde er die Situation beschreiben?
▶ Wer hat welche Interessen?
▶ Welche Koalitionen gibt es? Gegen wen?
▶ Wer reagiert wie auf wen?
▶ Wer hat welchen Nutzen aus der Situation?
▶ Wie haben Sie es geschafft, dass die Situation so ist, wie sie ist?

IV. Fragen zu Lösungsmöglichkeiten:
▶ Was wurde bereits unternommen, um das Problem zu lösen? Mit welchem Ergebnis?
▶ Was müssten Sie tun, um das Problem zu verschlimmern?
▶ Wenn über Nacht ein Wunder geschehen würde, wie wäre die Situation dann?
▶ Angenommen, das Problem ist gelöst und Sie schauen zurück, was haben Sie als Erstes getan?
▶ Wenn Sie später Ihren Enkeln von dem Problem erzählen, welche positiven Seiten hat es gehabt?
▶ Welche Lösungsansätze wurden bisher übersehen oder vermieden?
▶ Welches Problem könnte auftreten, wenn dieses gelöst würde?

Fallbeispiel: „Wie kann ich lernen, mich besser abzugrenzen?"

Das weitere Vorgehen lässt sich am besten anhand eines konkreten Falles beschreiben: Die Protagonistin, Frau Lieb, hat als ihr Anliegen die Frage *„Wie kann ich lernen, mich besser abzugrenzen?"* angegeben. Dieses Thema findet in der Gruppe viel Interesse und wird von einer deutlichen Mehrheit gewählt. Im Rahmen der Exploration fragt der Trainer die Protagonistin, ob es typische Situationen gibt, die ihr zum Thema *„Mich besser abgrenzen können"* einfallen.

Sie berichtet, dass sie eine Kollegin hat, die sie zwar gerne mag, über die sie sich jedoch mehrfach geärgert hat. Der Anlass für diesen Ärger seien Vorträge gewesen, die sie regelmäßig gemeinsam mit ihrer Kollegin, Frau Drücker, hält. Die Vorbereitung dieser Vorträge sei äußerst aufwendig und bleibe stets an ihr, der Protagonistin, hängen. Frau Drücker habe jedes Mal eine andere Ausrede, weshalb sie kaum etwas zur Vorbereitung beitragen könne. Mal sei sie vor einem Vortrag kurzfristig im Urlaub, dann habe sie keine Zeit wegen ihres Kindes. Jedenfalls müsse die Protagonistin die erforderlichen Folien und Unterlagen größtenteils alleine erstellen. Bei den Vorträgen selbst würde Frau Drücker dann durchaus einen Anteil übernehmen, der ebenso groß sei wie jener der Protagonistin. Das habe zur Folge, dass die Kollegin genauso viel Anerkennung bekomme, obwohl sie dafür weitaus weniger getan habe. Dies empfindet die Protagonistin als „total ungerecht". Wenn sie die Vorträge schon alleine vorbereiten müsse, sei es ihr lieber, sie würde sie dann auch alleine halten und die Früchte ihrer Arbeit alleine ernten.

2.   Zieldefinition

Welches Ziel will der Protagonist erreichen?

Im nächsten Schritt wird geklärt, welches Ziel der Protagonist mit der Bearbeitung seines Anliegens erreichen will. Dieses Ziel bildet die Grundlage des Kontraktes, den Trainer und Protagonist für die weitere Zusammenarbeit schließen.

Folgende Fragen sind hierbei hilfreich:
▶ Was möchten Sie hier erreichen?
▶ Was ist Ihr Ziel?
▶ Was möchten Sie hier herausfinden?

Thomas Schmidt: Kommunikationstrainings erfolgreich leiten

Frau Lieb, die Protagonistin, definiert ihr Ziel folgendermaßen: *„Ich will herausfinden, wie ich meine Kollegin dazu bringen kann, dass wir die Vorträge so aufteilen, dass es gerecht ist und sie genauso viel macht wie ich."*

3. Methodische Bearbeitung: Psychodramatisches Rollenspiel

Das psychodramatische Rollenspiel eignet sich insbesondere zur Bearbeitung von zwischenmenschlichen Themen wie z.B. bei schwierigen Gesprächen oder bei Spannungen und Konflikten mit Mitarbeitern, Kollegen, Vorgesetzten, Kunden oder Geschäftspartnern.

Im Unterschied zum herkömmlichen Rollenspiel, wie es am Nachmittag des ersten Seminartages eingesetzt wurde, gibt es im psychodramatischen Rollenspiel keine vorgefertigten Situationen oder Rollenbeschreibungen. Nicht der Trainer bestimmt das Spiel, sondern der Protagonist selbst. Der Protagonist ist der Autor und Hauptdarsteller seines eigenen Spiels. Der Trainer unterstützt und begleitet ihn dabei, so dass er für seine individuelle Situation Lösungen und Handlungsalternativen finden kann. Um diese Lösungen zu finden, leitet der Trainer den Protagonisten dazu an, sich in seine Interaktionspartner einzufühlen und so die soziale Dynamik des von ihm eingebrachten Falles zu erfassen.

Es gibt keine vorgefertigten Situationen oder Rollenbeschreibungen

Der folgende Überblick stellt die wichtigsten Schritte bei der Leitung eines psychodramatischen Rollenspiels im Überblick dar. Dabei ist zu beachten, dass jedes Spiel unterschiedlich ist und sich nach den individuellen Bedürfnissen des Protagonisten und nach dem situativen Kontext seines Anliegens zu richten hat. Daher ist es nicht möglich, das Schema als Automatismus für eine gelingende Fallarbeit zu nutzen.

Dennoch stellt der Überblick einen roten Faden dar, der es dem Trainer ermöglicht, bei der Leitung eines psychodramatischen Rollenspiels die Struktur zu behalten. Voraussetzung ist es allerdings, dass er eine fundierte Ausbildung in der Methode des psychodramatischen Rollenspiels genossen hat. Dies gilt insbesondere für die

Diese Interventions-
form stellt hohe
Anforderungen an
den Trainer

Interventionsform des Doppelns, die ein sehr hohes Maß an sozia-ler und methodischer Kompetenz voraussetzt, welche zunächst in einem geschützten Rahmen trainiert werden sollte.

Überblick

▶ In der Exploration eine Szene herausarbeiten, anschließend Zieldefinition
▶ Die Szene konkretisieren:
  • Wann und wo findet die Situation statt? Wie sieht es dort aus?
▶ Die Szene aufbauen:
  • Platz für den Szenenaufbau schaffen: Die Zuschauer rücken nach hinten
  • Mit einfachen Mitteln (Stühle, Tische etc.) den Raum einrichten
▶ Die Rollen besetzen:
  • Der Protagonist wählt Teilnehmer für die verschiedenen Rollen aus
  • Er weist den Rollenspielern einen Ort zu
▶ Die Rollenspieler instruieren:
  • Vorstellen im Rollentausch
  • Den Protagonisten im Rollentausch interviewen
▶ Den Protagonisten auf das Spiel einstimmen
▶ Das Rollenspiel durchführen und begleiten:
  • Bei Bedarf psychodramatische Interventionstechniken einsetzen:
    • Der Rollentausch wird bei jedem psychodramatischen Rollenspiel eingesetzt! Er ist indiziert,
      • damit sich der Protagonist in seinen Interaktionspartner einfühlt;
      • damit der Protagonist erlebt, wie er auf seinen Interaktionspartner wirkt;
      • wenn das Verhalten des Spielers nicht der Rolle entspricht;
      • wenn der Rollenspieler nicht mehr weiterweiß.
    • Innerer Monolog („Laut denken") wird eingesetzt,
      • wenn der Protagonist wichtige Gedanken und Gefühle nicht ausspricht;
      • wenn der Protagonist nicht weiterweiß und ins Stocken gerät;
      • wenn sich die Interaktion im Kreis dreht.

- Unterstützendes Doppeln wird eingesetzt,
  - indem der Trainer dem Protagonisten Satzanfänge anbietet;
  - indem der Trainer in der Ich-Form Gedanken und Gefühle des Protagonisten ausspricht, die dieser momentan nicht in Worte fassen kann;
  - wenn der Protagonist wesentliche Botschaften nicht ausspricht;
  - um den Protagonisten beim Ausdruck seiner Gefühle und Wünsche zu unterstützen.
- Die Szene zu einem „guten Abschluss" bringen.
▶ Auswertung:
- Rollen-Feedback: Die Rollenspieler teilen dem Protagonisten aus ihrer Rolle heraus mit, wie sie ihn erlebt haben. Anschließend werden sie aus der Rolle „entlassen".
- Sharing: Die Gruppenmitglieder teilen dem Protagonisten ähnliche eigene Erfahrungen mit.
- Beobachter-Feedback: Die Zuschauer teilen dem Protagonisten mit, was ihnen während des Spiels aufgefallen ist.
▶ Abschluss – oder
▶ die Szene noch einmal anders spielen lassen
- durch den Protagonisten selbst – oder
- durch andere Teilnehmer

Vorgehen

Im Folgenden wird das Vorgehen bei der psychodramatischen Anliegen-bearbeitung anhand des Falles von Frau Lieb im Detail beschrieben.

Psychodramatisches Rollenspiel

Die Szene konkretisieren

Um in eine Szene einsteigen zu können, klärt der Trainer, wie die Situation aussehen könnte, in der die Protagonistin ihre „Gegenspielerin" (Antagonistin), Frau Drücker, zu einer Verhaltensänderung bewegen möchte. Die Szene wird konkretisiert, damit die Protagonistin für das anschließende Spiel angewärmt wird.

Trainer: *„Welche Idee haben Sie denn, wie Sie Ihre Kollegin dazu bringen können, dass die Vorträge gerechter aufgeteilt werden?"*

Protagonistin: *„Ich müsste halt mal mit ihr reden und ihr sagen, dass das in Zukunft anders laufen muss."*

Trainer:	*„Wo könnte das Gespräch denn stattfinden?"*
Protagonistin:	*„Am besten nicht am Arbeitsplatz. Wir haben so einen kleinen Besprechungsraum, in dem wir auch unsere Vorträge vorbereiten, da würde es gehen."*
Trainer:	*„Und wann könnte das Gespräch stattfinden?"*
Protagonistin:	*„Am besten nachmittags, nach 16 Uhr. Dann klingelt das Telefon nicht so oft."*
Trainer:	*„An welchem Tag?"*
Protagonistin:	*„Das ist eigentlich egal. Vielleicht am besten gleich am kommenden Montag."*

Die Szene aufbauen

Der Trainer kündet nun an, mit der Protagonistin szenisch arbeiten zu wollen. Dadurch, dass bereits am ersten Tag zwei klassische Rollenspiele mit vorgegebenen Rollenanweisungen durchgeführt worden sind, ist die Hemmschwelle gegenüber einer spielerischen Arbeitsform in der Regel bereits reduziert. Zusätzlich versucht der Trainer, durch seine Wortwahl die Angst der Protagonistin vor dem psychodramatischen Rollenspiel zu mindern.

Trainer:	*„Dann schlage ich vor, das hier mal auszuprobieren. Schauen wir uns mal eine Szene an, wie das Gespräch laufen könnte. Das muss überhaupt nicht perfekt sein. Anschließend können wir zusammen Ideen und Anregungen sammeln. Ist das O.K.?"*
Protagonistin:	*„O.K. Ich weiß allerdings überhaupt noch nicht, wie das jetzt laufen soll."*
Trainer:	*„Das macht nichts. Das ist ja mein Job, dafür zu sorgen. Kommen Sie als Erstes mal zu mir nach vorne."*

Die Protagonistin steht auf, der Trainer ebenso. Zu den anderen Teilnehmern sagt er:

Trainer:	*„Rücken Sie alle bitte drei, vier Meter nach hinten, so dass wir hier vorne etwas Platz haben."*

Zur Protagonistin gewandt:

Trainer:	*„Der erste Schritt ist, die räumliche Situation so aufzubauen, dass sie der echten Situation ähnlich ist. Wie sieht es in dem Raum aus, in dem das Gespräch stattfindet?"*
Protagonistin:	*„Da steht nicht viel drin. Ein Besprechungstisch und ein paar Stühle."*
Trainer:	*„Stühle haben wir hier noch welche stehen. Und als Tisch nehmen wir den Moderatorenkoffer, O.K.?"*
Protagonistin:	*„Ja, klar."*

 150

Trainer:	*„Gut, dann stellen Sie das mal so hin, wie das im Besprechungsraum ist. Und drehen Sie den Tisch und die Stühle so, dass die Zuschauer nachher das Gespräch gut sehen können."*

Der Trainer steht am Rand und lässt die Protagonistin die „Bühne" aufbauen.

Trainer:	*„Fehlt noch etwas?"*
Protagonistin:	*„Nee, ein Telefon ist da auch nicht drin. Nö, da gibt's nix Wichtiges."*

Die Rollen besetzen

Nachdem die räumliche Situation aufgebaut ist, werden die Rollen besetzt. Hier gibt es nur eine Rolle.

Trainer:	*„Dann wählen Sie mal eine Person für Ihre Kollegin."*
Protagonistin:	*„Frau Anders, könnten Sie das machen?"*
Frau Anders:	*„Ja klar, kein Problem."*

Trainer zur Protagonistin:	*„Dann setzen Sie sich mal an Ihren Platz und sagen Sie der Kollegin, wo sie sitzt."*
Protagonistin:	*„Das ist eigentlich egal. Ich denke, ich würde mich links hinsetzen und Frau Drücker würde mir gegenüber sitzen."*

Die Protagonistin, Frau Lieb, und die Spielerin, Frau Anders, nehmen ihre Plätze ein.

Abbildung: Raumaufbau beim psychodramatischen Rollenspiel am Beispiel der Praxisberatung von Frau Lieb.

Die Rollenspielerin instruieren

Im nächsten Schritt geht es darum, die Rollenspieler in ihre Rollen einzuweisen. Dies kann der Trainer anleiten, indem er einen Rollentausch anweist und die Protagonistin im Rollentausch mit der Antagonistin interviewt.

Trainer: *„Bevor wir in die Szene einsteigen, braucht Frau Anders einige Informationen darüber, wie sich Frau Drücker verhält, damit sie dann die Rolle spielen kann. Tauschen Sie dazu bitte die Plätze und schlüpfen Sie, Frau Lieb, mal in die Rolle von Frau Drücker."*

Protagonistin: *„O.K."*

Die Protagonistin und die Spielerin tauschen die Plätze. Der Trainer übernimmt nun die Rolle des Interviewers und befragt die Protagonistin in der Rolle der Antagonistin, Frau Drücker. Ziel ist dabei dreierlei. Erstens soll die Spielerin erfahren, wie sie die Rolle spielen soll. Zweitens geht es darum, dass sich die Protagonistin in die Situation von Frau Drücker versetzt. Und drittens erhalten der Trainer und die Gruppe nützliche Informationen zur Exploration des Falles, die bei der späteren Auswertung hilfreich sind.

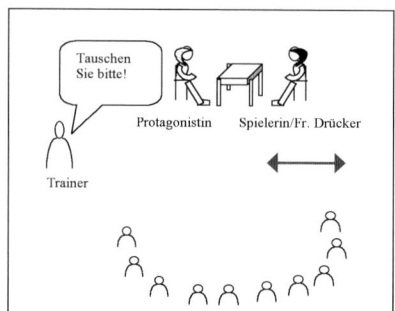

Abbildung: Der Trainer leitet das Vorstellen der Antagonistin im Rollentausch an (links). Die Protagonistin schlüpft in die Rolle der Antagonistin Frau Drücker und stellt diese in der Ich-Form vor (rechts).

Trainer zur Protagonistin: *„Schlüpfen Sie mal in die Haut von Frau Drücker. Setzen Sie sich mal so hin wie sie. Nehmen Sie die Mimik und die Gestik an und stellen Sie sich in der Ich-Form vor. Und ich tue so, als wäre ich ein Interviewer und stelle Ihnen ein paar Fragen, O.K.?"*

Protagonistin: *„O.K. Ich heiße Janine Drücker. Ich bin 29 Jahre alt und arbeite seit*
(im Rollentausch) *fünf Jahren hier in der Abteilung."*

Thomas Schmidt: Kommunikationstrainings erfolgreich leiten

Trainer als Interviewer:	*„Und Sie halten öfter Vorträge zusammen mit Ihrer Kollegin, Frau Lieb. Wie erleben Sie denn die Zusammenarbeit?"*
Protagonistin (im RT*):	*„Gut. Da gibt es keine Probleme."*
Trainer als Interviewer:	*„Aha. Sie sind also zufrieden. Und was glauben Sie, wie Frau Lieb die Zusammenarbeit erlebt?"*
Protagonistin (im RT):	*„Auch gut. Da gibt es eigentlich keine Probleme."*
Trainer als Interviewer:	*„Also, mal ganz im Vertrauen, Frau Drücker. Ich habe gehört, dass Frau Lieb sich ärgert, weil sie den Großteil der Vorbereitung alleine erledigen muss."*
Protagonistin (im RT):	*„Echt? Na ja, sie hatte mal Andeutungen in diese Richtung gemacht. Aber das war mir nicht so klar."*
Trainer als Interviewer:	*„Wie reagieren Sie denn darauf?"*
Protagonistin (im RT):	*„Ja gut, das war häufig so, dass die Vorträge ungünstig lagen. Ich habe halt eine vierjährige Tochter und da muss ich immer schauen, wie ich die unterkriege. Das hat natürlich Vorrang. Ich arbeite ja auch nur 60%. Da hab ich einfach nicht so viel Zeit wie sie."*
Trainer als Interviewer:	*„Das heißt, für Sie ist es manchmal schwierig, die Vorträge vorzubereiten, wegen Ihrer Arbeitszeit und wegen der Betreuung Ihrer Tochter."*
Protagonistin (im RT):	*„Ja, genau. Außerdem hatte ich ja vor der letzten Schulung Urlaub und deshalb konnte ich da nichts vorbereiten. Das hat Frau Lieb dann übernommen. Aber ich dachte, das wäre kein Problem für sie. Sie ist in der Materie ja ohnehin viel besser drin als ich."*
Trainer als Interviewer:	*„Wie reagieren Sie denn darauf, wenn Frau Lieb fordert, dass die Vorbereitung für die Vorträge demnächst gerecht aufgeteilt wird?"*
Protagonistin (im RT):	*„Das finde ich ja in Ordnung. Grundsätzlich machen wir das ja auch. Aber es kann halt immer mal was dazwischenkommen. Das kann man ja nie wissen. Und wenn meine Tochter krank wird, dann kann ich ja auch nichts machen. Dann muss Frau Lieb eben einen Teil übernehmen."*
Trainer zur Spielerin:	*„Haben Sie noch Fragen, damit Sie die Rolle spielen können?"*
Spielerin:	*„Nein."*
Trainer:	*„Gut, dann beenden wir das Interview von Frau Drücker. Tauschen Sie bitte wieder Ihre Plätze und Ihre Rollen."*

Die Protagonistin und die Spielerin tauschen wieder und nehmen ihre eigenen Plätze und ihre Rollen wieder ein.

* RT = Rollentausch

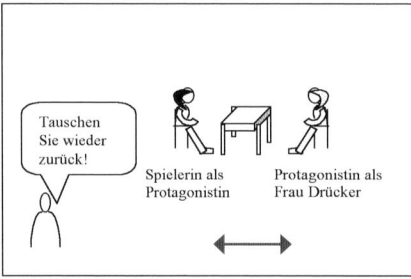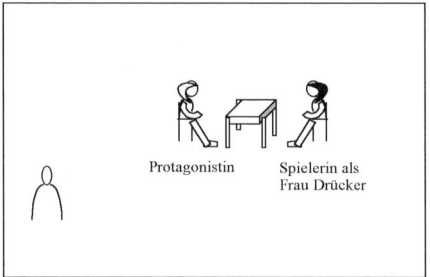

Abbildung: Nachdem die Protagonistin in der Rolle der Antagonistin, Frau Drücker, interviewt worden ist, ordnet der Trainer einen erneuten Rollentausch an (links), so dass sich beide wieder in ihren ursprünglichen Rollen befinden (rechts).

Die Protagonistin aufs Spiel einstimmen

Der Trainer bespricht mit der Protagonistin, welche Erfahrungen sie im Rollentausch gemacht hat und welche Konsequenzen dies für ihr Anliegen hat.

Trainer zur Protagonistin: *„Wie ging es Ihnen in der Rolle von Frau Drücker?"*

Protagonistin: *„Ich glaube, dass ihr das Problem noch gar nicht klar ist. Und dass es schwer wird, sie wirklich dazu zu bringen, dass sich was ändert."*

Trainer: *„An welcher Stelle könnte es schwer werden?"*

Protagonistin: *„Wenn ich eine richtige Absprache treffen will. Das will sie nicht. Da wird sie sich alles offen halten."*

Trainer: *„Was können Sie tun, damit die Absprache klar wird?"*

Protagonistin: *„Ich könnte sagen, dass ich will, dass wir bei der nächsten Schulung genau aufteilen, wer was macht und wir uns dann auch daran halten."*

Die Protagonistin schnauft schwer, so als sei es ihr sehr unangenehm, eine solche Forderung zu stellen.

Trainer: *„Und wenn Sie sich vorstellen, das so zu sagen, was löst das bei Ihnen aus?"*

Protagonistin: *„Na ja, angenehm ist mir das nicht gerade. Ich meine, ich kann ja auch verstehen, dass sie sich um ihr Kind kümmern muss. Wenn ihre Tochter krank wird, dann kann sie ja auch nichts machen."*

Trainer: *„Das wäre die Ausnahme, die Sie akzeptieren würden?"*

Protagonistin: *„Ja."*

Trainer:	*„Aber ansonsten möchten Sie, dass die Vorbereitung genau gleich aufgeteilt wird und sich beide daran halten."*
Protagonistin:	*„Genau."*
Trainer:	*„Gut. Wollen wir loslegen?"*
Protagonistin:	*„Ja."*
Trainer zur Spielerin:	*„Sie spielen Ihre Rolle aus dem Gefühl heraus und wenn Sie nicht weiter wissen, dann geben Sie mir ein Zeichen. Dann ordne ich einen Rollentausch an und Sie beide tauschen kurz die Plätze und die Rollen."*
Trainer zur Protagonistin:	*„Und falls Sie den Eindruck haben, dass Frau Drücker in Wirklichkeit ganz anders reagieren würde, dann geben Sie mir ebenfalls ein Zeichen. Auch dann machen wir einen Rollentausch. Es kann auch sein, dass ich einen Rollentausch anordne, damit Sie selbst spüren, wie Frau Drücker Sie erlebt. Alles klar?"*

Beide nicken.
Trainer an die Zuschauer: *„Sie möchte ich bitten, einfach aufmerksam zu sein, so dass Sie hinterher Feedback geben können."*

Nun ist die Vorbereitung abgeschlossen. Die Spielerin ist in die Rolle eingewiesen, die Protagonistin hat sich in die Antagonistin eingefühlt und die Erfahrungen aus dem Rollentausch reflektiert. Sie hat ein klares Gesprächsziel und ist ausreichend „erwärmt", um in das Spiel einzusteigen. Der Rollentausch als zentrales Element psychodramatischen Rollenspiels ist Protagonistin und Spielerin bekannt.

Das Rollenspiel durchführen und begleiten

Der Trainer wählt seine Position während des Rollenspiels so, dass er das Spiel gut sehen kann und insbesondere die Protagonistin gut im Blick hat. Er hält etwas Distanz zum Geschehen, befindet sich aber nah genug zur Protagonistin, um sie bei Bedarf unterstützend doppeln zu können, ohne allzu lange Wege zurücklegen zu müssen. Gleichzeitig achtet er darauf, dass er dem Publikum nicht im Weg steht.

Trainer zur Protagonistin:	*„O.K. Dann legen Sie los."*
Protagonistin:	*„Hallo, Frau Drücker."*
Spielerin (Fr. Drücker):	*„Hallo, Frau Lieb. Worum geht es denn?"*
Protagonistin (zögernd):	*„Ja, also, ich wollte mal über unsere gemeinsamen Vorträge sprechen. Demnächst haben wir ja wieder einen …"*
Spielerin (Fr. Drücker):	*„Ja, das ist ja immer gut gelaufen, nicht wahr?"*

Protagonistin (leise, zögernd): *„Ja, schon. Doch, das finde ich ja eigentlich auch. Allerdings war es ja beim letzten Mal so, dass Sie vorher noch in Urlaub mussten – das ist ja auch kein Problem. Es war halt nur so, dass ich dann doch ein bisschen was für Sie mit übernommen hatte."*

Hier spricht die Protagonistin den Konflikt an. Sie tut das in einer sehr unklaren, verwässerten Form, sowohl hinsichtlich der verbalen als auch hinsichtlich der nonverbalen Kommunikation: So sitzt sie nach vorne gebeugt, mit hängenden Schultern auf ihrem Stuhl, spricht mit leiser Stimme und schaut der Antagonistin nicht in die Augen. Der Leiter möchte deshalb erreichen, dass sie erlebt, wie sie auf ihre Gesprächspartnerin wirkt. Dazu ist der Rollentausch die geeignete Methode:

Trainer: *„Rollentausch."*

Die Spielerin und die Protagonistin schauen mich einen Moment überrascht an, wechseln dann jedoch die Plätze.

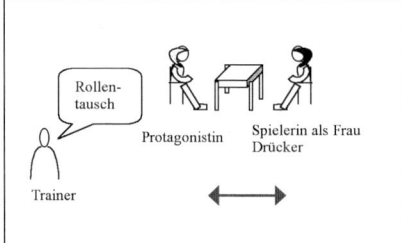 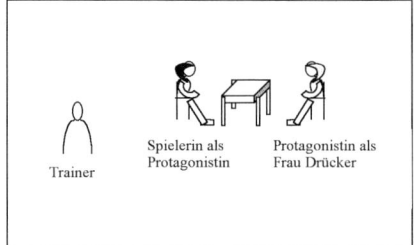

Abbildung: Der Rollentausch ist die wichtigste Intervention im psychodramatischen Rollenspiel. Er wird eingesetzt, damit die Protagonistin ihre Wirkung auf ihre Interaktionspartner erlebt.

Trainer zur Spielerin: *„Wiederholen Sie als Frau Lieb noch mal den letzten Satz und zwar genau so, wie Frau Lieb das gesagt hat."*
Spielerin (als Protagonistin): *„Äh. Oh je, wie war das jetzt noch mal?"*

Es kommt häufig vor, dass die Rollenspielerin am Anfang damit überfordert ist, in den Rollentausch einzusteigen. Dann kann der Trainer eine entsprechende Regie-Anweisung geben, um das Spiel wieder ins Laufen zu bringen und selbst noch einmal die letzten Worte der Protagonistin wiederholen:

Trainer (Protagonistin):   *„Kein Problem, ich mach's grad noch mal vor: (Trainer spricht ähnlich wie die Protagonistin zuvor): ‚Ich finde die Zusammenarbeit ja auch gut. Es war halt nur beim letzten Mal so, dass Sie vorher noch in Urlaub mussten und ich dann noch ein bisschen was für Sie mit übernommen hatte'.“*

Spielerin als Protagonistin: *„Ach, genau. Ich finde die Zusammenarbeit ja auch gut ...“*
                             (wiederholt ebenfalls in ähnlicher Weise die Aussage der Protagonistin)

Protagonistin (als Frau Drücker): *„Ja, da wollte ich Ihnen auch noch mal vielen Dank dafür sagen. Das ist wirklich prima, dass Sie das gemacht haben.“*

An dieser Stelle schlüpft der Trainer wieder in die Rolle des Interviewers und befragt die Protagonistin in der Rolle von Frau Drücker nach ihrer inneren Reaktion auf das Gehörte, damit die Protagonistin ihre eigene Wirkung auf die Interaktionspartnerin reflektieren kann.

Trainer als Interviewer: *„Frau Drücker, wie reagieren Sie denn innerlich auf das Gesagte? Kommt das Anliegen von Frau Lieb bei Ihnen an?“*

Protagonistin (als Frau Drücker): *„Nee. Das kommt nicht an. Ich weiß gar nicht, was sie will. Ich bin irritiert.“*

Trainer als Interviewer: *„Sagen Sie das mal zu Frau Lieb.“*

Protagonistin (Frau Drücker): *„Ich weiß gar nicht, was Sie jetzt von mir wollen, Frau Lieb.“*

Trainer: *„Rollentausch.“*

Nachdem der Trainer exploriert hat, wie die Protagonistin in der Rolle der Antagonistin gefühlsmäßig reagiert und eine direkte Kommunikation wieder hergestellt hat, ordnet er also einen erneuten Rollentausch an, so dass die Protagonistin in ihrer eigenen Rolle auf das Gesagte reagieren kann.

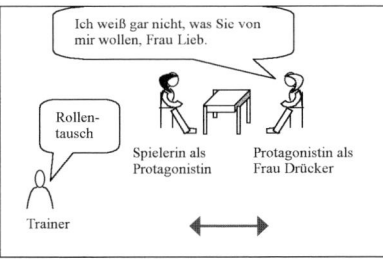 

Abbildung: Nachdem die Protagonistin in der Rolle der Antagonistin, Frau Drücker, reagiert hat, ordnet der Trainer einen erneuten Rollentausch an (links), so dass sich beide wieder in ihren ursprünglichen Rollen befinden (rechts).

Trainer zur Spielerin:	*„Bitte noch mal den letzten Satz so wie eben."*
Spielerin (Fr. Drücker):	*„Ich weiß gar nicht, was Sie jetzt von mir wollen, Frau Lieb."*
Protagonistin:	*„Ich wünsch' mir halt, dass wir das gerecht aufteilen mit der Vorbereitung."*
Spielerin (Fr. Drücker):	*„Aber das haben wir doch schon immer gemacht. Es war jetzt halt mal was dazwischengekommen. Mit dem Urlaub, das war halt mal eine Ausnahme. Und wenn mit meiner Tochter was ist, dann kann ich ja auch nichts machen. Ich hab' halt Familie."*
Protagonistin:	*„Ja klar, das kann ich ja auch verstehen ... hm ..."*

Die Protagonistin gerät ins Stocken, wirkt nachdenklich und hält sich eine Hand vor den Mund. Es scheint, als gingen ihr verschiedene Gedanken durch den Kopf, die sie nicht verbalisiert. Der Trainer weist sie deshalb an, einen inneren Monolog zu führen:

Trainer:	*„Denken Sie mal laut."*
Protagonistin:	*„Ich komme einfach nicht weiter."*

Abbildung: Als die Protagonistin ins Stocken gerät, fordert der Leiter sie auf, einen inneren Monolog zu führen.

Die Protagonistin fühlt sich offensichtlich blockiert. Der Trainer unterstützt sie dabei, diese Blockade zu überwinden, indem er ihr Satzanfänge anbietet, die an den Impulsen der Protagonistin ansetzen. Diese Technik ist eine Variante des Unterstützenden Doppelns.

Trainer:	*„Am liebsten würde ich ..."*
Protagonistin:	*„Am liebsten würde ich ihr sagen, dass ich die Schnauze voll hab' von der Zusammenarbeit."*
Trainer:	*„weil ..."*
Protagonistin:	*„Weil ständig was dazwischenkommt und ich dann für sie mitarbeiten muss."*

Die Protagonistin stockt wieder und hält sich erneut die Hand vor den Mund. Der Trainer exploriert daraufhin mittels Unterstützendem Doppeln auch die Hemmung der Protagonistin, ihre Gefühle zu verbalisieren.

Trainer: *„Aber das sag ich lieber nicht, weil ...“*

Protagonistin: *„Weil ich sie nicht vor den Kopf stoßen möchte. Und weil ich ja eigentlich auch sehr gerne mit ihr zusammenarbeite. Aber eben nur, wenn sie dann auch ihre Arbeit übernimmt.“*

Die Protagonistin artikuliert nun direkt ihre Ambivalenz, in der sie bislang gefangen bleibt. Der Trainer macht ihr den Vorschlag, beide Seiten der Ambivalenz im Gespräch zu verbalisieren und dadurch wieder handlungsfähig zu werden.

Trainer: *„Dann schlage ich vor, dass Sie ihr beides sagen: Dass sie einerseits gerne mit ihr arbeiten und dass Sie andererseits mit der Arbeitsaufteilung unzufrieden sind.“*

Protagonistin (zögert): *„Puh, da tue ich mir jetzt schwer.“*

Die Protagonistin gerät erneut ins Stocken. Offensichtlich ist sie im Moment nicht in der Lage, ihre ambivalenten Gefühle zu verbalisieren. Um sie beim Ausdruck ihrer Gefühle und Bedürfnisse zu unterstützen, setzt der Trainer wiederum das Doppeln ein. Hier bietet er nicht nur Halbsätze an, welche die Protagonistin dann beendet, sondern er begibt sich neben die Protagonistin, nimmt idealerweise eine ähnliche Körperhaltung ein wie sie – etwa indem er sich neben sie in die Hocke setzt – und verbalisiert die Bedürfnisse und Gefühle, welche er bei der Protagonistin spürt.

Trainer (doppelt): *„Frau Drücker, ich arbeite grundsätzlich gerne mit Ihnen zusammen und mir liegt viel an einer guten Zusammenarbeit mit ihnen. Stimmt das?“*

Protagonistin: *„Ja.“*

Abbildung: Der Trainer doppelt die Protagonistin. Er spricht jene Gefühle und Bedürfnisse aus, die er bei der Protagonistin wahrnimmt, welche diese jedoch nicht verbalisiert (links). Dann fragt er die Protagonistin, ob die Äußerung für sie stimmig ist (rechts).

Es ist wichtig, dass der Trainer nach jeder gedoppelten Äußerung die Zustimmung der Protagonistin einholt und sich gegebenenfalls korrigieren lässt. Hilfreich ist es, wenn er dabei schrittweise vorgeht und in „kleinen Dosen" doppelt.

Trainer (doppelt):	*„Nur mit der Vorbereitung der Vorträge bin ich unzufrieden. Ich ärgere mich, weil der Großteil der Vorbereitung jedes Mal an mir hängen geblieben ist. Stimmt das?"*
Protagonistin:	*„Na ja, nicht jedes Mal, aber meistens ist der Großteil an mir hängen geblieben."*
Trainer (doppelt):	*„Und für die Zukunft möchte ich, dass wir den Lehrstoff gerecht aufteilen und es dabei dann auch bleibt. Stimmt das?"*
Protagonistin:	*„Ja. Die einzige Ausnahme wäre, wenn das Kind krank ist. Aber wenn sie sich nicht vorbereiten kann, dann möchte ich die Vorträge auch alleine halten."*
Trainer:	*„O.K. Dann sagen Sie es noch mal in Ihren Worten."*
Protagonistin:	*„Alles?"*
Trainer:	*„Ja. Nehmen Sie sich ruhig einen Moment Zeit. Nehmen Sie eine Haltung ein, in der Sie sich gut fühlen."*

Der Trainer geht aus der Doppel-Position zurück in die Beobachter-Position. Er möchte nun der Protagonistin die Gelegenheit geben, die Arbeit gut abschließen zu können. Deshalb weist er die Rollenspielerin an:

Trainer zur Spielerin:	*„Sie hören jetzt nur zu und entgegnen nichts mehr."*
Protagonistin:	*„Ja, ich arbeite wirklich gerne mit Ihnen zusammen, Frau Drücker. Aber was mich gestört hat, war, dass ich bei den Vorträgen meistens den Haupt-Anteil der Vorbereitung übernehmen musste. Ich sehe ja ein, dass Sie nichts machen können, wenn Ihre Tochter krank ist. Aber wenn Sie nichts vorbereiten können, dann möchte ich den Vortrag auch lieber alleine halten."*

Der Trainer beobachtet die Protagonistin. Sie wirkt dieses Mal in ihrer Aussage wesentlich klarer als am Anfang. So spricht sie laut und bestimmt und schaut der Antagonistin in die Augen. Der Trainer hat daher den Eindruck, dass sich die Arbeit mit dieser Szene abschließen lässt. Er überprüft diese Vermutung, indem er die Protagonistin nach ihrem Befinden fragt.

Trainer:	*„Wie geht's Ihnen jetzt?"*
Protagonistin:	*„Gut. Immer noch ein bisschen aufgeregt, aber so kann ich das sagen."*
Trainer:	*„Können wir es damit abschließen?"*
Protagonistin:	*„Ja."*
Trainer:	*„Dann beenden wir jetzt die Szene und setzen uns zur Auswertung im Kreis zusammen."*

Der Tisch und die Stühle, die beim Rollenspiel verwendet wurden, werden an den Rand gestellt, so dass genügend Platz entsteht, um sich im Kreis zusammenzusetzen.

Hinweise

► Die wichtigste psychodramatische Interventionstechnik ist der Rollentausch. Dieser wird in jedem psychodramatischen Rollenspiel eingesetzt. Alle weiteren Techniken (Innerer Monolog, Doppeln etc.) können, wenn sie stimmig eingesetzt werden, zu einer wesentlichen Vertiefung und Intensivierung der Fallarbeit führen. Um sie zu beherrschen, benötigt man allerdings eine entsprechende Ausbildung.

Rollentausch

► Falls der Trainer sich noch unsicher mit psychodramatischen Interventionstechniken wie dem Inneren Monolog oder dem Doppeln fühlt, kann er dennoch ein psychodramatisches Rollenspiel anleiten und ausschließlich mit der Methode des Rollentauschs arbeiten. Auch dann wird der Protagonist einiges über seine Wirkung auf die Interaktionspartner und seine eigenen Anteile am Konflikt lernen können.

► Oft kann es hilfreich sein, den Protagonisten nach der Auswertung, in der er in der Regel einige Hinweise und Anregungen bekommt, die Situation ein zweites Mal spielen zu lassen. Alternativ dazu kann man auch einen oder mehrere andere Teilnehmer die Situation spielen lassen, so dass der Protagonist von außen zuschauen kann und sich dadurch Anregungen holt.

Lassen Sie die Situation evtl. ein zweites Mal spielen

In dem beschriebenen Beispiel ist beides nicht nötig, weil es der Protagonistin mit Unterstützung des Trainers direkt gelingt, ihr Verhalten zu verändern.

4.   Auswertung des Psychodramatischen Rollenspiels

In der Auswertung der Fallarbeit geht es darum, das zuvor in der methodischen Bearbeitung Erlebte zu reflektieren, kognitiv zu verarbeiten und zu integrieren. Rückmeldungen, Anregungen und ähnliche Erfahrungen anderer Gruppenteilnehmer haben hier ihren Platz. Dadurch wird die Gruppe nach der methodischen Bearbeitung, die oft eher auf den Protagonisten zugeschnitten ist, wieder miteinbezogen. Zugleich wird der Protagonist wieder in die Gruppe integriert.

161

Rollen-Feedback Der erste Schritt der Auswertung beim psychodramatischen Rollenspiel ist das Rollen-Feedback. Hier schildern die Rollenspieler ihre Gefühle und Eindrücke in ihrer Rolle und geben dem Protagonisten eine Rückmeldung darüber, wie er auf sie gewirkt hat. Es ist dabei nicht die Aufgabe des Rollenspielers, dem Protagonisten Ratschläge oder Tipps zu geben. Ebenso wenig erwünscht ist eine Bewertung des Protagonisten. Es gelten die allgemeinen Feedback-Regeln (siehe S. 236).

Trainer zur Spielerin: *„Als Erstes möchte ich Sie bitten, Frau Lieb eine Rückmeldung darüber zu geben, wie Sie sich in der Rolle der Frau Drücker gefühlt haben."*

Spielerin: *„Anfangs war ich etwas irritiert, weil ich nicht genau wusste, was Frau Lieb eigentlich von mir wollte."*

Feedback soll direkt an die Person gerichtet werden, auf die es sich bezieht. Deshalb interveniert der Trainer:

Trainer zur Spielerin: *„Bitte sagen Sie es Frau Lieb direkt."*

Spielerin: *„Anfangs wusste ich nicht genau, was Sie von mir wollten. Ich habe zwar gemerkt, dass Sie irgendwie unzufrieden waren, aber es war für mich nicht greifbar, was Sie wollen. Zum Schluss kam das klar rüber. Aber es war auch in Ordnung. Ich fand das jetzt nicht aggressiv oder beleidigend oder so."*

Der Rollenspieler wird „entrollt" Nach dem Rollen-Feedback muss der Trainer dafür sorgen, dass der Rollenspieler „entrollt" wird, also aus der Rolle entlassen wird. Sonst kann es passieren, dass Aspekte der Rolle an der Person „haften" bleiben.

Trainer: *„Dann möchte ich Sie gerne aus der Rolle entlassen. Danke, dass Sie die Rolle übernommen haben. Sie sind jetzt nicht mehr Frau Drücker. Sie sind jetzt wieder Frau Anders."*

Sharing Der zweite Schritt ist das so genannte „Sharing". Das Sharing ist eine spezifisch psychodramatische Form der Auswertung. Hierbei teilen die Gruppenmitglieder eigene Erfahrungen mit, die jenen des Protagonisten ähneln. Dadurch erhält der Protagonist zum einen das Feedback, dass er sein Problem nicht als Einziger hat. Zugleich erhalten die anderen Teilnehmer die Gelegenheit, das Miterlebte auf eigene Erfahrungen und Situationen zu übertragen. *„Im nächsten Schritt geht die Frage an alle: Welche ähnlichen Situationen kennen Sie? Welche ähnlichen Erfahrungen haben Sie selbst gemacht? Und was von dem, was Sie beobachtet haben, kennen Sie von sich selbst? Welche Gedanken und Gefühle können Sie mit Frau Lieb teilen?"*

Da die Gruppe hier zögerlich ist, fungiert der Trainer als Modell und bringt selbst ein Sharing ein: *„Was ich von mir kenne, ist, dass es mir gerade bei Menschen, zu denen ich ein gutes Arbeitsverhältnis habe, schwer fällt, Kritik zu äußern und klare Forderungen zu stellen.“*

In der Folge äußern sich mehrere Teilnehmer in ähnlicher Weise. Einige merken an, dass auch sie dazu neigen, Konflikte unter den Teppich zu kehren, um die Kollegen nicht vor den Kopf zu stoßen. Andere teilen den Ärger über die Anerkennung für die Bewältigung eines Projektes, die auch jene bekommen, die kaum etwas dafür geleistet haben. Einige Frauen äußern die Vermutung, dass es ein typisches „Frauenproblem" sei, sich mit dem Thema „Abgrenzung" schwer zu tun, auf sie selbst treffe dies jedenfalls auch zu.
Das Sharing wirkt emotional stützend auf die Protagonistin. Sie hat viel von sich gezeigt und sich gewissermaßen vor den anderen „entblößt". Durch das Sharing wird sie wieder „angezogen" und in die Gruppe integriert, denn sie erfährt, dass sie mit ihrem Problem nicht alleine dasteht.

Der dritte und letzte Schritt der Auswertung ist das „Beobachter-Feedback". Hier geht es darum, die Gruppe als Quelle für Rückmeldungen zu nutzen. Erwünscht sind Beobachtungen, welche die Zuschauer gemacht haben. Unerwünscht sind auch hier wieder Bewertungen des Verhaltens der Protagonistin oder Ratschläge, was sie machen sollte. Wiederum sind also die Feedback-Regeln zu beachten (siehe S. 236). *„Nun geht die Frage an alle, die zugeschaut haben: Was ist Ihnen aufgefallen? Was haben Sie beobachtet? Hilfreich ist es, wenn Sie einfach Ihre Wahrnehmungen schildern, und zwar möglichst ohne zu bewerten und ohne Ratschläge zu geben. Es gelten also die gleichen Feedback-Regeln, die Sie gestern kennen gelernt haben. Für Sie als Feedback-Nehmende, Frau Lieb, heißt es: Nur zuhören und wirken lassen.“*

Beobachter-Feedback

Hilfreich sind beispielsweise folgende Feedbacks der Teilnehmer:
▶ *„Mir ist aufgefallen, dass Sie am Anfang sehr leise gesprochen haben. Das hat sich dann am Ende geändert, da waren Sie viel besser zu verstehen.“*
▶ *„Am Anfang saßen Sie ganz zusammengesunken da und hatten Ihre Arme verschränkt. Nachher saßen Sie aufrechter da und haben auch mit Ihren Händen gesprochen.“*

163

> ▶ „Ich hätte mich an Stelle der Kollegin nicht angegriffen gefühlt, auch zum Schluss nicht. Ich finde, Sie sind immer freundlich geblieben, auch als Sie Kritik geäußert haben."

Achtung bei abwertenden Äußerungen oder Ratschlägen

Oft gibt es jedoch auch bewertende oder gar abwertende Äußerungen, die nicht hilfreich sind. Ebenfalls problematisch sind Ratschläge, weil sie der Protagonistin das Gefühl vermitteln, dass sie es nicht „richtig" gemacht hat. Ein Beispiel: *„Sie sind einfach viel zu nett. Sie vertreten ja überhaupt nicht Ihre Meinung. Bei solchen Leuten, die einen ausnutzen, muss man ganz anders auftreten. Da müssen Sie einfach tougher werden."*

Bei solch einer Äußerung muss der Trainer seine Schutzfunktion gegenüber der Protagonistin wahrnehmen und sofort intervenieren. Die Protagonistin hat viel von sich offenbart und darf auf keinen Fall dafür „abgewatscht" werden. Wenn der Trainer dies zulässt, wird sich im weiteren Seminarverlauf kaum noch ein Teilnehmer trauen, etwas von sich zu zeigen. Trainer: *„Stopp. Keine Bewertungen oder Ratschläge. Das ist nichts, was die Protagonistin jetzt gebrauchen kann. Die Frage ist nicht: ,Wie bewerte ich das Verhalten der Protagonistin?' oder ,Was sollte sie besser machen?', sondern: ,Was habe ich wahrgenommen? Was ist mir aufgefallen?'"*

Natürlich weist der Trainer damit jene Teilnehmer, die ein bewertendes Feedback geben, deutlich in die Schranken. Aber das ist auch notwendig, gerade, wenn es in dem Spiel der Protagonistin um das Thema „Abgrenzung" ging.

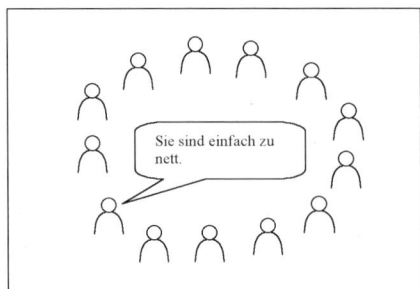 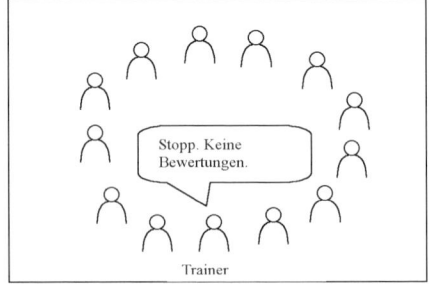

Abbildung: Bei der Auswertung achtet der Trainer darauf, dass der Protagonist nicht durch bewertende Feedbacks verletzt oder durch „gute Ratschläge" bevormundet wird. Er sorgt für den Schutz des Protagonisten.

Abschließend kann der Trainer noch ein Feedback geben, falls wichtige Aspekte noch nicht genannt wurden.

Trainer-Feedback und Fazit des Protagonisten

Die letzte Frage geht an die Protagonistin. Sie soll die Gelegenheit erhalten, ein Fazit zu ziehen oder sich, wie hier, bei den anderen Gruppenteilnehmern für ihre Unterstützung zu bedanken. Trainer: *„Sie haben das letzte Wort. Möchten Sie noch etwas sagen?"* Protagonistin: *„Danke."*

5. Ergebnissicherung

In der abschließenden fünften Phase geht es darum, die an dem individuellen Fall gewonnenen Erkenntnisse zu abstrahieren. Hier sollen allgemein gültige Schlüsse gezogen werden, die den Teilnehmern helfen, ähnlich gelagerte Kommunikations-Situationen auf der Basis der in der Praxisberatung gemachten Erfahrungen besser zu bewältigen. *„Ich möchte gerne noch einen Schritt weitergehen. Die Frage ist ja: Was haben wir nun aus diesem Fall gelernt? Welche Schlüsse können wir aus diesem konkreten Praxisfall ziehen, die wir dann in ähnlichen eigenen Situationen anwenden können? Das möchte ich gerne mit Ihnen zusammentragen."*

Es werden allgemein gültige Schlüsse gezogen

Abbildung: Zur Ergebnissicherung sammelt der Trainer die Lernerfahrungen, welche die Teilnehmer aus der ersten Fallarbeit ableiten.

> **Lernerfahrungen aus der 1. Praxisberatung**
>
> - Bei Konflikten dem Gesprächspartner in die Augen schauen
> - Offene, aufrechte Körperhaltung
> - Klar und deutlich sprechen
> - Positives und Kritisches ansprechen
> - Sich vorher klar machen, was man erreichen will
> - Sich in Gesprächspartner hineinversetzen

Der Trainer stellt sich ans Flip-Chart und schreibt die Überschrift „Lernerfahrungen aus der ersten Praxisberatung" aufs Papier. Die Antworten notiert der Trainer, eine Fotografie des Plakates wird dem Protokoll beigefügt.

Literatur

Eine Einführung in die unterschiedlichen Methoden der Praxisberatung finden Sie in den folgenden Büchern:
▶ Benien, Karl: Beratung in Aktion. Windmühle, Hamburg, 2003
▶ Schulz von Thun, Friedemann: Praxisberatung in Gruppen. Beltz, Weinheim; Basel, 1996

In folgenden Büchern finden sich weitere Hinweise zum Einsatz psychodramatischer Methoden im betrieblichen Kontext:
▶ Benien, Karl: Beratung in Aktion. Windmühle, Hamburg, 2003
▶ Bosselmann, Rainer; Lüffe-Leonhardt, Eva & Gellert, Manfred: Variationen des Psychodramas. Ein Praxis-Handbuch. Limmer, Meezen, 1993
▶ Brenner, Inge; Clausing, Hanno; Kura, Monika: Das pädagogische Rollenspiel in der betrieblichen Praxis. Windmühle, Hamburg, 1996
▶ von Ameln, Falko; Gerstmann, Ruth & Kramer, Josef: Psychodrama. Springer Verlag, Berlin; Heidelberg, 2004

12.30 Uhr Mittagessen

Aktives Zuhören – Übung ‚Stille Post' — 13.30 Uhr

Ziele:

▶ Die Teilnehmer erleben die Selektivität der Wahrnehmung.

▶ Sie erfahren die Notwendigkeit Aktiven Zuhörens.

Zeit:

▶ 20 Minuten (15 Min., 5 Min. Puffer)

Material:

▶ Einen „Erzähler-Stuhl" und einen „Zuhörer-Stuhl" – beide Stühle sind mit einer beschrifteten, angeklebten Moderationskarte entsprechend gekennzeichnet

▶ Eine kurze Geschichte mit komplexem Inhalt, z.B. „Pekunia"

Überblick:

▶ Bis auf einen Teilnehmer und den Trainer verlassen alle den Raum.

▶ Der Trainer liest dem im Raum verbliebenen Teilnehmer eine Geschichte vor, die sich dieser einprägen soll.

▶ Die Geschichte wird nun von einem Teilnehmer zum nächsten mündlich weitergegeben.

▶ Nachdem der letzte Teilnehmer die, meist stark verkürzte und veränderte, Geschichte erzählt hat, liest der Trainer die Originalversion allen Teilnehmern noch einmal vor.

▶ Frage zur Auswertung: *„Was ist hier passiert?"*

Erläuterungen

Das Aktive Zuhören ist *die* zentrale Gesprächsführungstechnik, die auf der Empfängerseite der Kommunikation eingesetzt werden kann, um die Kommunikation zu verbessern. Die Technik wurde von Carl Rogers, dem Begründer der Gesprächspsychotherapie, entwickelt. Seine Grundannahme war es, dass der Klient durch die Empathie und Akzeptanz des Therapeuten, die sich in dem Verbalisieren seiner Gefühle und Bedürfnisse manifestiert, lernt, sich selbst zu akzeptieren und zu verwirklichen.

Die zentrale Gesprächsführungstechnik auf Empfängerseite

167

In der Folge wurde die Bedeutung des Aktiven Zuhörens für Pädagogik und Führung (Gordon 1972, 1977) und die zwischenmenschliche Kommunikation im Allgemeinen (Schulz von Thun 1981) erkannt, wobei unter Aktivem Zuhören im weiteren Sinn neben dem Verbalisieren von Gefühlen und Bedürfnissen des Gesprächspartners auch das sachliche Zusammenfassen und gezielte Nachfragen verstanden wird.

So verstanden ist das Aktive Zuhören heute eine zentrale Gesprächsführungskompetenz, die einen wichtigen Platz in jedem Kommunikationstraining hat.

Als Einleitung zum Thema bietet sich eine Übung an, die auf ebenso spielerische wie eindrucksvolle Weise demonstriert, welch fatale Auswirkung das Fehlen jeglichen Aktiven Zuhörens, also auch des Nachfragens und sachlichen Zusammenfassens, in der Kommunikation hat.

Abbildung: Raumaufbau bei der Übung „Stille Post". Der Trainer liest einem Teilnehmer eine Geschichte vor. Dieser darf keine Fragen stellen und erzählt die Geschichte anschließend dem nächsten Teilnehmer weiter. So wird die Geschichte von einem zum anderen Teilnehmer weitergegeben.

Vorgehen

„Wir steigen ein mit einer Übung. Dazu möchte ich Sie bitten, dass nur einer hier bleibt und alle anderen nach draußen gehen. Ich hole Sie dann gleich nacheinander herein."

Wenn alle Teilnehmer bis auf eine Person den Raum verlassen haben, stellt der Trainer den „Erzähler-" und den „Zuhörer-Stuhl" auf. Er erklärt dem Teilnehmer die Übung. *„Nehmen Sie bitte auf diesem Stuhl Platz."* Der Trainer deutet auf den Zuhörer-Stuhl und lässt den Teilnehmer dort Platz nehmen. Er selbst setzt sich auf den Erzähler-Stuhl.

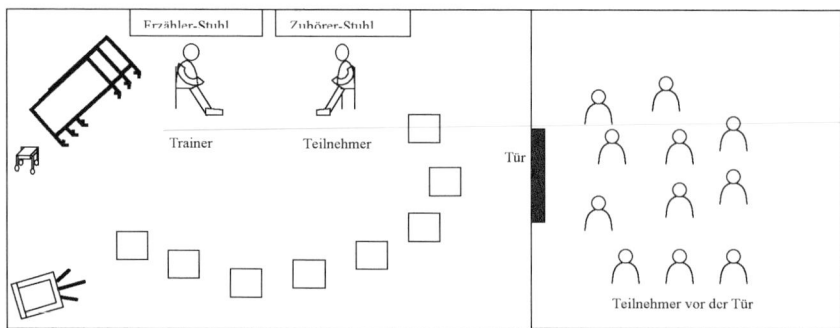

„Ich lese Ihnen nun eine Geschichte vor. Sie merken sich die Geschichte und erzählen Sie dann dem Nächsten weiter. Dabei ist es nicht erlaubt, Fragen zu stellen. Die Geschichte lautet folgendermaßen: ‚Der Küchenjunge des internationalen Finanzdienstleistungsunternehmens ‚Pekunia' mit dem Namen Friedrich Freudenstein wurde geknebelt und an eine Nudelmaschine gefesselt von seinem Vorgesetzten aufgefunden. Der Küchenjunge sagte aus, dass sechs ihm unbekannte Männer in langen Mänteln und mit schwarzen Hüten ihn überfallen und eine Psychodroge in den Zitronenpudding gemischt hätten. Dies habe zur Folge, dass bei allen Mitarbeitern, die den Zitronenpudding konsumieren, Bewusstseinsveränderungen erzeugt würden, die dazu führten, dass sie allen Kunden sofort einen Blankoscheck aushändigten. Es wird vermutet, dass die sechs Männer sich unter die Kunden mischen, um so das Finanzdienstleistungsunternehmen zu betrügen.'"

Nachdem der Trainer die Geschichte zu Ende erzählt hat, bittet er den Teilnehmer, den Stuhl zu wechseln und sich auf den „Erzähler-Stuhl" zu setzen. Dann holt er den nächsten Teilnehmer.

Diesen fordert er auf, sich auf den „Zuhörer-Stuhl" zu setzen und instruiert die Übung: *„Sie bekommen nun eine Geschichte erzählt und versuchen, sich den Inhalt zu merken. Sie können keine Fragen stellen, nur still zuhören. Anschließend wechseln Sie den Stuhl und erzählen die Geschichte dem Nächsten weiter."*

Nachdem die Geschichte zu Ende ist, kann der Erzähler im Stuhlkreis seinen Platz einnehmen, der Zuhörer wechselt auf den Erzähler-Stuhl.

Nach diesem Muster verläuft die Übung, bis der letzte Teilnehmer die Geschichte erzählt bekommen hat. Diesen fordert der Trainer auf: *„Nun nehmen Sie bitte auf dem Erzähler-Stuhl Platz. Erzählen Sie bitte die Geschichte so, wie Sie sie in Erinnerung haben."*

In der Regel hat sich die Geschichte bis zu diesem Zeitpunkt drastisch verkürzt und verändert. Dann stellt der Trainer die Ursprungsversion noch einmal vor, um den Kontrast zu der mündlich weitergegebenen Variante für alle nachvollziehbar zu machen:

„Ich lese Ihnen jetzt mal die Originalversion der Geschichte vor."
(s.o.) Anschließend leitet der Trainer die Auswertung an: *„Was ist hier passiert?"*

Die Teilnehmer tragen nun zusammen, was sich verändert hat. In der Regel sind folgende Aspekte zu beobachten:

▶ Die Geschichte ist erheblich kürzer geworden. Viele Informationen wurden nicht weitergegeben.
▶ Es gibt mehrere Details, die verändert und verfälscht worden sind.
▶ Neues wurde hinzugefügt. Lücken und Ungereimtheiten werden geschlossen, indem einzelne Personen etwas hinzufügten, was aus ihrer Sicht Sinn machte („Konfabulieren").

Bei Bedarf ergänzt der Trainer einen der Aspekte. Häufig werden auch Parallelen zur Entstehung von Gerüchten im (betrieblichen) Alltag gezogen. In der Regel sind die Teilnehmer beeindruckt von dem Ausmaß der Informationsveränderung und -verfälschung.

Hinweis

Sollten die Teilnehmer die Frage thematisieren, wer dafür verant-wortlich („schuld") ist, dass so viele Informationen verloren gingen – sei es, dass sie sich selbst oder andere dafür zur Verantwortung ziehen, so betont der Trainer, dass dies nicht die Fragestellung ist. Vielmehr zeigt die Übung ein allgemein-menschliches Phänomen.

Variante

Der Trainer kann die Gruppe auch in zwei Halbgruppen unter-teilen, die jeweils unterschiedliche Anweisungen bekommen. Die erste Halbgruppe darf nachfragen, zusammenfassen und Details wiederholen. Die zweite Hälfte der Gruppe darf dies nicht. So kann am Ende verglichen werden, welchen Unterschied Nachfragen und Aktives Zuhören für das Erinnern von Informationen ausmachen. Dabei muss der Trainer allerdings entweder zwei unterschiedliche Geschichten einsetzen, oder er nimmt die letzte Version beider Halbgruppe jeweils auf Band auf, so dass am Ende beide miteinan-der – und mit der Originalgeschichte – verglichen werden können.

Aktives Zuhören – Input   13.50 Uhr

Ziele:
► Teilnehmer kennen die verschiedenen Stufen des Aktiven Zuhörens.

Zeit:
► 10 Minuten (5 Min, 5 Min. Puffer)

Material:
► Flip-Chart „Aktives Zuhören", angepinnt auf einer Pinwand
► Vorbereitete Moderationskarten, Pins

Überblick:
► Frage: *„Angesichts der Selektivität unserer Wahrnehmung, was können wir auf der Empfängerseite tun, um die Kommunikation zu verbessern?"*
► Präsentation der drei Stufen des Aktiven Zuhörens am Flip-Chart. Karten anpinnen.
► Erläuterung der dritten Stufe anhand zweier Reaktionen auf die Äußerung *„Kannst Du nichts für Dich behalten?"*
► Aktives Zuhören ist hilfreich, um mit Kritik konstruktiv umzugehen.

Vorgehen

Der Input schließt sich direkt an die Übung „Stille Post an". *„Die Übung zeigt, wie begrenzt unsere Fähigkeit ist, Informationen aufzunehmen. Meistens denken wir, dass wir alles verstanden hätten, dabei haben wir manches nicht mitbekommen oder nur durch unsere spezifische Brille wahrgenommen. Die Frage ist nun: Angesichts der Selektivität unserer Wahrnehmung, was können wir tun, um unsere Fähigkeit, zuzuhören, zu verbessern. Was können wir also auf der Empfängerseite tun, um die Kommunikation zu verbessern?"*

Die Teilnehmer schlagen häufig folgende Aspekte vor:
► Fragen stellen bzw. nachfragen
► Mitschreiben, um alle wichtigen Informationen zu erfassen
► Zusammenfassen

Der Trainer lässt Gelegenheit, damit sich möglichst viele Teilnehmer äußern können. Schließlich greift er jene Beiträge auf, die sich auf das Aktive Zuhören beziehen. Zum Beispiel: *„Genau, es ist wichtig, nachzufragen und zentrale Aussagen mit eigenen Worten zusammenzufassen. Das – unter anderem – nennt man ‚Aktives Zuhören‘."* Der Trainer präsentiert das Flip-Chart „Aktives Zuhören", welches er an einer Pinwand angepinnt hat.

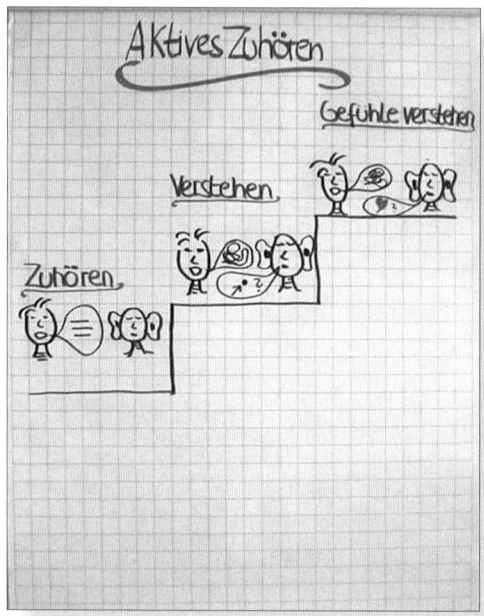

Abbildung: Das Flip-Chart „Aktives Zuhören" ist an einer Pinwand angepinnt. Die Moderationskarten, welche die drei Stufen des Aktiven Zuhörens erläutern, werden erst im Laufe der Präsentation angepinnt.

Aufmerksames Zuhören

„Das ‚Aktive Zuhören‘ ist die zentrale Technik, die ich auf der Empfängerseite der Kommunikation einsetzen kann, um die Verständigung zu verbessern, und zwar auf der Sach- wie auf der Beziehungsebene. Die erste Stufe ist im Grunde etwas Selbstverständliches. Ich höre dem Gesprächspartner aufmerksam zu und signalisiere ihm das durch Blickkontakt, durch Nicken oder durch Laute wie ‚mhm‘, ‚ja‘, ‚ah‘ – das so genannte ‚soziale Grunzen‘."

Den Kern des Gehörten zusammenfassen

Der Trainer pinnt, wie bei den weiteren Stufen des Aktiven Zuhörens auch, die entsprechenden Karten an. *„Zweitens geht es darum, zu überprüfen, ob ich das Gehörte inhaltlich richtig verstanden habe. Hier fasse ich den Kern des Gehörten in eigenen Worten zusammen. Das dient nicht nur meinem Verständnis. Es hilft auch dem Gesprächspartner, seine Gedanken zu klären. Ich helfe ihm, auf den Punkt zu kommen.*

Drittens – und das ist die Königsstufe des Aktiven Zuhörens – geht es darum, die Gefühle und Bedürfnisse des anderen zu verstehen und widerzuspiegeln. Das ist vor allem in schwierigen Gesprächen, etwa wenn es Spannungen gibt, wenn es um Kritik oder Beschwerden geht, sehr hilfreich, wenn ich das Gespräch konstruktiv gestalten will."

Die Gefühle des anderen widerspiegeln

Abbildung: Das fertige Flip-Chart „Aktives Zuhören" mit den angepinnten Moderationskarten, welche die drei Stufen des Aktiven Zuhörens erläutern.

„Dazu ein Beispiel, das wir heute Morgen beim Thema ‚Ich- und Du-Botschaften' schon mal hatten: Mein Kollege, nennen wir ihn Helmut Heimlich, hat mir etwas anvertraut. Mir war nicht klar, dass ich das für mich behalten sollte und ich habe anderen Kollegen davon erzählt. Nun ist Helmut sehr verärgert und sagt mir das sehr deutlich mit den Worten: ‚Sag mal, warum musstest Du das denn weitererzählen? Kannst Du nichts für Dich behalten?' Nun ist die Frage, wie reagiere ich auf diese Du-Botschaft?

Spielen wir mal zwei Möglichkeiten durch:
Variante 1: ‚Das hättest Du ja auch mal sagen können, dass das geheim sein soll. Woher soll ich das denn wissen? Außerdem macht das doch nichts! Du bist immer gleich so empfindlich!'
Variante 2: ‚Oh. Du hättest erwartet, dass ich das für mich behalte?'
Darauf Helmut Heimlich: ‚Ja, natürlich!'
Ich: ‚Dir ist es unangenehm, dass die Kollegen das erfahren haben?'
Er: ‚Ja, total!'"

Beispiele

173

Er fährt fort:

„Das sind natürlich zwei Extremvarianten. Aber ich hoffe, es wird deutlich, wie unterschiedlich ich mit der Kritik, mit der Du-Botschaft des Kollegen, umgehen kann. Im ersten Fall wird die Situation mit Sicherheit eskalieren, im zweiten Fall wird Helmut Heimlich sich wahrscheinlich eher verstanden fühlen und sein Ärger wird eher nachlassen.

Aktives Zuhören ist also eine sehr hilfreiche Methode, um mit Kritik konstruktiv umzugehen. Es führt in aller Regel zur Deeskalation des Konfliktes. Wichtig ist dabei, dass ich es nicht als reine Technik einsetze, sondern mich ehrlich und aufrichtig bemühe, meinen Gesprächspartner zu verstehen. Nur dann wird das Aktive Zuhören auch zur Verbesserung der Kommunikation führen."

Der Trainer schaut, ob es Fragen oder Diskussionsbedarf gibt.

Hinweise

▶ Damit der Trainer mit dem Input zum Aktiven Zuhören bei den Teilnehmern „landen" kann, ist es unabdingbar, dass er ein überzeugendes Beispiel anführt, welches die dritte Stufe des Aktiven Zuhörens plausibel macht. Denn das Verbalisieren von Gefühlen ist eine Technik, die vielen Seminarteilnehmern nach wie vor eher unvertraut ist.

▶ Wenn der Trainer das Beispiel zur dritten Stufe des Aktiven Zuhörens darstellt, muss er sehr darauf achten, die beiden Varianten ernsthaft und glaubwürdig darzustellen. Die Gefahr liegt sonst darin, dass er unfreiwillig ein Kabarett zum Thema ‚Psychologisch korrekte Kommunikation' inszeniert.

▶ Es kann durchaus sein, dass einige Teilnehmer das Aktive Zuhören lächerlich machen oder als „Psycho-Kram" abwerten. Hier kann der Trainer beispielsweise folgendermaßen reagieren:
  - Er fragt die anderen Teilnehmer, wie sie das Aktive Zuhören sehen. In aller Regel gibt es eine Mehrheit, welche die Auffassung vertritt, dass Aktives Zuhören zumindest in manchen Situationen hilfreich ist. Diese Einschätzung kann der Trainer dann unterstützen und anmerken, dass viele Studien gezeigt haben, dass Aktives Zuhören dann,

174

wenn es passend und stimmig eingesetzt wird, sehr zur Verbesserung der Kommunikation beiträgt.

- Er kann auf den kritischen Teilnehmer mit Aktivem Zuhören reagieren, indem er nachfragt: *„Sie würden das Aktive Zuhören also nicht einsetzen?"* Auf die vermutlich bestätigende Antwort kann er anfügen: *„Ich wollte nur mal aktiv zuhören, ob ich sie richtig verstanden habe."* Anschließend kann er wiederum die anderen Teilnehmer nach deren Meinung fragen.

Variante

Der Trainer kann den Input zum Aktiven Zuhören auf das Vier-Ohren-Modell beziehen. So kann er das Plakat zu den Vier Ohren neben das Flip-Chart zum Aktiven Zuhören rücken und nachfragen, welche Ohren für das Aktive Zuhören erforderlich sind.

Variante: Beziehen Sie den Input zum Aktiven Zuhören auf das Vier-Ohren-Modell

Für die zweite Stufe des Aktiven Zuhörens auf der inhaltlichen Ebene ist das Sachohr zuständig. Für die dritte Stufe, bei der wir die Gefühle und Wünsche des Gesprächspartners heraushören, sind die anderen drei Ohren, insbesondere das Selbstaussageohr verantwortlich.

Literatur

▶ Gordon, Thomas: Managerkonferenz. Heyne Verlag, München, 1993, 10. Aufl., S. 67ff.
▶ Gehm, Theo: Kommunikation im Beruf. Beltz, Weinheim; Basel, 1994, S. 134ff.
▶ Weisbach, Christian: Professionelle Gesprächsführung. Beck, München, 1992, S. 13ff.

14.00 Uhr Übung zum Aktiven Zuhören

Ziele:

▶ Die Teilnehmer üben das Aktive Zuhören.

▶ Sie bekommen Rückmeldungen zur Stimmigkeit ihres Aktiven Zuhörens.

Zeit:

▶ 30 Minuten (2 Min. Instruktion, 20 Min. Übung, 3 Min. Austausch im Plenum, 5 Min. Puffer)

Material:

▶ Die Instruktionen für das Rollenspiel des vorigen Seminartages – der Trainer hält einige zusätzliche Hand-outs für jene Teilnehmer parat, die ihre Instruktionen nicht mehr finden.

Überblick:

▶ Die Teilnehmer gehen zu zweit zusammen und üben das Aktive Zuhören anhand des Rollenspiels vom Vortag.

▶ Dabei geht jeweils eine Person mit der Rolle „A" und eine Person mit Rolle „B" zusammen.

▶ Das Gespräch wird geführt, wobei der jeweilige Zuhörer jeweils unterbrechen kann, um das Gehörte zusammenzufassen. Der Gesprächspartner gibt unmittelbar Feedback, ob dies stimmig war.

▶ Anschließend läuft das Gespräch weiter. Kurze Rückmeldung zur Übung im Plenum.

Vorgehen

„Die meisten Menschen setzen das Aktive Zuhören in der einen oder anderen Form manchmal ein, ohne dass es ihnen bewusst ist. Damit man es aber gezielt und effektiv einsetzen kann, gerade in schwierigen Gesprächen, ist einige Übung erforderlich. Deshalb geht es jetzt darum, diese Fähigkeit zu trainieren.

Wir machen das anhand des Rollenspiels, das wir gestern durchgeführt haben. In dem Gespräch ging es ja darum, dass es Hr./Fr. Antons störte, dass der Kollege Blum immer schon um 15.30 Uhr nach

*Hause geht und um diese Uhrzeit die meisten Anrufe eingehen, die
Antons dann übernehmen muss und oft nicht beantworten kann. Die
Übung läuft nun so, dass Sie zu zweit das Gespräch führen, so wie
gestern, aber das Aktive Zuhören gezielt einsetzen. Dazu kann der
jeweilige Zuhörer den anderen zu jeder Zeit unterbrechen, indem er
‚Stopp' sagt. Dann macht der Sprechende eine Pause und der Zuhörer
fasst das Gehörte mit eigenen Worten zusammen. Dabei kann er auf
der Sachebene bleiben und die Inhalte zusammenfassen. Und er kann
auf die Gefühle und Bedürfnisse des Gesprächspartners eingehen und
sie widerspiegeln. Der Gesprächspartner gibt dann eine Rückmeldung, ob das gestimmt hat, was der andere herausgehört hat. Für
die Übung haben Sie insgesamt 20 Minuten Zeit. Nehmen Sie sich 15
Minuten für das Gespräch und 5 Minuten am Ende zur Auswertung
und besprechen Sie, wie es geklappt hat mit dem Aktiven Zuhören.
Stehen Sie bitte auf und gehen Sie zu zweit zusammen, jeweils einer
mit der Rolle Antons und einer mit der Rolle Blum."* Nachdem die
Zweiergruppen die Übung beendet haben, fragt der Trainer kurz in
die Runde, wie es gelaufen ist mit dem Aktiven Zuhören.

*Vorlage: Das Rollen-
spiel vom Vortag*

*Eine weitere
wirksame Zuhör-
Übung finden Sie
ab Seite 298
beschrieben*

Variante „Zuhör-Übung"

Die „Zuhör-Übung" ist die klassische Methode
zum Trainieren des Aktiven Zuhörens. Dabei
gehen die Teilnehmer ebenfalls zu zweit
zusammen und suchen sich ein kontroverses
Thema, über das sie nach folgendem
Schema sprechen: A schildert ein Argument,
anschließend fasst B den Kern des Gehörten
zusammen. A gibt eine Rückmeldung, ob B
das Gesagte richtig erfasst hat. Anschließend
erläutert B ein wichtiges Argument und A
fasst den Kern des Gesagten zusammen.
Anschließend bestätigt oder korrigiert A die
Zusammenfassung. Dann kommt wieder A an
die Reihe und so weiter. Auch hier können die
beiden versuchen, neben den Inhalten auch die
Gefühle des Gesprächspartners herauszuhören
und zu verbalisieren. Diese Übung ist allerdings
in aller Regel eher unbeliebt, weil die Situation
allzu künstlich ist und die Teilnehmer bei ihr
oft das Gefühl haben „wie ein Papagei" alles zu
wiederholen, was der andere sagt.

Abbildung: Das Flip-Chart
„Zuhör-Übung".

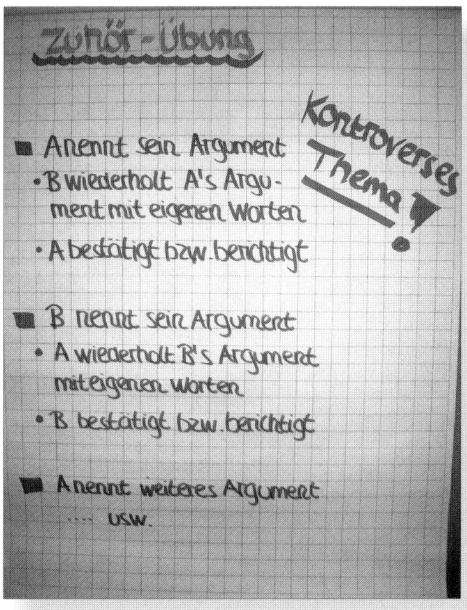

14.30 Uhr Aktives Zuhören – Transfer

Vorgehen

„Abschließend möchte ich gerne mit Ihnen sammeln, wann Sie das Aktive Zuhören einsetzen können und worauf dabei zu achten ist."
Der Trainer stellt das Flip-Chart in den Vordergrund und sammelt die Aspekte, welche die Teilnehmer nennen.

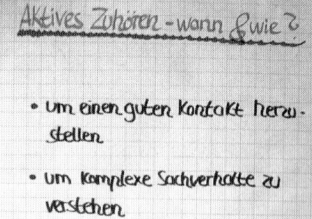

Abbildung: Der Trainer sammelt auf dem Flip-Chart, wann das Aktive Zuhören eingesetzt werden kann und worauf dabei zu achten ist.

Bei Bedarf ergänzt der Trainer wichtige Aspekte, die von den Teilnehmern nicht genannt werden. Er weist auf die Grenzen des Aktiven Zuhörens hin: *„Beim Aktiven Zuhören geht es ja darum, auf den Gesprächspartner einzugehen. Nun gibt es jedoch auch Situationen, in denen es nicht ratsam ist, das zu tun. Zum Beispiel, wenn der Gesprächspartner beleidigend wird. Nehmen wir an, ein Kunde beleidigt Sie mit den Worten: ‚Sie sind doch echt der letzte Vollidiot! Sie sind ja völlig inkompetent!' Wenn Sie nun einfühlsam auf den Kunden eingehen, etwa mit den Worten: ‚Habe ich Sie richtig verstanden, dass Sie jetzt wütend sind?', dann haben Sie zwar korrekt aktiv zugehört. Aber natürlich ist das in der Situation allenfalls dann geeignet, wenn Sie den Kunden auf den Arm nehmen und noch wütender machen wollen. Ansonsten geht es bei Beleidigungen darum, eine klare Grenze zu ziehen, etwa mit einer Ich-Botschaft, mit der Sie klar stellen: ‚Ich lasse mich nicht von Ihnen beleidigen.' Grundsätzlich geht es also im Umgang mit aggressiven Gesprächspartnern darum, die Grenze zu finden zwischen dem Eingehen auf den Gesprächspartner und dem Sich-Abgrenzen. Gibt es Ergänzungen?"*

Die Grenzen des Aktiven Zuhörens

Einleitung der Turmbau-Übung – vor der Pause!

Wenn der Trainer das Seminar alleine leitet, muss er bereits jetzt zum anschließenden Thema überleiten und die Teilnehmer fragen, wer bei der folgenden Turmbau-Übung als Beobachter fungieren möchte. Die Beobachter müssen dann in der Pause eingewiesen werden, weil die übrigen Teilnehmer nach der Pause instruiert werden. In der Turmbau-Übung treten zwei Teams gegeneinander an. Pro Team gibt es einen oder zwei Beobachter, je nach Größe der Seminargruppe. Wenn die Gruppe – wie hier unterstellt – zwölf Teilnehmer (oder mehr) hat, gibt es zwei Beobachter pro Team, weil die Auswertung der Übung dann ergiebiger ist. Bei weniger als zwölf Teilnehmern kann es nur einen Beobachter pro Team geben, weil die Teams sonst zu klein werden.

Der Trainer leitet zum Thema „Kommunikation in Gruppen" über. *„Wir kommen gleich nach der Pause zum Thema ‚Kommunikation in Gruppen'. Wir haben ja bislang hauptsächlich die Kommunikation unter zwei Personen betrachtet und gesehen, wie komplex Kommunikation hier schon ist, wenn Sie etwa an die vier Ebenen oder die vier Ohren denken. Diese Komplexität erhöht sich noch einmal exponentiell, wenn wir es mit einer Gruppe zu tun haben.*

179

*Auswahl der
Beobachter für die
Teamübung*

*Wir werden das Thema ‚Kommunikation in Gruppen' nicht abstrakt-
theoretisch, sondern mittels einer spielerischen Team-Übung behandeln. Dabei gibt es zwei Teams und für jedes Team zwei Beobachter.
Deren Aufgabe ist es, eine Gruppe bei der Bewältigung ihrer Aufgabe
zu beobachten und ihr im Anschluss ein Feedback zu geben. Jetzt
brauche ich zunächst einmal vier Beobachter. Wer hat Lust, das zu
machen?"*

Der Trainer wartet, bis sich vier Personen gefunden haben. Das
kann manchmal etwas dauern.

14.45 Uhr Pause

*Instruktion der
Beobachter*

Während die anderen Teilnehmer in die Pause gehen, werden die
Beobachter instruiert. Anschließend bereitet der Trainer das Material für die Turmbau-Übung vor. Die Instruktion der Beobachter und
die Vorbereitung der Materialien wird im Folgenden beschrieben.

Kommunikation in Gruppen – Die Turmbauübung

15.00 Uhr

Orientierung

Ziele:
▶ Die Teilnehmer bewältigen in Teams gemeinsam eine ihnen gestellte Aufgabe.
▶ Sie reflektieren ihre Zusammenarbeit und erhalten ein Feedback zum Kommunikationsverhalten in ihrer Gruppe.

Zeit:
▶ 75 Minuten (5 Min. Instruktion, 30 Min. Übung, 15 Min. Auswertung im Team, 10 Min. Auswertung im Plenum, 10 Min. Bewertung und Präsentation der Jury, 5 Min. Puffer)

Material:
▶ Instruktionen für die Turmbau-Übung für jeden Teilnehmer
▶ Zusätzliche Instruktionen für die Beobachter
▶ Für jedes Team:
  - einen großen Bogen Pinwandpapier
  - ein Flipchart-Papier
  - mehrere Moderationskarten und Kuller in verschiedenen Farben und Formen (für jedes Team exakt das gleiche Material)
  - 1 Schere
  - 1 Lineal
  - 1 große Flasche Klebstoff

  Das Material verteilt der Trainer in der Pause vor der Übung auf zwei Tischen in den entgegengesetzten Ecken des Seminarraumes.
▶ Pinwand „Turmbau – Die Zusammenarbeit in unserer Gruppe" für die Einpunktfrage zur Auswertung im Plenum.
▶ Rote und grüne Klebepunkte für die Einpunktfrage. Jedes Teammitglied erhält einen Klebepunkt.
▶ Blaue Klebepunkte für die Jury. Jedes Jurymitglied erhält 15 Klebepunkte.

Überblick:
▶ In der Pause werden die vier Beobachter instruiert und der Raum vorbereitet.
▶ Nach der Pause teilen sich die übrigen Teilnehmer in zwei Teams auf.

> ▶ Aufgabe für die beiden Teams ist es, in 30 Minuten einen Turm zu bauen, der möglichst standfest, hoch und originell ist.
> ▶ Jedes Team wird dabei von zwei Beobachtern hinsichtlich ihrer Kommunikation beobachtet.
> ▶ Die Beobachter leiten die Auswertung der Zusammenarbeit in den Teams an.
> ▶ Der Trainer leitet die Auswertung im Plenum mittels Einpunktfrage und anschließendem Bericht zur Qualität der Zusammenarbeit der Teams an.
> ▶ Die Türme werden bezüglich der drei Kriterien Standfestigkeit, Höhe und Originalität von der Jury, die aus dem Trainer und den Beobachtern besteht, bewertet.
> ▶ Ein Jurymitglied präsentiert das Ergebnis.

Erläuterung

„Kommunikation in Gruppen" ist ein äußerst komplexes Thema, das im Rahmen eines Grundlagen-Seminars nur angerissen werden kann. Es geht darum, dass die Teilnehmer in Teams eine Aufgabe gemeinsam bewältigen und anschließend die Erfahrungen zur Zusammenarbeit reflektieren.

Die Übung lässt die Prinzipien guter Zusammenarbeit erkennen

Die-Turmbau-Übung ist eine klassische gruppendynamische Übung, die nach meiner Erfahrung immer funktioniert. Die Teilnehmer lernen spielerisch etwas über die Prinzipien guter Zusammenarbeit und haben in der Regel eine Menge Spaß dabei. Der Zeitpunkt am späten Nachmittag des zweiten Tages ist ideal für eine solche Übung, da die Energie hier in der Regel nachlässt und die Teilnehmer für anspruchsvolle kognitive Themen meistens nicht mehr zu haben sind.

Vorgehen

Während der Pause instruiert der Trainer die Beobachter: *„Die anderen werden sich gleich in zwei Teams aufteilen. Jedes Team hat die Aufgabe, einen Turm zu bauen, der möglichst standfest, hoch und originell ist. Das Material dazu verteile ich gleich auf zwei Tischen, die sich in den entgegengesetzten Ecken des Seminarraums befinden."* Der Trainer teilt die Instruktionen für die Turmbau-Übung aus, die Sie auf der folgenden Seite finden.

182

Turmbau-Übung – Instruktion

Bauen Sie einen Turm, der ausschließlich aus dem Ihnen zur Verfügung gestellten Material konstruiert ist.

Der Turm muss auf seinen eigenen Fundamenten stehen können. Das heißt, er darf weder gegen die Wand oder irgendeinen Gegenstand im Raum gelehnt sein noch darf er aufgehängt oder an der Decke angebracht werden. Er muss genügend Standfestigkeit haben, um ein Lineal tragen zu können, ohne umzufallen.

Die Türme werden von der Jury nach drei Kriterien beurteilt:

1. Höhe
2. Standfestigkeit
3. Originalität

Sie können Ihr Material in jeder beliebigen Art und Weise, wie es Ihre Gruppe möchte, zuschneiden, biegen, kleben, zusammenfügen usw.

Zeit für den Turmbau: 30 Minuten

Wenn die Beobachter die Instruktion gelesen haben, fährt er fort. *„Jedes Team hat zwei Beobachter. Nach der Pause verteilen Sie sich also jeweils zu zweit auf die beiden Tische. Sie brauchen einen Block und einen Stift, um sich von Anfang an Notizen dazu zu machen, was Ihnen hinsichtlich der Kommunikation und Zusammenarbeit auffällt. Nach der Übung leiten Sie die Auswertung. Zunächst sollen dann die Teilnehmer sagen, wie sie die Zusammenarbeit erlebt haben, anschließend geben Sie dem Team ein Feedback. Hier habe ich ein Hand-out, auf dem steht, worauf Sie bei der Beobachtung und bei der Auswertung achten sollen."*

Der Trainer teilt den Leitfaden für die Beobachter aus (siehe Folgeseite). *Beobachter-Leitfaden austeilen*

Turmbau-Übung – Leitfaden für die Beobachter

I. Achten Sie während der Übung auf folgende Aspekte:

1. Wie erleben Sie die Zusammenarbeit?
▶ Wie erleben Sie das Klima in der Gruppe? Woran machen Sie das fest (Mimik, Gestik, Körperhaltung, Tonfall etc.)?
▶ Wie wird mit unterschiedlichen Ideen und Vorstellungen umgegangen? Wie wird aufeinander eingegangen?

2. Wie organisiert sich die Gruppe für die Arbeit?
▶ Gibt es eine Diskussion über das Vorgehen?
▶ Wird eine Strategie entwickelt?
▶ Gibt es eine klare Aufteilung der Aufgaben?
▶ Ist jeder in die Problemlösung eingebunden?

3. Wie erleben Sie die einzelnen Gruppenmitglieder?
▶ Wer treibt den Prozess voran? Wie tut er/sie das?
▶ Wer hält sich eher zurück?
▶ Wer findet mit seinen Vorschlägen am meisten Gehör? Weshalb?

II. Gehen Sie bei der Auswertung folgendermaßen vor:

1. Frage an die Team-Mitlieder: *„Wie habe ich die Zusammenarbeit in der Gruppe erlebt? Wie habe ich mich in der Gruppe erlebt?"* (Blitzlicht – keine Diskussion).
2. Rückmeldung der Beobachter: Orientieren Sie sich dabei an den oben stehenden Haupt-Kriterien (Klima, Arbeitsorganisation, Verhalten der Einzelnen).

Nachdem der Trainer eventuelle Fragen mit den Beobachtern geklärt hat, bittet er sie, den anderen Teilnehmern noch nichts über die kommende Übung zu erzählen.

Während der Pause verteilt der Trainer das Material für beide Teams auf zwei Tischen in den entgegengesetzten Ecken des Seminar-raumes. Jedes Team erhält genau die gleichen Materialien. Zwischen beiden Tischen stellt er Pinwände auf, so dass sich die Gruppen nicht gegenseitig beobachten können.

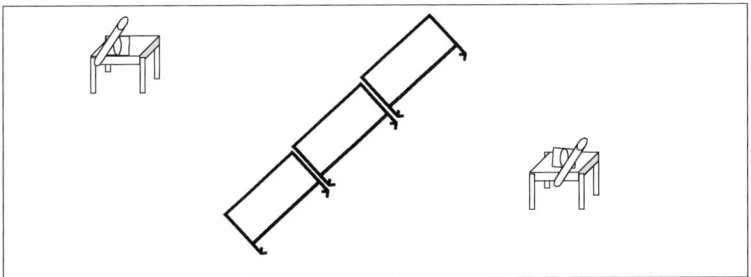

Abbildung: Raumaufbau bei der Turmbau-Übung. Während der Pause bereitet der Trainer das Material für die Turmbau-Übung vor.

Nach der Pause verteilen sich die Beobachter auf die beiden Tische, so dass bei jedem Team zwei Beobachter sitzen. Gleichzeitig werden die beiden Teams gebildet. Der Trainer fordert die Teilnehmer auf: *„Bitte verteilen Sie sich gleichmäßig auf die beiden Tische, so dass an jedem Tisch ein Team mit vier Personen ist. Links ist Team A und rechts ist Team B."*

Die Teilnehmer erhalten die Instruktionen (siehe S. 183).

Wenn es keine Fragen gibt, geht es los. Der Trainer achtet auf die Zeit. Die Übung dauert 30 Minuten.

Während der Übung positioniert sich der Trainer so, dass er beide Teams im Wechsel beobachten kann.

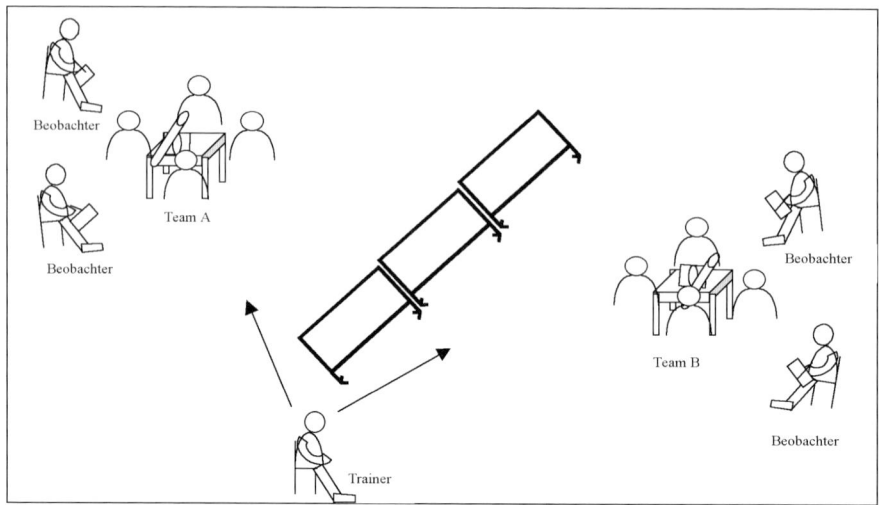

Abbildung: Die Turmbau-Übung beginnt. Der Trainer sitzt so, dass er beide Teams wechselseitig beobachten kann.

Nach Ablauf der Zeit fordert der Trainer die Beobachter auf, die Auswertung innerhalb des Teams anzuleiten. Für die Auswertung haben die Beobachter und ihre Teams jeweils 15 Minuten Zeit.

Die Teilnehmer erfahren, wie die Zusammenarbeit in der jeweils anderen Gruppe verlaufen ist

Wenn die beiden Teams ihre interne Auswertung beendet haben, geht es im nächsten Schritt darum, dass die Teams etwas davon mitbekommen, wie die Zusammenarbeit in der jeweils anderen Kleingruppe verlaufen ist. Der Trainer stellt die Pinwände aus dem Weg und bittet die Teilnehmer, sich wieder im Plenum zusammenzusetzen, wobei die Teammitglieder der Teams nebeneinander sitzen sollten. *„Kommen Sie bitte wieder in den Halbkreis. Bleiben Sie dabei bitte noch in Ihren Teams zusammen!"*

Der Trainer präsentiert die Pinwand „Turmbau – Die Zusammenarbeit in unserer Gruppe" (siehe Folgeseite).

Der Trainer gibt die Instruktion für die Einpunktfrage zur Einschätzung der Zusammenarbeit: *„Die Frage ist nun: Wie haben Sie die Zusammenarbeit in Ihrem Team erlebt? Und zwar in Bezug auf die Effektivität, das heißt, wie zufrieden sind Sie mit dem Ergebnis?*

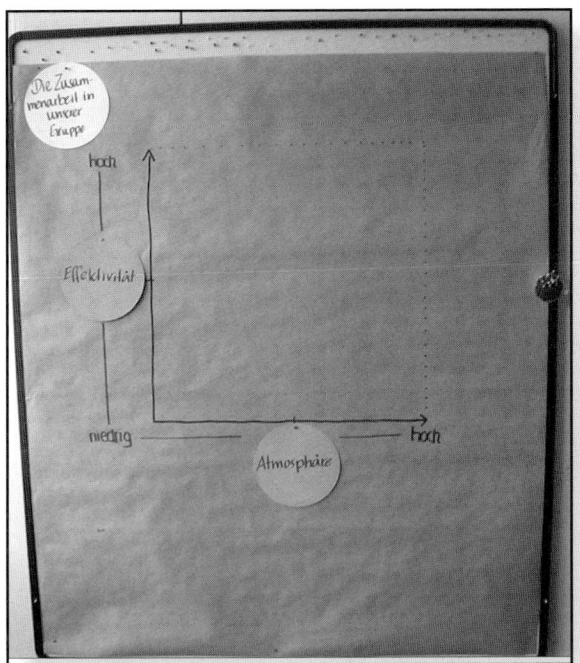

Abbildung: Die Pinwand „Turm-bau – Die Zusammenarbeit in unserer Gruppe". Die Teilneh-mer sind aufgefordert, mit einem Punkt die Qualität der Zusammenarbeit in ihrem Team einzuschätzen.

Und in puncto Atmosphäre: Kleben Sie bitte einen Punkt auf dieses Koordinatensystem, der Ihre Einschätzung widerspiegelt. Wenn Sie also etwa der Meinung sind, dass die Effektivität und die Qualität der Atmosphäre niedrig waren, punkten Sie links unten. Wenn beides hoch war, punkten Sie rechts oben. Wenn die Atmosphäre gut, die Effektivität jedoch gering war, punkten Sie unten rechts. Wenn um-gekehrt die Atmosphäre schlecht, das Ergebnis aber gut war, punkten Sie oben links."

Nach dieser Erklärung teilt der Trainer rote Klebepunkte an die eine Gruppe und grüne Klebepunkte an die andere Gruppe aus. Die Teammitglieder verteilen ihre Punkte.

Anschließend fragt der Trainer: *„Team A, was steckt hinter die-sen Klebepunkten? Wie haben Sie die Zusammenarbeit erlebt? Wie kommt es, dass Sie die Punkte so gesetzt haben?"*

Falls die Antworten undifferenziert und vage bleiben, fragt der Trai-ner nach: *„Was genau ist denn gut gelaufen? Wie war das Vorgehen? etc."* Anschließend wird Team B ebenso befragt.

Danach fährt der Trainer fort:

„Nun steht noch das Urteil der Jury aus. Die Jury setzt sich aus den vier Beobachtern und mir zusammen. Während wir unser Urteil fällen, möchte ich die anderen bitten, den Raum etwas aufzuräumen und die Türme an den Rand zu stellen. Danach können Sie noch ein paar Minuten Pause machen."

Der Trainer stellt das Flip-Chart „Turmbau – Das Urteil der Jury" so auf, dass es von den Mitgliedern der Kleingruppen nicht eingesehen werden kann, während die Bewertung vorgenommen wird.

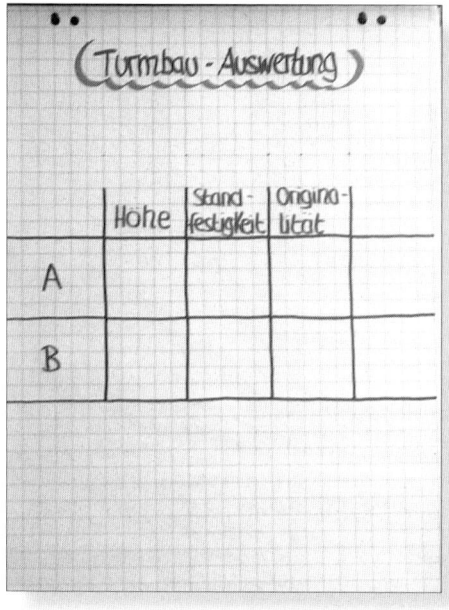

Abbildung: Das Flip-Chart „Turmbau - Auswertung". Die Jurymitglieder verteilen pro Kriterium fünf Klebepunkte.

Der Trainer gibt jedem Jury-Mitglied, einschließlich sich selbst, 15 Klebepunkte und erklärt das Vorgehen: *„Jeder von uns hat 15 Punkte insgesamt und damit fünf Punkte pro Kriterium zur Verfügung. Die fünf Punkte pro Kriterium kann ich so auf die beiden Teams verteilen, wie ich es für angemessen halte. Wenn ich beispielsweise der Meinung bin, dass der Turm von Team A etwas origineller ist als der Turm von Team B, dann gebe ich Team A für die Originalität drei Punkte und Team B zwei Punkte.*

Wenn ich bei der Standfestigkeit der Meinung bin, dass Turm B absolut standfest ist, Turm A überhaupt nicht standfest ist, so kann ich Turm B fünf Punkte für die Standfestigkeit geben und Turm A gar keinen. Das heißt, für jedes Kriterium habe ich fünf Punkte und

die kann ich so auf die beiden Türme verteilen, wie ich es für richtig halte. Alles klar? Dann geht es los."

Der Trainer achtet darauf, dass die Beobachter ihre Punkte regelgerecht verteilen. Erfahrungsgemäß kommt immer das eine oder andere Jury-Mitglied mit dem Modus durcheinander.

Anschließend werden die anderen Teilnehmer wieder in den Raum geholt. Ein Jury-Mitglied präsentiert das Ergebnis. Der Trainer sollte diese Aufgabe delegieren und fragen, wer von den Beobachtern das Ergebnis vorstellen möchte.

Hinweise

▶ Manchmal kommt es vor, dass ein Team vor Ablauf der Zeit mit dem Turmbau fertig ist. Diese Zeit kann das Team nutzen, seinen Turm weiter zu verschönern, um Punkte für die Originalität zu gewinnen.

Eine Alternative zur Turmbau-Übung stellt die Übung „Seileck" dar, zu finden ab Seite 301

▶ Zur Einpunktfrage: Erfahrungsgemäß ballen sich die Punkte oben rechts. In der Regel schätzt jede Gruppe ihre eigene Zusammenarbeit als besonders positiv ein.

▶ Wenn man das Seminar mit zwei Trainern leitet, empfiehlt es sich, dass je ein Trainer zusammen mit einem Teilnehmer pro Team die Beobachter-Rolle einnimmt und die Auswertung anleitet.

Literatur

Weitere gruppendynamische Übungen finden Sie in folgenden Büchern:
▶ Antons, Klaus: Praxis der Gruppendynamik. Hogrefe, Göttingen; Toronto; Zürich, 1992, 5. Aufl.
▶ Heckmair, Bernd: Konstruktiv lernen: Projekte und Szenarien für erlebnisintensive Seminare und Workshops. Beltz, Weinheim; Basel, 2000
▶ Dießner, Helmar: Gruppendynamische Übungen und Spiele. Junfermann, Paderborn, 1997
▶ Maaß, Evelyn & Ritschl, Karsten: Teamgeist. Spiele und Übungen für die Teamentwicklung. Junfermann, Paderborn, 1997

16.15 Uhr Faktoren erfolgreicher Teamarbeit

Ziele:

▶ Die Teilnehmer reflektieren die in der Übung gemachten Erfahrungen und sammeln Kriterien für erfolgreiche Zusammenarbeit im Team.

Zeit:

▶ 25 Minuten (3 Min. Instruktion, 15 Min. Erarbeitung in Halbgruppen, 5 Min. Präsentation, 7 Min. Puffer)

Material:

▶ Pinwand „Was macht Teams erfolgreich?"

▶ Moderationskarten und einen Stift für jede Halbgruppe

Überblick:

▶ Die Gruppe wird in zwei Gruppen aufgeteilt, wobei sich die Teams aus der Turmbau-Übung mischen.

▶ Die Gruppen sammeln je sieben Aspekte erfolgreicher Teamarbeit und präsentieren diese anschließend im Plenum.

Erläuterung

Der folgende Seminarbaustein hat zwei Funktionen. Zum einen sollen die in der Turmbau-Übung gesammelten Erfahrungen reflektiert und abstrahiert werden. Auf einer allgemeinen theoretischen Ebene werden deshalb Kriterien erfolgreicher Teamarbeit erarbeitet. Zum anderen geht es darum, die Seminargruppe, die während der Übung in Team A, Team B und die beiden Beobachter-Teams aufgeteilt war, wieder neu zu mischen und schließlich wieder zusammenzuführen.

Vorgehen

Kleingruppenarbeit: Erkenntnisse aus der Turmbau-Übung sammeln

„Wir kommen jetzt zum letzten Schritt des Themas ‚Kommunikation in Gruppen'. Es geht darum, aus der Übung etwas Allgemeingültiges über die Zusammenarbeit in Gruppen abzuleiten. Die Frage lautet: Was macht die Zusammenarbeit in Teams erfolgreich? Tauschen Sie sich über diese Frage in zwei Kleingruppen aus, sammeln Sie sieben

Thomas Schmidt: Kommunikationstrainings erfolgreich leiten

Aspekte und schreiben Sie diese auf Moderationskarten! Sie haben dafür 15 Minuten Zeit.

Die Kleingruppen möchte ich gerne so bilden, dass sich die Teams von eben komplett mischen. Dazu möchte ich zunächst die Beobachter bitten, aufzustehen und sich so zu verteilen, dass ein Beobachter von Team A und ein Beobachter von Team B nach rechts und ein Beobachter von Team A und ein Beobachter von Team B nach links gehen."

Sobald sich die Beobachter aufgeteilt haben, fordert er die anderen Teammitglieder auf, sich ebenfalls gleichmäßig zu verteilen: *„Dann bitte jeweils zwei Teammitglieder von Team A und zwei von Team B nach rechts und nach links."*

Wenn die Halbgruppen vollständig sind, können sie loslegen. Anschließend werden die Ergebnisse der Halbgruppen an der Pinnwand präsentiert.

Input zu den Erfolgsfaktoren im Team sowie zu den Teamrollen finden Sie auf den Seiten 306f und 309f.

Literatur

▶ Gellert, Manfred & Nowak, Claus: Teamarbeit, Teamentwicklung, Teamberatung. Ein Praxisbuch für die Arbeit in und mit Teams. Limmer Verlag, Meezen, 2004, 2. erweiterte Aufl.
▶ Lumma, Klaus: Die Team-Fibel. Das Einmaleins der Team- und Gruppenqualifizierung im sozialen und betrieblichen Bereich. Windmühle, Hamburg, 2000, 2. Aufl.

16.45 Uhr Abschlussrunde

Orientierung

Ziele:
- ▶ Die Teilnehmer reflektieren, welche Lernziele noch offen sind.
- ▶ Sie haben Gelegenheit, ein Feedback zum bisherigen Seminarablauf zu geben.

Zeit:
- ▶ 15 Minuten (10 Min., 5 Min. Puffer)

Materialien:
- ▶ Pinwand „Lernziele"
- ▶ Pinwand „Ablaufplan"

Überblick:
- ▶ Frage an die Teilnehmer: *„Wie geht es mir und was ist noch offen?"*

Erläuterung

Lernziele überprüfen: welche wurden bislang abgedeckt?

Am Ende des zweiten Tages ist es wichtig, auf die Lernziele zu Beginn des Seminars zurückzublicken und zu überprüfen, welche Wünsche bereits abgedeckt wurden und was noch offen ist, bzw. welche neuen Lernwünsche entstanden sind, damit der Trainer den dritten Seminartag bedarfsgerecht planen kann.

Vorgehen

Der Trainer stellt den Ablaufplan und die Pinwand mit den individuellen Lernzielen nach vorne. Eventuell gibt er einen Rückblick auf die letzten beiden Seminartage, bevor er kurz erläutert, was für den dritten und letzten Seminartag auf dem Programm steht: *„Morgen steht ein Gesprächsleitfaden für schwierige Gespräche auf dem Programm. Danach gibt es Gelegenheit, zu üben, wie man schwierige Gespräche anhand eines solchen Leitfadens meistern kann. Danach haben wir Zeit für weitere Praxisfälle. Anschließend geht es um das Thema ‚Feedback geben und Feedback nehmen'.*

Morgen Nachmittag werden wir das, was wir uns hier erarbeitet haben, bündeln, um es für den Alltag handhabbar und umsetzbar zu machen. Da geht es um die ,Do's und Don'ts der Kommunikation und Gesprächsführung'. Die sind dann Voraussetzung für den Transfer, die Umsetzung in den Alltag. Wir werden das Seminar spätestens um 17 Uhr beenden.

Neben den Ablaufplan habe ich die Pinwand mit Ihren persönlichen Lernzielen gestellt, damit Sie vergleichen können: ,Was habe ich mir vorgenommen? Was wurde bereits abgedeckt? Was fehlt mir noch?' Vielleicht ist ja auch das ein oder andere neue Thema, der eine oder andere Lernwunsch noch hinzugekommen. Die Frage an Sie ist nun: Wie geht es mir und was ist noch offen? Wir machen eine Runde. Machen wir's einfach im Uhrzeigersinn. "

Der Trainer nimmt die verschiedenen Äußerungen entgegen, fragt bei Bedarf nach und achtet darauf, dass unterschiedliche Meinungen nebeneinander stehen bleiben können und keine Diskussion entsteht.

Variante

Es gibt verschiedene Möglichkeiten, die Auswertungsrunde zu gestalten. So kann der Trainer die Teilnehmer auffordern, sich einen Ball zuzuwerfen und damit zu bestimmen, wer als Nächster etwas sagt. Ein Stift kann weitergegeben werden als Zeichen dafür, wer an der Reihe ist usw.

Ende des zweiten Seminartages 17.00 Uhr

Am dritten Seminartag geht es darum, das Gelernte zu integrieren und vertiefend zu bearbeiten, um den Transfer in den Alltag zu erleichtern. So steht am Anfang ein Gesprächsleitfaden für schwierige Zweiergespräche auf dem Programm, bei dem die am Vortag behandelten Gesprächsführungstechniken in einen sinnvollen Zusammenhang gebracht werden. Im anschließenden Rollenspiel gibt es die Möglichkeit, in Kleingruppen den Gesprächsleitfaden zu erproben und sich handelnd mit einer Führungsrolle auseinander zu setzen. Im Anschluss werden weitere Praxisfälle und Anliegen der Teilnehmer bearbeitet. Schließlich wird das Thema „Feedback" behandelt. Die Feedback-Übung in Kleingruppen stellt ein letztes Highlight des Seminars dar, bevor das Augenmerk auf den Transfer in den Alltag gerichtet wird.

Auf einen Blick

3. Der dritte Seminartag

Überblick über den Tag   09.00 Uhr

Orientierung

Ziele:
▶ Den Teilnehmern Orientierung geben.

Zeit:
▶ 5 Minuten

Material:
▶ Pinwand „Ablaufplan"

Vorgehen

Der Trainer stellt den geplanten Ablauf des dritten Tages vor. Dies ist insbesondere dann wichtig, wenn sich aus der Abschlussrunde des vorigen Tages noch Themen ergeben haben, die nun neu ins Programm eingefügt werden.

Zu Beginn eines neuen Seminartages kann man gut die Übung „Interaktive Geschichte" einsetzen, zu finden ab Seite 313

09.05 Uhr Gesprächsleitfaden für schwierige Gespräche

Orientierung

Ziele:

▶ Die Teilnehmer bekommen einen Leitfaden für schwierige Zweier-Gespräche an die Hand.

Zeit:

▶ 10 Minuten (5 Min., 5 Min Puffer)

Material:

▶ Pinwand „Gesprächsleitfaden"
▶ Vorbereitete Moderationskarten für den Input, Pins
▶ Flip-Chart „Gespräche gezielt vorbereiten"

Überblick:

▶ Der Trainer präsentiert an der Pinwand die sieben Schritte des Gesprächsleitfadens: Begrüßung, Atmosphäre schaffen, eigenen Standpunkt darstellen, den Standpunkt des Gesprächspartners einholen, gemeinsame Lösung finden, Vereinbarung treffen, Abschluss.

Erläuterung

Die Teilnehmer sind in der Regel dankbar, wenn sie ein systematisches Schema zur Gesprächsführung an die Hand bekommen. Der folgende Leitfaden kann sowohl in Kollegengesprächen als auch für Mitarbeitergespräche angewendet werden.

Vorgehen

Der Trainer rückt die Pinwand mit der Überschrift „Gesprächsleitfaden" und das Plakat „Gepräche gezielt vorbereiten", welches er am ersten Tag vorgestellt hatte, nebeneinander in den Vordergrund und präsentiert die einzelnen Schritte des Gesprächsaufbaus. Dabei pinnt er nacheinander die einzelnen Moderationskarten an die Pinwand.

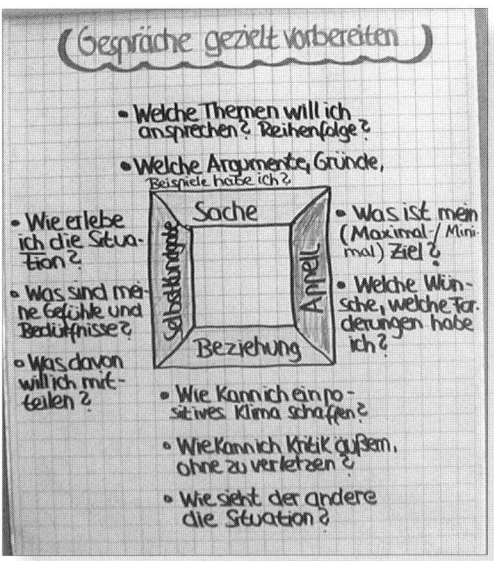

Abbildung: Der Trainer hat das noch leere Plakat „Gesprächsleitfaden" und das am ersten Tag präsentierte Flip-Chart zur Gesprächsvorbereitung in den Vordergrund gestellt.

„Ich möchte heute auf das Thema ‚schwierige Zweiergespräche'
zurückkommen. Wir haben gestern verschiedene Gesprächsführungs-
techniken behandelt wie Ich-Botschaften, Fragetechniken und das
Aktive Zuhören. Jetzt geht es um die Struktur eines kompletten
Gespräches, um die Frage: Wann setze ich welche Technik ein, wenn
ich etwas Schwieriges, etwas Kritisches ansprechen will.

Das ist für diejenigen von Ihnen besonders wichtig, die sich für eine
Führungslaufbahn interessieren, weil es ein Führungsjob oft fordert,
schwierige Gespräche zu führen.

Es gibt einige Untersuchungen darüber, wie erfolgreiche Kritik- und
Konfliktgespräche aufgebaut sind. Es hat sich gezeigt, dass Gesprä-
che, die hinterher von beiden Gesprächspartnern als menschlich und
inhaltlich befriedigend bezeichnet werden, nach einem bestimmten
Muster verlaufen. Dieses Muster möchte ich Ihnen gerne vorstellen.

Ich habe dazu noch mal das Plakat zur Gesprächsvorbereitung nach
vorne geholt, denn da haben wir das Schema in Grundzügen schon
kennen gelernt.

Die Beziehungsebene

Am Anfang des Gespräches steht die Beziehungsebene im Vordergrund. Es geht darum, den anderen zu begrüßen und eine positive Atmosphäre zu schaffen. Dazu gehört im Vorfeld auch, einen geeigneten Rahmen für das Gespräch zu schaffen, sowohl, was einen störungsfreien Raum angeht, als auch, was die Zeit betrifft, die man zur Verfügung hat. Und es geht darum, einen guten Kontakt zum anderen herzustellen.

Je stärker der Konflikt, desto schneller sollten Sie zur Sache kommen

Allerdings gibt es die Faustregel: je stärker der Konflikt, desto schneller sollte ich zur Sache kommen und meinen eigenen Standpunkt darstellen. Denn wenn ich das nicht tue, spürt der Gesprächspartner über nonverbale Signale meinen Ärger oder meine Anspannung doch – und kommt sich verschaukelt vor, wenn ich ihn erst nach seinem Befinden frage oder Small Talk führe, bevor ich dann meine Kritik äußere.

Ich-Botschaft

Beim Darstellen meines eigenen Standpunkts kann ich eine Ich-Botschaft einsetzen, wenn ich das Gespräch konstruktiv gestalten will. Das heißt: Die Situation aus meiner Sichtweise konkret beschreiben, Auswirkungen deutlich machen und eventuell auch meine eigenen Gefühle ausdrücken.

Anderen Standpunkt einholen

Dann geht es darum, den Standpunkt des anderen einzuholen, mit einer offenen Frage dazu, wie dieser die Situation sieht. Und ihm anschließend aktiv zuzuhören, indem ich versuche, zu verstehen, worum es ihm geht und welche Bedürfnisse er hat.

Dialog

Das führt dann in einen Dialog, wobei das Ziel ist, Lösungen zu finden, die meinen Interessen entsprechen, aber auch die Bedürfnisse des anderen berücksichtigen. In der Lösungsphase geht es also sowohl darum, die eigenen Bedüfnisse klar zu vertreten, als auch darum, den Gesprächspartner in die Lösung miteinzubeziehen.

Konkrete Vereinbarung herbeiführen

Schließlich geht es darum, eine möglichst konkrete Vereinbarung zu treffen, also nicht unverbindlich auseinander zu gehen. Zum Schluss geht es darum, das Gespräch zu würdigen und abzuschließen. Gibt es Fragen dazu?"

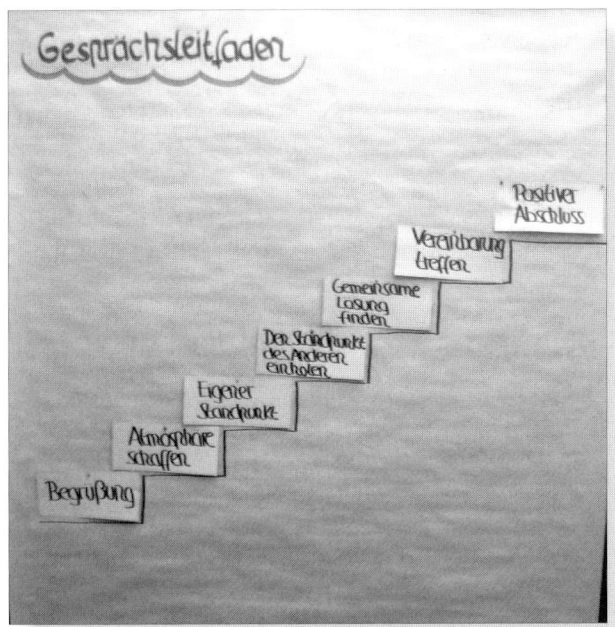

Abbildung: Der Trainer hat die Karten angepinnt, welche die einzelnen Schritte des „Gesprächsleitfadens" erläutern.

Hinweise

Der Gesprächsleitfaden ist insbesondere geeignet für Führungskräfte, die ein Gespräch mit einem Mitarbeiter führen. Daher ist dieser Input eine gute Vorbereitung für das anschließende Rollenspiel, in dem einige Teilnehmer probehandelnd eine Führungsrolle übernehmen können.

Literatur

▶ Benien, Karl: Schwierige Gespräche führen. Rowohlt, Reinbek bei Hamburg. 2003
▶ Rischar, Klaus: Schwierige Mitarbeitergespräche erfolgreich führen. Moderne Verlagsgesellschaft, München, 1990

09.15 Uhr Rollenspiel ‚Mitarbeitergespräch'

Ziele:
- ▶ Die Teilnehmer üben, ein Gespräch anhand des Gesprächsleitfadens zu führen.
- ▶ Einige Teilnehmer erproben die Rolle der Führungskraft.

Zeit:
- ▶ 60 Minuten (5 Min. Instruktion, 15 Min. Vorbereitung, 15 Min. Rollenspiel, 15 Min. Auswertung in der Kleingruppe, 5 Min. Bericht im Plenum, 5 Min. Puffer)

Material:
- ▶ Rollenspiel-Instruktionen „Mitarbeitergespräch"
- ▶ Beobachtungsaufträge, Stifte und Blöcke für die Beobachter

Überblick:
- ▶ Die Teilnehmer teilen sich in Kleingruppen mit je drei Personen auf.
- ▶ Ein Teilnehmer erhält die Rolle der Führungskraft, einer die des Mitarbeiters, einer ist Beobachter.
- ▶ Die Teilnehmer führen die Rollenspiele in den Kleingruppen durch und werten sie aus.
- ▶ Kurzer Bericht im Plenum.

Erläuterung

Für den Führungs-
nachwuchs

Zur Zielgruppe von Kommunikations-Seminaren gehören häufig Nachwuchsführungskräfte. Diese sollen im Folgenden die Gelegenheit haben, in die Rolle einer Führungskraft zu schlüpfen. Die Übung bietet außerdem die Möglichkeit, den soeben vorgestellten Gesprächsleitfaden zu erproben.

Im Unterschied zum ersten Tag finden dieses Mal die Rollenspiele in Kleingruppen (à drei Personen) statt. Die Rollenspieler erhalten daher zwar nur von einem Beobachter Feedback, dafür haben mehr Teilnehmer die Gelegenheit, an dem Spiel aktiv teilzunehmen.

Vorgehen

*„Nun gibt es Gelegenheit, den Gesprächsleitfaden praktisch auszu-
probieren. Ich habe dazu eine Fallsituation mitgebracht, bei der es
um ein Gespräch zwischen Führungskraft und Mitarbeiter geht. Das
heißt, Sie können sich entscheiden, ob Sie in die Rolle des Vorgesetzten schlüpfen wollen oder ob Sie lieber aus der Perspektive des
Mitarbeiters ins Gespräch gehen wollen.*

*Das Vorgehen ist folgendermaßen: Wir bilden vier Kleingruppen mit
jeweils drei Personen. Die Gespräche spielen Sie in den Kleingruppen
unter sich. Eine Person spielt die Führungskraft, eine den Mitarbeiter
und eine beobachtet, achtet auf die Zeit und leitet die Auswertung.
Die Kleingruppen bilden wir folgendermaßen: Es kommen bitte mal
die vier Personen in die Mitte, die beim ersten Rollenspiel gespielt
haben. Verteilen Sie sich bitte etwas.“*

Wenn das geschehen ist, fordert der Trainer die anderen Teilnehmer
auf: *„Und Sie verteilen sich bitte gleichmäßig und einigen sich, wer
welche Rolle übernimmt, wobei diejenigen, die am ersten Tag gespielt
haben, das Vorrecht haben, die Beobachter-Rolle zu bekommen.“*

Wenn sich alle Kleingruppen gefunden haben, gibt der Trainer
folgenden Hinweis: *„Sie haben für die Vorbereitung 15 Minuten,
für das Rollenspiel 15 Minuten und für die Auswertung ebenfalls 15
Minuten Zeit. Der Beobachter achtet auf die Zeit.“*

Dann teilt der Trainer an jede Gruppe die Instruktionen aus, wobei
der Beobachter beide Instruktionen sowie den Beobachtungsbogen
erhält.

Die Unterlagen finden Sie auf den folgenden Seiten.

*Rollenspiele
in Kleingruppen*

Rollenspiel „Mitarbeitergespräch"

Instruktionen für die Führungskraft, Herr/Frau Best

Sie sind seit einem dreiviertel Jahr als Teamleiter/in im Bereich Controlling tätig. Vorher haben Sie in einer anderen Gruppe innerhalb der gleichen Abteilung gearbeitet. Dies ist Ihre erste Führungsposition.

Seit einigen Wochen bemerken Sie, dass Ihr Mitarbeiter Herr/Frau Arnold (A) nicht mehr die gleiche Leistung erbringt wie früher. A arbeitet seit vier Jahren als Controller/in hier im Unternehmen. In seiner Freizeit spielt A leidenschaftlich gerne Handball.

Während er (sie) früher hervorragende Arbeit leistete, sich engagierte, weiterbildete und sogar die Arbeit anderer Kollegen miterledigte, gelingt es ihm mittlerweile nicht mehr, seine eigene Arbeit rechtzeitig zu bewältigen. Das hängt auch damit zusammen, dass A in letzter Zeit immer ungewöhnlich früh nach Hause geht. Dadurch entstehen ihm wöchentlich einige Minus-Stunden. Nach der jüngsten Arbeitszeit-Abrechnung hat A mittlerweile 18 Minus-Stunden angesammelt (bei flexibler Arbeitszeit-Regelung und einer Wochen-Arbeitszeit von 38,5 Stunden). Es ist daher kein Wunder, dass A mit der Bewältigung seiner Arbeit Schwierigkeiten hat.

So hat sich gestern der Abteilungsleiter Herr Sturm beschwert, dass er den Controlling-Bericht, den er dringend für eine Vorstandspräsentation benötigte, erst mit eintägiger Verspätung von A bekommen habe und außerdem noch zwei Fehler darin enthalten waren. Auch sei der Bericht nicht so übersichtlich und strukturiert gewesen, wie er es erwartet habe. Dies habe er zwar mit A besprochen, aber er gab Ihnen zu verstehen, dass Sie noch mal mit A reden sollten, damit „solch eine Schlamperei" nicht wieder vorkomme. Sie wissen, dass Herr Sturm manchmal sehr aufbrausend sein kann, dennoch möchten Sie mit A sprechen. Denn in letzter Zeit ist es häufiger vorgekommen, dass A seine Berichte auf den letzten Drücker oder leicht verspätet abgab und auch Fehler haben sich, ganz im Gegensatz zu früher, öfter mal eingeschlichen.

Sie können sich diesen Leistungsabfall nicht recht erklären. Sie haben gehört, dass A seit einiger Zeit eine sehr erfolgreiche Handball-Jugend-Mannschaft trainiert. Sie wissen nicht, ob sein gesunkenes Engagement im Job damit zusammenhängt.

Jedenfalls wollen Sie es nicht hinnehmen, dass A seine Berichte verspätet und fehlerhaft abgibt. Ihre Kunden erwarten zu Recht, dass Termine eingehalten werden und die Berichte gewissenhaft und exakt erstellt werden.

Während Sie vor drei, vier Monaten noch darüber nachdachten, As Gehalt zu erhöhen (die letzte Gehaltserhöhung liegt über zwei Jahre zurück) und ihn als absolut förderungswürdig einstuften,

 202

sind Sie im Moment unzufrieden mit As Leistung. Dabei hatten Sie von seinen Berichten und seinen Präsentationen vor den Abteilungsleitern und dem Vorstand bislang nur Gutes gehört – professionell, souverän und hervorragend strukturiert seien seine Vorträge, ebenso die Berichte, bis vor kurzem immer gewesen, das hat auch Herr Sturm eingeräumt.

In dem Gespräch möchten Sie herausfinden, wie es zu dem Leistungsabfall von A kommen konnte und erreichen, dass A sein Arbeitsverhalten verändert.

Rollenspiel „Mitarbeitergespräch"

Instruktionen für den Mitarbeiter/die Mitarbeiterin, Herr/Frau Arnold

Sie arbeiten seit sechs Jahren als Mitarbeiter/in im Bereich Controlling. Sie sind 32 Jahre alt und spielen nebenbei im Verein recht erfolgreich Handball.

Ihren Job haben Sie immer sehr gerne gemacht, doch seit einiger Zeit fühlen Sie sich demotiviert. Sie haben sich weitergebildet, zahlreiche Seminare besucht und in Projektgruppen mitgearbeitet. Da sie schon immer sehr schnell waren, haben Sie den Kollegen häufig noch bei deren Arbeit geholfen. Auch bei Ihren Kunden, das sind in der Regel Bereichs- und Abteilungsleiter, scheinen Sie in der Regel gut anzukommen. Ihre Berichte sind stets hervorragend aufbereitet, klar und gut geschrieben, Ihre Präsentationen, die Sie ebenfalls häufig vor den leitenden Angestellten oder vor der Geschäftsleitung halten, sind professionell und gut strukturiert. Allerdings bekommt man selten mal ein Feedback.

Dennoch hatten Sie eigentlich damit gerechnet, dass sich Ihr Engagement auszahlen würde. Aber weit gefehlt. Ihre frühere Chefin, Frau Damals, hat Sie zwar häufig gelobt. Wenn es jedoch um Gehaltserhöhungen oder um die Besetzung einer interessanten Stelle ging, mussten Sie immer warten. Die letzte Gehaltserhöhung liegt bereits zwei Jahre zurück. Auch Herr/Frau Best, Ihr neuer Chef, der seit einem dreiviertel Jahr im Amt ist, hat sich diesbezüglich nicht gerührt.

Kein Wunder, dass Sie Ihr Engagement im Job mittlerweile etwas reduziert und auf den sportlichen Bereich verlagert haben. Vor zwei Monaten haben Sie das Training der sehr ambitionierten Handball-Jugendmannschaft des TV Handburg übernommen, nachdem der alte Trainer aus Gesundheitsgründen mitten in der Saison aufgehört hatte. Diese Mannschaft spielt in der höchsten deutschen Klasse, dementsprechend trainieren Sie das Team dreimal in der Woche (montags, mittwochs und freitags). Das Training beginnt immer um 17 Uhr. Dienstags und donnerstags haben

Sie selbst um 19.00 Uhr Training – Sie spielen in einer Bezirksliga-Mannschaft mit. Damit Sie zwischendurch noch mal zur Ruhe kommen, gehen Sie in letzter Zeit meistens schon um 15.30 Uhr nach Hause.

Dadurch sind Ihnen einige Minus-Stunden entstanden (bei flexibler Arbeitszeit-Regelung und einer Wochen-Arbeitszeit von 38,5 Stunden). Allerdings ist die Saison in knapp zwei Monaten beendet. Sie hoffen, dass Sie Ihre Jugend-Mannschaft zur Meisterschaft führen können, denn seit Sie das Training übernommen haben, schwimmt das Team auf einer Erfolgswelle. In acht Wochen könnten Sie wieder länger auf der Arbeit bleiben. Sie finden, dass Ihr Teamleiter für diesen vorübergehenden Zustand Verständnis haben sollte. Außerdem können sich nun die Kollegen einmal dafür revanchieren, dass Sie jahrelang Mehrarbeit geleistet haben.

Allerdings ist es Ihnen schon etwas unangenehm, dass Sie Ihre Controlling-Berichte mittlerweile nicht immer rechtzeitig fertig stellen können und Ihnen – im Gegensatz zu früher – auch mal ein Fehler unterläuft. So hat sich kürzlich der Abteilungsleiter Herr Sturm bei Ihnen beschwert, weil Sie Ihren Bericht, den er für eine Vorstandspräsentation benötigte, mit eintägiger Verspätung abgegeben hatten. Er hatte sich ziemlich aufgeregt, auch weil zwei kleine Fehler in dem Bericht waren. Sein Ton war dabei ziemlich unverschämt.

Nun hat Ihr Chef Sie um ein Gespräch gebeten. Sie vermuten, dass er wegen der Sache mit Herrn Sturm mit Ihnen sprechen will. Sie haben sich schon gedacht, dass Herr Sturm sich bei Ihrem Chef beschweren würde. Vielleicht will Ihr Chef aber auch endlich mal die überfällige Gehaltserhöhung mit Ihnen besprechen. Sie sind gespannt.

Beobachtung des „Mitarbeitergesprächs"

Ihre Aufgabe:
I. Sorgen Sie für die Einhaltung der Zeiten:
▶   Vorbereitung: 15 Min.
▶   Durchführung: 15 Min.
▶   Auswertung: 15 Min.

II. Beobachten Sie das Gespräch in Bezug auf folgende Kriterien:
1. Nonverbale Kommunikation – Körperhaltung, Gestik, Mimik, Blickkontakt.
2. Sachebene – Wie verständlich und nachvollziehbar argumentiert die „Führungskraft", wie der „Mitarbeiter"? Wie strukturiert die „Führungskraft" das Gespräch (z.B. durch Fragetechniken)?

3. Selbstaussageseite – Wie klar vertritt die „Führungskraft" ihren Standpunkt, wie der „Mitarbeiter"? Wie deutlich werden die eigenen Bedürfnisse und Gefühle ausgedrückt? Wie wird Kritik formuliert? Werden Ich-Botschaften verwendet?
4. Beziehungsebene – Wie ist das Klima zwischen den Gesprächspartnern? Inwiefern geht der eine auf den anderen ein? Wird Aktives Zuhören eingesetzt?
5. Appellseite – Inwiefern erreicht die „Führungskraft" bzw. der „Mitarbeiter" sein Ziel?

III. Leiten Sie die Auswertung an. Gehen Sie bei der Auswertung folgendermaßen vor:
1. Wie hat die „Führungskraft" das Gespräch erlebt?
2. Wie hat der „Mitarbeiter" das Gespräch erlebt?
3. Was haben Sie beobachtet?

Achten Sie bei der Auswertung auf die Feedback-Regeln:

▸ Beschreiben Sie, was Sie wahrgenommen haben, statt das Verhalten der Gesprächspartner zu bewerten.
▸ Bleiben Sie bei Ihrer Rückmeldung konkret. Treffen Sie keine verallgemeinernden Aussagen (z.B. „Du bist unsicher").
▸ Sagen Sie immer auch, was Ihnen gefallen hat.
▸ Sprechen Sie die Person, auf die Sie sich beziehen, direkt an.
▸ Achten Sie darauf, dass die Feedback-Nehmer zuhören und sich nicht erklären oder rechtfertigen.

Während der Rollenspiele steht der Trainer für Fragen zur Verfügung und kann sich ansonsten entspannen.

Nachdem die Kleingruppen fertig sind, bittet der Trainer die Teilnehmer: *„Kommen Sie bitte in den Halbkreis und bleiben Sie noch kurz als Kleingruppe zusammen. Berichten Sie kurz den anderen, wie das Gespräch bei Ihnen gelaufen ist, und welche Erkenntnisse Sie aus der Auswertung gezogen haben."*

Pause   10.15 Uhr

10.30 Uhr Zweite Praxisberatung: Fallarbeit ‚Inneres Team'

Ziele:

▶ Der Protagonist gewinnt ein besseres Verständnis der intrapsychischen Dynamik des von ihm eingebrachten Anliegens.

▶ Er entwickelt ein Bild, mit welcher „inneren Aufstellung" er sein Problem besser bewältigen kann.

▶ Die anderen Teilnehmer profitieren von der Praxisberatung, indem sie das Modell des Inneren Teams verstehen und auf eigene innere Konflikte übertragen.

Zeit:

▶ 60 Minuten (5 Min. Themenwahl, 50 Min. Praxisberatung, 5 Min. Puffer)

Material:

▶ Flip-Chart „Praxisberatung"

▶ Ablaufplan, auf dem die Moderationskarten mit den möglichen Praxisfällen angepinnt sind

▶ Flip-Chart, unterschiedlich farbige Moderationsstifte

Überblick:

▶ Auswahl des Anliegens.

1. Exploration

2. Zieldefinition

3. Methodische Bearbeitung:

   ▶ Das Anliegen des Protagonisten aufgreifen und den Grundgedanken des Modells „Inneres Team" erläutern.

   ▶ Am Flip-Chart das „Oberhaupt" des Inneren Teams und die Fragestellung aufzeichnen.

   ▶ Erhebung des ersten Inneren Teammitglieds:

     • Welche innere Stimme meldet sich als Erstes zu Wort?

     • Botschaft, Name, Geste/Symbol, Platz im Team ermitteln

     • Das Innere Teammitglied aufmalen.

   ▶ Erhebung der weiteren Inneren Teammitglieder:

   ▶ Positive Funktionen der Inneren Teammitglieder herausarbeiten und aufschreiben.

   ▶ Die innere Aufstellung überprüfen und bei Bedarf verändern.

> ▶ Zwischenbilanz und Abstimmung.
> ▶ Bei Bedarf: Diskussion mit dem Inneren Team.
>   • Jedes Innere Teammitglied wird durch einen Rollenspieler dargestellt.
>   • „Eindoppeln" der Rollenspieler.
>   • Diskussion des Protagonisten mit seinen „Inneren Teammitgliedern".
>   • Der Protagonist bezieht abschließend Stellung.
> 4. Auswertung: Sharing.
> 5. Ergebnissicherung.

Erläuterung

Am dritten Tag kann individueller auf die Fragen und Anliegen der Teilnehmer eingegangen werden als an den ersten beiden Seminartagen, an denen die Vermittlung der grundlegenden Theorien und Techniken der Kommunikation und Gesprächsführung im Mittelpunkt standen. Es gibt im Rahmen von zwei Phasen der Praxisberatung Gelegenheit, weitere Fälle der Teilnehmer zu bearbeiten.
Im Folgenden stelle ich Ihnen die Beratung mit dem Modell des Inneren Teams nach Schulz von Thun (1998) anhand eines Beispiels vor. Im Unterschied zum psychodramatischen Rollenspiel fokussiert diese Methode weniger auf die zwischenmenschliche, sondern auf die innere Kommunikation, also auf die Auseinandersetzung mit inneren Anteilen. Sie bietet eine hervorragende Grundlage, um Anliegen, die auf die bessere Bewältigung von inneren Konflikten abzielen, anschaulich und effektiv zu bearbeiten. Beispiele für geeignete Themen sind etwa:

Im Vordergrund steht die innere Kommunikation

> ▶ *„Ich stehe vor einer schwierigen Entscheidung – was soll ich tun?"*
> ▶ *„Wie kann ich lernen, in schwierigen Gesprächen ruhiger zu bleiben?"*
> ▶ *„Was kann ich tun, um meine Nervosität in den Griff zu kriegen?"*
> ▶ *„Wie kann ich lernen, Kritik nicht persönlich zu nehmen?"* etc.

Vorgehen

Die Auswahl des Falles, der nun bearbeitet wird, geschieht wie bei der ersten Praxisberatung: Der Trainer verteilt die Moderationskarten, auf denen die unterschiedlichen Fragestellungen stehen, im Raum und fordert die Teilnehmer, die keinen Fall eingebracht haben, auf, sich zu dem Fall zu stellen, an dem sie arbeiten möchten. Der Fall mit den meisten Stimmen wird bearbeitet.

In unserem Beispiel wird das Anliegen von Frau Brause gewählt: *„Wie kann ich lernen, mich weniger über einen schwierigen Kollegen aufzuregen?"*

Fallarbeit: Das Innere Team

1. Exploration

Frau Brause ist Referentin für fachliche Weiterbildung innerhalb eines großen Unternehmens. Vor knapp einem Jahr hat sie mit Herrn Jung einen neuen Kollegen bekommen. Zunächst ließ sich die Zusammenarbeit gut an, mittlerweile gibt es jedoch einige Punkte, die Frau Brause stören. So vermittle der Kollege den Mitarbeitern teilweise Inhalte, die Frau Brause irrelevant und praxisfern findet, während er Aspekte ausklammere, die sie für absolut notwendig hält. Außerdem führe er deutlich weniger Schulungen durch als sie und habe kürzere Seminarzeiten. Kurzum, er mache sich „einen Lenz", während sie sich „immer voll reinhängt", wie sie sagt. Nun habe sie gegenüber Herrn Jung durchaus schon einige „kernige" Bemerkungen fallen lassen, mit denen sie deutlich gemacht habe, wie sie über seine Arbeit denkt. Geändert habe sich jedoch nichts. Sie wolle sich nun nicht gleich beim Chef über den Kollegen beschweren. Und streng genommen sei es auch die Sache von Herrn Jung, wie er seine Schulungen gestalte. Aber andererseits sei es ungünstig, wenn die Mitarbeiter unterschiedlich geschult werden. Das sei für deren Arbeit ungünstig und vermittle auch ein negatives Bild von der Schulungs-Abteilung. Eigentlich sei es also an der Zeit, sich mit Herrn Jung auseinander zu setzen. Dies falle ihr jedoch schwer, da sie befürchtet, „über das Ziel hinauszuschießen". Sie neige nämlich dazu, „sehr emotional" aufzutreten und andere vor den Kopf zu stoßen. Das wolle sie dieses Mal vermeiden.

2. Zieldefinition

Trainer:	*„Was möchten Sie hier herausfinden?"*
Protagonistin:	*„Mir geht es weniger darum, zu üben, wie ich das Gespräch mit dem Kollegen am besten führe, sondern ich will erreichen, dass ich mich nicht mehr so aufrege. Und andererseits will ich aber auch den Konflikt nicht vermeiden."*

| Trainer: | „O.K. Dann versuchen Sie mal, dieses Ziel positiv zu formulieren, und zwar in einem Satz: Ich will herausfinden ...“ |
| Protagonistin: | „Ich will herausfinden, wie ich besser mit meinem Kollegen umgehen kann.“ |

Dieses Ziel ist ausreichend klar formuliert und dient als Kontrakt für die weitere Zusammenarbeit.

3. Beratung mit dem Inneren Team

An dieser Fragestellung könnte man prinzipiell auch mit der Methode des psychodramatischen Rollenspiels arbeiten. Für die Protagonistin steht jedoch die Klärung ihres inneren Konfliktes und der Umgang mit ihren eigenen Gefühlen, für die der Kollege der Auslöser ist, im Fokus. Immer dann, wenn es in erster Linie um die Bearbeitung innerer Konflikte geht, ist die Beratung mit dem Inneren Team eine geeignete Methode.

Trainer:	„Wenn ich Sie richtig verstanden habe, fühlen Sie sich innerlich hin- und hergerissen, wie Sie mit ihrem Kollegen umgehen wollen.“
Protagonist:	„Genau.“
Trainer:	„Ich würde Ihnen gern ein Modell anbieten, das ich hilfreich finde, um zu mehr innerer Klarheit zu finden.“

Das Modell erläutern

Der Trainer steht auf, geht zum Flip-Chart und zeichnet mit wenigen Strichen einen Menschen mit großem Bauch auf das Papier.

Abbildung: Der Trainer zeichnet mit einfachen Mitteln einen Menschen, in dessen Bauch die verschiedenen Inneren Teammitglieder hineinpassen.

Trainer:	„Keine Angst. Das soll kein Porträt von Ihnen sein."
Protagonistin (lacht):	„Da bin ich aber froh."
Trainer:	„Ich möchte nur genug Platz lassen für die verschiedenen Anteile, die sich bei Ihnen angesichts dieser Situation zu Wort melden. Das Modell geht nämlich davon aus, dass es in jedem von uns verschiedene Anteile gibt, die wir uns vorstellen können, als wären sie eigenständige Personen, als Mitglieder unseres Inneren Teams."

Protagonistin (schaut fragend und erwartungsvoll): „Aha."

Erhebung des ersten Inneren Teammitglieds

Trainer:	„Welchen Impuls spüren Sie denn als Erstes, wenn Sie an Ihre Frage denken, wie Sie mit Herrn Jung umgehen wollen?"
Protagonistin:	„Als Erstes habe ich das Gefühl, dass ich es lieber sein lasse, mich mit Herrn Jung zu streiten."
Trainer:	„Es gibt also einen Anteil, der sagt: ,Lass das lieber sein'."
Protagonistin:	„Genau."
Trainer:	„Weil ..."
Protagonistin:	„Weil ich sonst wieder zu laut und zu heftig werde. Das passiert mir leicht in Konflikten."
Trainer:	„Und dieser innere Anteil warnt Sie davor."
Protagonistin:	„Genau."
Trainer:	„Wenn dieser Anteil sprechen könnte, wie würde seine zentrale Botschaft lauten?"
Protagonistin:	„Hm. Ich glaube: ,Lass ihn in Frieden!'"
Trainer:	„O.K. Und wenn wir diesen Anteil als ein Inneres Teammitglied sehen, wie könnte es dann heißen?"
Protagonistin:	„Wie könnte es heißen? Hm. Keine Ahnung."
Trainer:	„Ist das die Warnende? Oder die Vorsichtige?"
Protagonistin:	„Eher die Ängstliche, würde ich sagen."

Der Trainer geht zum Flip-Chart und fragt nach:
| Trainer: | „Wo ist der Platz der Ängstlichen im Inneren Team? Hat sie einen großen Einfluss oder eher wenig? Ist sie eher im Zentrum oder eher am Rand?" |
| Protagonistin: | „Also, im Moment hat sie einen ziemlich großen Einfluss. Also ist sie eher im Zentrum." |

Der Trainer malt mit einfachsten Mitteln eine Person mit ängstlichem Gesichtsausdruck ins Zentrum des Inneren Teams. Er lässt dabei genug Platz für weitere Innere Teammitglieder, die möglicherweise später hinzu kommen. Unter die Abbildung des Inneren Teammitglieds schreibt er den Namen dieses Anteils. An ihren Mund zeichnet er eine Sprechblase, in der die Kern-Botschaft zu lesen ist.

Abbildung: Der Trainer zeichnet das erste Innere Teammitglied der Protagonistin ein. Jedes Innere Teammitglied erhält einen Namen und eine Botschaft.

Erhebung des zweiten Inneren Teammitglieds

Anschließend wendet sich der Trainer wieder der Protagonistin zu:

Trainer:	*„Welche Stimme meldet sich als nächste?"*
Protagonistin:	*„Na ja, es gibt eine Stimme, die ist einfach ärgerlich, weil manche Sachen, die der Jung vermittelt, einfach fachlich nicht gut sind."*
Trainer:	*„Diese Stimme achtet also darauf, ob der Kollege die Arbeit gut macht."*
Protagonistin:	*„Ja, ich hab ja selbst auch einen hohen Anspruch an mich. Ich will, dass wir wirklich die Dinge vermitteln, die die Mitarbeiter auch brauchen. Und ich will, dass sie topfit aus den Schulungen rausgehen. Ich merke einfach, dass der Herr Jung das alles nicht so genau nimmt."*
Trainer:	*„Wie lautet die Botschaft dieses Anteils?"*
Protagonistin:	*„Hm. ‚Sag dem mal, dass das so nicht geht.' Der muss einige Sachen umstellen."*
Trainer:	*„Wie heißt dieses Innere Teammitglied?"*
Protagonistin:	*„Hm, schwer zu sagen, die Perfektionistin vielleicht."*

Die Protagonistin schaut den Trainer zweifelnd an.

Trainer:	*„Die Perfektionistin, stimmt das?"*
Protagonistin:	*„Hm. Mir fällt gerade nichts Besseres ein."*

Trainer zu den anderen Teilnehmern: „Wer hat eine Idee?" Die Teilnehmer machen verschiedene Vorschläge. Die Protagonistin entscheidet sich für den Namen „die Ambitionierte".

Trainer:	„Wo ist der Platz der Ambitionierten?"
Protagonistin:	„Auch relativ zentral. Etwas hinter der Ängstlichen."

Der Trainer weiß nicht, wie er dieses Innere Teammitglied zeichnen kann. Deshalb fragt er:

Trainer:	„Was für eine Geste könnte die Ambitionierte machen? Oder gibt es ein Symbol, dass für die Ambitionierte passt?"
Protagonistin:	„Vielleicht ein Lineal. Weil sie alles ganz genau nimmt."

Der Trainer malt „die Ambitionierte" auf das Flip-Chart und versieht sie mit ihrem Namen und einer Kern-Botschaft.

Abbildung: Der Trainer hat das zweite Innere Teammitglied der Protagonistin eingezeichnet.

Erhebung des dritten Inneren Teammitglieds

Trainer:	„Welche Stimme meldet sich noch?"
Protagonistin:	„Also, ich merke einfach, dass mich der Kollege wahnsinnig auf die Palme bringt. Ich bin einfach stinksauer."
Trainer:	„Ist das die Ambitionierte, die so sauer ist?"
Protagonistin:	„Hm. Nee, ich glaube, das ist noch mal ein anderer Anteil. Der sagt: ‚Der macht sich einen Lenz. Der ist eine Niete! So geht das nicht!' Aber ich weiß natürlich, dass das nicht in Ordnung ist, so über ihn zu denken."

Trainer:	„Aha, da meldet sich also anschließend noch eine andere Stimme, die diese Wut, die Sie auf den Kollegen haben, verurteilt."
Protagonistin (lacht):	„Ja, genau."
Trainer:	„Lassen Sie uns zunächst noch bei diesem Anteil bleiben, der wütend auf den Kollegen ist. Wie lautet denn seine zentrale Botschaft?"
Protagonistin:	„Die zentrale Botschaft ist: ‚Sag ihm endlich mal die Meinung!'"
Trainer:	„Wie möchten Sie dieses Innere Teammitglied nennen?"
Protagonistin:	„Die Wütende."
Trainer:	„Wo ist der Platz der Wütenden?"
Protagonistin:	„Die gehört neben die ‚Ambitionierte'."

Der Trainer malt „die Wütende" auf das Flip-Chart und versieht sie mit ihrem Namen und einer Kern-Botschaft.

Abbildung: Der Trainer hat das dritte Innere Teammitglied der Protagonistin eingezeichnet.

Erhebung des vierten Inneren Teammitglieds

| Trainer: | „Dann gibt es ja noch eine Stimme, die der Wütenden sagt, dass es nicht in Ordnung ist, so zu denken. Ist das die Ängstliche?" |
| Protagonistin: | „Ja, das sagt die Ängstliche. Aber es gibt auch noch einen anderen Anteil. Die könnten wir die Freundliche oder die Gutmütige nennen. Und die will auch keinen Streit. Die will vor allem Harmonie und ein gutes Klima in der Zusammenarbeit. Und die hasst es, wenn ich so explodiere und einen Kollegen angreife." |

Trainer:	*„Wie möchten Sie diesen Anteil nennen? Frau Freundlich?"*
Protagonistin:	*„Ja, das gefällt mir gut. Frau Freundlich. Und ihre Botschaft lautet:*
	‚Akzeptiere ihn so, wie er ist.'" Die Protagonistin strahlt.
Trainer:	*„Diesen Anteil mögen Sie gern, nicht wahr?"*
Protagonistin:	*„Ja, das stimmt. Es ist ja auch wahr: Der Herr Jung ist eigentlich ein*
	netter Kerl und er muss ja auch nicht so verbissen sein wie ich. Es ist
	sein gutes Recht, dass er andere Schwerpunkte setzt als ich."
Trainer:	*„Wo ist der Platz von Frau Freundlich?"*
Protagonistin:	*„Die ist ziemlich weit vorne. Neben der Ängstlichen."*

Der Trainer malt „Frau Freundlich" auf das Flip-Chart und versieht sie mit ihrem Namen und ihrer Kern-Botschaft.

Abbildung: Der Trainer hat alle Inneren Teammitglied der Protagonistin eingezeichnet.

Trainer:	*„Welche innere Stimme gibt es noch?"*
Protagonistin:	*„Hm. Keine mehr, glaube ich."*
Trainer:	*„Gut, dann haben wir jetzt Ihr Inneres Team für die Situation mit*
	Ihrem Kollegen zusammen. Stimmt das Bild so?"
Protagonistin:	*„Ja. Das passt."*

Positive Funktionen herausarbeiten

Trainer: *„Gut. Dann kommen wir jetzt zum nächsten Schritt. Grundsätzlich ist es so, dass alle Inneren Teammitglieder ihre Berechtigung haben. Wir können kein Inneres Teammitglied entlassen oder rausschmeißen. Um einen inneren Konflikt zu bewältigen, geht es vielmehr darum, alle inneren Anteile zu verstehen und zu würdigen. Nur dann können wir den inneren Konflikt lösen. Die Grundregel ist: Jedes Teammitglied hat einen Zipfel der Wahrheit. Und nur, wenn wir die positive Funktion, die jeder Anteil hat, beachten, können wir den inneren Konflikt konstruktiv auflösen.“*

Die Protagonistin und einige Teilnehmer nicken. Der Trainer fährt fort. *„Die Frage ist also: wozu ist das jeweilige Innere Teammitglied gut? Die Frage richtet sich zum einen an Sie, Frau Brause. Oft weiß man aber selbst nicht genau, was das Gute an manchen Anteilen ist, gerade wenn man sie selbst nicht so mag. Deshalb sind auch die anderen gefragt. Fangen wir mit der Ängstlichen an. Welche Funktion hat die Ängstliche?“*

Die Protagonistin arbeitet mit Unterstützung der anderen Teilnehmer die positiven Funktionen der verschiedenen Inneren Teammitglieder heraus. Der Trainer moderiert den Prozess und achtet darauf, dass Frau Brause jene Aspekte, die von den anderen Teilnehmern genannt werden, versteht und ihnen zustimmt, bevor er sie aufschreibt. Ist die Protagonistin mit der Formulierung einverstanden, dann wird die positive Funktion mit grünem Stift zum jeweiligen Teammitglied geschrieben.

Abbildung: Der Trainer arbeitet zusammen mit der Protagonistin und den anderen Teilnehmern die positiven Funktionen der verschiedenen Inneren Teammitglied heraus und schreibt sie mit grünem Stift auf das Flip-Chart.

Folgende positive Funktionen werden herausgearbeitet:

▶ Die Ängstliche: Sorgt dafür, dass Frau Brause ihren Kollegen achtsam behandelt und ihn nicht verletzt.

▶ Die Ambitionierte: Sorgt für die hohe Arbeitsqualität von Frau Brause. Achtet darauf, dass die gesamte Abteilung eine gute Arbeit macht.

▶ Die Wütende: Erzeugt Energie, um Konflikte anzugehen.

▶ Frau Freundlich: Schafft ein gutes Klima. Fühlt sich in andere ein.

Das Innere Team überprüfen und verändern

Trainer: *„Nun ist die Frage: Wie müssten Sie innerlich aufgestellt sein, damit Sie die Situation mit dem Kollegen gut bewältigen können? Welche Inneren Teammitglieder müssten nach vorne kommen und den Kontakt zu Herrn Jung gestalten? Und welche müssten sich eher im Hintergrund halten?"*

Protagonistin: *„Hm. Die Ängstliche und die Wütende hätte ich gerne mehr im Hintergrund."*

Der Trainer zeichnet mit einem grünen Stift Pfeile ein, die signalisieren, dass diese beiden Anteile in den Hintergrund gehören.

Protagonistin: *„Und die Ambitionierte und die Gutmütige können nach vorne gehen."*

Der Trainer zeichnet die Pfeile entsprechend ein.

Abbildung: Die Protagonistin sagt dem Trainer, wie ihr Inneres Team aufgestellt sein soll, damit sie den Konflikt gut bewältigen kann. Der Trainer zeichnet mit Pfeilen die Veränderungen ein, welche die Protagonistin im Inneren Team vornehmen will.

Trainer:	„Jetzt besteht noch die Möglichkeit, ein neues Inneres Teammitglied einzustellen. Am besten einen Anteil, den Sie von sich aus anderen Situationen kennen, aber in Bezug auf Ihren Kollegen im Moment nicht zur Verfügung haben. Haben Sie eine Idee?"
Protagonistin:	„Hm. Nein, also, damit bin ich jetzt überfordert."
Trainer:	„Haben die anderen Vorschläge?"

Die Teilnehmer machen verschiedene Vorschläge. Die Teilnehmerin entscheidet sich, eine „Sachliche" einzustellen.

Trainer:	„Wie lautet die Botschaft der Sachlichen?"
Protagonistin:	„Prüfe genau den Sachverhalt, schreib Dir die Dinge auf, die Du besprechen willst und dann trag Deine Argumente sachlich vor und suche Lösungen."
Trainer:	„Gibt es ein Symbol für die Sachliche?"
Protagonistin:	„Ja, eine Waage. Weil die Sachliche alle Argumente genau abwägt."
Trainer:	„Wo soll der Platz von der Sachlichen sein?"
Protagonistin:	„Ganz weit vorne. Neben der Ambitionierten und Frau Freundlich."

Der Trainer zeichnet „Die Sachliche" mit grünem Stift ein und versieht sie mit ihrem Namen und ihrer Botschaft.

Trainer:	„Ist die innere Aufstellung so gut?"
Protagonistin:	„Ja, ich glaube schon."

Abbildung: Die Protagonistin hat ein neues Inneres Teammitglied „eingestellt", mit dessen Unterstützung sie die Konfliktsituation besser bewältigen kann.

Zwischenbilanz und Abstimmung

Nun geht es darum, eine Zwischenbilanz zu ziehen und das weitere Vorgehen abzustimmen.

Trainer: *„Ihr Ziel war ja, herauszufinden, wie Sie mit Ihrem Kollegen umgehen wollen. Wie lautet denn bis hierhin Ihre Bilanz?"*

Wenn die Protagonistin ihr Ziel bereits zu diesem Zeitpunkt als erreicht ansehen würde, wäre die Beratung hiermit beendet. Der Trainer würde dann noch ein Sharing und die Ergebnissicherung anschließen (s. Seite 162f.). Hier ist dies jedoch nicht der Fall:

Protagonistin: *„Das ist schon hilfreich, mal alle inneren Stimmen im Blick zu haben. Aber ich weiß immer noch nicht genau, wie ich die Sache angehen will."*

Nun kann der Trainer eine „Diskussion mit dem Inneren Team" anschließen.

Diskussion mit dem Inneren Team

Die „Diskussion mit dem Inneren Team" hat den Vorteil, dass nach der langen Beratungssequenz, die stark auf die Protagonistin fokussierte, die Gruppe wieder mit einbezogen wird. Als Erstes werden Rollenspieler benötigt, welche die Inneren Teammitglieder der Protagonistin verkörpern.

Trainer: *„Dann schlage ich vor, dass wir noch einen Schritt weiter gehen, damit Sie mehr Klarheit bekommen. Dazu möchte ich Ihnen Gelegenheit geben, dass Sie sich mit Ihren einzelnen Inneren Teammitgliedern auseinander setzen können. O.K.?"*

Protagonistin: *„O.K. Aber ich habe keine Ahnung, wie das gehen soll."*

Trainer an die Teilnehmer: *„Dazu brauchen wir die Mithilfe der Gruppe. Wir brauchen für jedes Innere Teammitglied eine Person, die sich in diese Rolle hineinversetzt und aus der Rolle heraus argumentiert. Alle Rollenspieler bekommen Instruktionen, so dass Sie dann wissen, was sie zu tun haben. Sie haben also einen leichten Job. Wer möchte welche Rolle übernehmen?"*

Hier kann es einen Moment dauern, bis alle Rollen vergeben sind. Aber nach einigem Werben finden sich meist genügend Teilnehmer bereit, so dass auch die vermeintlich unattraktiven Rollen (hier: „die Ängstliche" oder „die Wütende") vergeben werden können.

Trainer (zu den Rollenspielern): *„Nehmen Sie bitte ihren Stuhl mit und setzen Sie sich vorne im Kreis zusammen."*

Dann verteilt er Kärtchen, Stifte und Klebestreifen an die Teilnehmer, damit sie sich „Namensschilder" basteln können, auf denen ihre Rolle steht.

 218

Trainer (zu den Rollenspielern): *„Schreiben Sie bitte ihre Rolle auf das Kärtchen und kleben es sich an."*

Trainer (zur Protagonistin): *„Und Sie setzen sich mit Ihren Inneren Teammitgliedern zusammen und führen ein Gespräch mit ihnen. Ich setze mich neben Sie, um Sie dabei zu unterstützen."*

Die Protagonistin, der Trainer und die Rollenspieler setzen sich im Kreis zusammen. Die Protagonistin sitzt dabei so, dass die zuschauenden Teilnehmer sie sehen können.

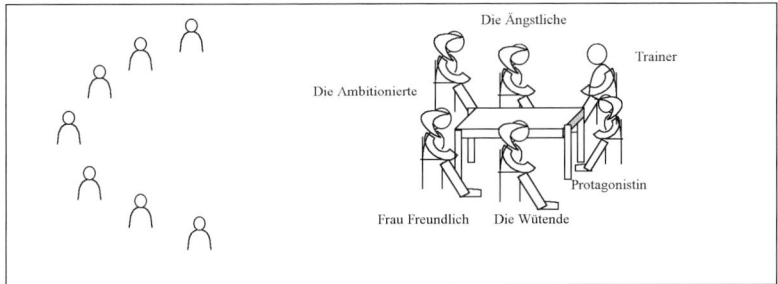

Abbildung: Bei der Diskussion mit dem Inneren Team leitet die Protagonistin mit Unterstützung des Trainers eine Besprechung mit ihren Inneren Teammitgliedern, die von verschiedenen Teilnehmern gespielt werden.

Trainer (zur Protagonistin): *„So wie eine gute Führungskraft bei einer Entscheidung alle Mitarbeiter mit einbezieht, ist es jetzt ihr Job, allen inneren ‚Mitarbeitern' gut zuzuhören und dann eine Entscheidung zu treffen, die möglichst alle berücksichtigt. Ist Ihr Ziel nach wie vor, herauszufinden, wie Sie mit dem Kollegen umgehen wollen? Oder ist Ihr Ziel mittlerweile noch konkreter geworden?"*

Protagonistin: *„Ich weiß schon, dass ich ihn ansprechen werde. Aber ich habe noch nicht so klar, wie ich das Gespräch angehen werde."*

Trainer: *„Gut. Das Ziel ist also, herauszufinden, wie Sie das Gespräch mit dem Kollegen führen möchten?"*

Protagonistin: *„Ja."*

Trainer: *„Zu dieser Frage können Sie jetzt ein Inneres Teammitglied nach dem anderen befragen. Ihr Job ist es, nachzufragen, gut zuzuhören und das zu würdigen, was von jedem Einzelnen kommt. Ich unterstütze*

	Sie dabei. Erst wenn wir alle inneren Stimmen angehört haben, geht es um eine Lösung."
Protagonistin:	„O.K."

Nun müssen die Rollenspieler noch in ihre Rolle eingewiesen werden. Da die zentralen Botschaften der verschiedenen Inneren Teammitglieder bereits herausgearbeitet worden sind und auf dem Flip-Chart stehen, ist hier nur ein kurzes Eindoppeln der Rollenspieler erforderlich:

Trainer (zur Protagonistin): *„Die Rollenspieler brauchen jetzt noch ihre Instruktionen, damit sie wissen, was sie gleich sagen sollen. Dazu möchte ich Sie bitten, dass Sie sich nacheinander kurz hinter jeden Rollenspieler stellen, sich in dessen Rolle versetzen und in der Ich-Form die wichtigsten Botschaften des jeweiligen Inneren Teammitglieds sagen. Fangen wir mal mit der ‚Ängstlichen' an. Stellen Sie sich mal hinter die Rollenspielerin des ängstlichen Anteils und sagen Sie mal als ‚Die Ängstliche', wie Frau Brause das Gespräch mit dem Kollegen führen sollte."*

Protagonistin (doppelt ‚die Ängstliche' ein): *„Ich finde, sie sollte das Gespräch überhaupt nicht führen. Das gibt doch nur Ärger."*

Trainer: *„Das wäre Dir am liebsten, Ängstliche, ich weiß. Das geht aber nicht. Denn Frau Brause hat sich schon entschieden, dass sie das Gespräch führen will. Wenn Du davon mal ausgehst, was würdest Du ihr raten, wie sie dabei vorgehen sollte?"*

Protagonistin (doppelt „die Ängstliche" ein): *„Dann sollte sie auf jeden Fall ihre Kritik nicht zu hart formulieren und sie nicht vor den Kopf stoßen. Sie sollte freundlich bleiben."*

Trainer (zur Rollenspielerin): *„Haben Sie noch Fragen zu ihrer Rolle?"*

Rollenspielerin („Die Ängstliche). *„Nein".*

Die Protagonistin doppelt in ähnlicher Weise alle Rollenspieler ein. Der Trainer achtet darauf, dass die Botschaften, welche die Inneren Teammitglieder erhalten, für die Lösung des Anliegens der Protagonistin hilfreich sind. Außerdem vergewissert er sich, ob die Instruktionen für die Rollenspieler ausreichend klar sind.

Trainer (zu den Rollenspielern): *„Ihr Job ist es, sich mit Hilfe der Vorgaben von Frau Brause aus Ihrer Rolle heraus an der Diskussion zu beteiligen und zu einer Lösung beizutragen. Haben Sie noch Fragen zu Ihrer Rolle?"*

Rollenspielerin („Die Wütende"): *„Wie heftig soll ich denn meine Rolle spielen?"*

Trainer: *„Na ja, Sie sollen den Seminarraum und die Teilnehmer schon heil lassen. Aber Ihre Meinung können Sie deutlich sagen, nicht wahr, Frau Brause?"*

Protagonistin (grinst): *„Auf jeden Fall."*

Trainer (zur Protagonistin): *„Legen wir los."*

Protagonistin:	„Ich möchte wissen, wie ich das Gespräch mit meinem Kollegen gut führen kann. Was meinst Du dazu, Ambitionierte?"
Ambitionierte:	„Du musst ihm sagen, dass das so nicht weitergeht. Dass er nicht so schludern kann. Das musst Du ihm mal stecken. Und wenn er das nicht begreift, dann gehst Du eben zum Chef!"
Trainer (zur Ambitionierten):	„Jetzt haben Sie als Ambitionierte gesagt, wie Sie's am liebsten hätten, wenn es nur nach Ihnen ginge. Was wäre denn Ihre Mindest-Forderung an Frau Brause, wenn Sie die Interessen der anderen Inneren Teammitglieder berücksichtigen?"
Ambitionierte:	„Meine Mindest-Forderung ist, dass Frau Brause klar und deutlich sagt, was Sie als die Ziele der Fortbildungen ansieht ..."
Trainer (zur Ambitionierten):	„Sagen Sie es ihr direkt."
Ambitionierte:	„Du musst ihm klar sagen, wo Du die Ziele der Fortbildungen siehst und wo Du bei ihm Abweichungen erkennst."
Protagonistin:	„Mhm. Ja, das klingt gut. Und was meinst Du, Ängstliche?"
Ängstliche:	„Ich finde, Du kannst nicht gleich Forderungen stellen. Du musst schon vorsichtig sein. Du darfst ihn nicht vor den Kopf stoßen."
Protagonistin (ärgerlich):	„Ach, das regt mich auf. Warum musst Du immer so ängstlich sein! Stell Dich doch nicht so an!"
Trainer (zur Protagonistin):	„Es fällt Ihnen nicht leicht, diesen ängstlichen Anteil zu akzeptieren, nicht wahr?"
Die Protagonistin nickt.	
Trainer:	„Was könnte denn, neben dem, was Sie ärgert, der nützliche Teil der Ängstlichen sein? Was ist denn Wahres dran, an dem, was sie sagt?"
Protagonistin:	„Was ich schon akzeptieren kann, ist, dass ich nicht zu heftig werden darf und ihn nicht vor den Kopf stoßen sollte."
Trainer (zur Protagonistin):	„Und wenn Sie das positiv, also ohne Verneinung, formulieren?"
Protagonistin:	„Ich werde versuchen, behutsam zu sein mit meiner Kritik."
Trainer (zur Protagonistin):	„Wen fragen Sie als Nächstes?"
Protagonistin:	„Frau Freundlich. Was meinst Du?"
Frau Freundlich:	„Ich sehe das ähnlich. Ich fände es gut, wenn Du zuerst das Positive sagst. Es gibt doch bestimmt einiges, was Dir an ihm oder an seiner Arbeit gefällt. Das solltest Du zuerst sagen. Dann kannst Du ja auch was Kritisches ansprechen."
Protagonistin:	„Das ist eine gute Idee, dass ich erst das Positive anspreche. Und Du, Wütende, was meinst Du?"
Wütende:	„Ich finde, Du musst aber auch klar und deutlich bleiben. Und nicht um den heißen Brei reden."
Protagonistin:	„Das stimmt auch. Und Du, Sachliche, was meinst Du?"

Sachliche:	*„Ich finde auch gut, wenn Du erst das Positive und dann das Kritische sagst. Außerdem solltest Du Dir vor dem Gespräch eine Liste machen, welche Punkte Du ansprechen willst und was Du erreichen willst. Und Du musst aufpassen, dass Du Herrn Jung nicht abwertest. Vielleicht kannst Du Dich ja auch vorher mal in seine Lage hineinversetzen."*
Protagonistin:	*„Ja, das finde ich gut. Eine Liste machen ist auf jeden Fall hilfreich und mir erst mal klarmachen, was ich erreichen will. Und das mit dem Hineinversetzen ist bestimmt gut, auch wenn ich nicht weiß, ob es mir gelingt."*
Trainer:	*„Dann sagen Sie Ihrem Inneren Team mal, wie Sie in das Gespräch gehen wollen. Wie könnte eine Lösung aussehen, die alle Inneren Teammitglieder berücksichtigt."*
Protagonistin:	*„Grundsätzlich werde ich klar sagen, was mich stört. Aber zunächst möchte ich das Positive ansprechen, denn das gibt es ja weiß Gott auch. Das Gespräch werde ich gut vorbereiten und schauen, welche Punkte ich auf jeden Fall ansprechen will. Mir ist wichtig, dass ich einige Punkte kläre, aber auch, dass ich mit Herrn Jung weiter gut zusammenarbeiten kann. Der Gesprächsleitfaden wird mir da sicher eine Hilfe sein."*
Trainer:	*„Können wir damit einen Punkt machen?"*
Protagonistin:	*„Ja. Vielen Dank an alle."*
Trainer (zu den Rollenspielern):	*„Dann können Sie Ihre Schilder abnehmen, als Zeichen, dass Sie jetzt auch Ihre Rolle wieder abgeben. Vielen Dank."*

4. Auswertung

Zur Auswertung der Beratungsarbeit mit dem Inneren Team eignet sich erneut das „Sharing":
Trainer: *„Ich möchte auch an diesen Praxisfall gerne wieder ein so genanntes ‚Sharing' anschließen. Die Fragen dazu sind: Welche ähnlichen Situationen habe ich erlebt? Welche Inneren Teammitglieder kenne ich?"* Hier ist es hilfreich, wenn sich möglichst viele Teilnehmer beteiligen; Wiederholungen schaden nicht. Der Trainer kann dies entsprechend unterstützen.

5. Einordnung und Ergebnissicherung

Zum Abschluss der Praxisberatung geht es wieder darum, vom individuellen Fall zu abstrahieren und allgemeingültige Schlüsse zu ziehen. Bei der Fallarbeit mit dem Inneren Team ist es ratsam, zunächst einige Erläuterungen zu dem theoretischen Modell zu geben: *„Ich denke, es ist sinnvoll, wenn ich Ihnen ein paar Sätze zu dem Modell sage, mit dem wir gerade gearbeitet haben. Dieses*

Modell des Inneren Teams veranschaulicht die Erkenntnis, dass in uns allen unterschiedliche Regungen, Strebungen und innere Anteile existieren, die miteinander in Konflikt geraten können. Diese unterschiedlichen Anteile können wir uns als Innere Teammitglieder vorstellen – und uns selbst als Chef dieses Inneren Teams.

Die Inneren Teammitglieder von Frau Brause, die wir jetzt kennen lernen durften, können bei anderen Menschen in ähnlicher Weise auch existieren. So hat wohl jeder Mensch ängstliche, wütende oder freundliche Anteile. Allerdings gibt es auch viele Unterschiede von Mensch zu Mensch. Jeder hat sein eigenes individuelles Inneres Team mit ganz persönlichen Inneren Teammitgliedern. Welche inneren Anteile bei uns stärker oder schwächer ausgeprägt sind, wird bestimmt durch unsere Lebensgeschichte, aber auch durch unsere Anlagen, unser Temperament. So hat vielleicht der eine einen stark ausgeprägten distanzierten, reservierten Anteil, der im Umgang mit Menschen zunächst die Bühne betritt, während jene Inneren Teammitglieder, die nach Kontakt und Nähe suchen, viel Zeit brauchen, um sich nach vorne zu wagen. Bei anderen ist genau das Gegenteil der Fall. Da betritt im Kontakt mit anderen Menschen stets ein freundliches, offenes Teammitglied auf, während jene Inneren Teammitglieder, die dafür sorgen, sich abzugrenzen und auch mal ,Nein' zu sagen, sich kaum einmal nach vorne wagen.

Es ist keine Seltenheit, dass unsere unterschiedlichen Inneren Teammitglieder miteinander in Konflikt geraten. Das kann dann dazu führen, dass wir in der Kommunikation unklar und widersprüchlich werden. Deshalb ist es wichtig für uns, ein gutes Gespür für unsere Inneren Teammitglieder zu entwickeln, um klar und stimmig zu kommunizieren. Welche Fragen und Anmerkungen gibt es dazu?" Schließlich erarbeitet der Trainer mit den Teilnehmern, welche Schlüsse aus der Praxisberatung gezogen werden können: „Welche Lernerfahrungen nehmen Sie aus der Fallarbeit mit?" Der Trainer sammelt die Aspekte, welche die Teilnehmer nennen, auf einem Flip-Chart.

Hinweise

▶ Der Trainer sollte das Zeichnen Innerer Teammitglieder vor dem Seminar üben. Die Zeichnungen müssen nicht schön sein, auch mit bescheidensten künstlerischen Fähigkeiten kann man hilfreiche Visualisierungen erstellen.

Üben Sie die Zeichnungen vorher ein

▶ Die Praxisberatung mit dem Inneren Team ist eine sehr persönliche Form der Anliegenbearbeitung. Der Trainer sollte daher genau überprüfen, ob der Rahmen und das Klima des Seminars für eine solche Fallarbeit geeignet ist.

▶ Falls sich für die Diskussion mit dem Inneren Team nicht genügend Rollenspieler finden, hat der Trainer mehrere Möglichkeiten, zu reagieren:

1. Der Trainer kann werben, etwa mit den folgenden Worten: *„Ich möchte Sie bitten, Frau Brause zu unterstützen und eine Rolle zu übernehmen, damit wir noch einen Schritt weitergehen können und Frau Brause für sich eine Klarheit findet. Sie müssen nichts Besonderes leisten. Sie kriegen ein paar Sätze vorgegeben und bekommen gesagt, was zu tun ist. Da kann überhaupt nichts schief gehen.“*

2. Der Trainer wärmt die Teilnehmer an, indem er sie dazu auffordert, aufzustehen, durch den Raum zu gehen und dabei nacheinander die Körperhaltung der verschiedenen inneren Anteile, hier also der Ängstlichen, der Ambitionierten, der Wütenden usw., einzunehmen. Nach dieser Anwärmung kann er noch mal fragen, wer welche Rolle übernimmt.

3. Der Trainer lässt den Protagonisten bestimmen, welches Innere Teammitglied von welchem Teilnehmer gespielt wird.

4. Zur Not kann der Trainer auch auslosen, wer welche Rolle übernimmt.

▶ Manchmal taucht nach den theoretischen Erläuterungen am Ende der Fallarbeit die Frage auf, wie man denn ohne einen Berater oder Trainer das Modell für sich selbst nutzen könne. Hier kann der Trainer zunächst die anderen Teilnehmer fragen, welche Ideen sie haben und schließlich ergänzen: *„Sie können, gerade in schwierigen Situationen, in denen Sie merken, dass Sie mit sich selbst nicht im Reinen sind, sich die Zeit nehmen und alle unterschiedlichen inneren Anteile, die Sie spüren, aufschreiben und ihre Botschaften festhalten. Das schafft innere Klarheit. Dann geht es darum, zu prüfen, welchen ‚Zipfel der Wahrheit' jeder Anteil hat und schließlich zu einer Lösung zu kommen, die diese Aspekte berücksichtigt.“*

Literatur

▶ Schulz von Thun, Friedemann: Miteinander reden. Band 3. Das „Innere Team" und situationsgerechte Kommunikation. Rowohlt, Reinbek, 1998
▶ Schulz von Thun, Friedemann: Praxisberatung in Gruppen. Beltz, Weinheim; Basel, 1996
▶ Benien, Karl: Beratung in Aktion. Windmühle, Hamburg, 2003

11.30 Uhr Kurze Pause

Dritte Praxisberatung: Kollegiale Beratung oder Problemlösung in Kleingruppen

11.35 Uhr

Ziele:
▶ Die Teilnehmer entwickeln Lösungsmöglichkeiten für individuelle Anliegen und Fragen.

Zeit:
▶ 55 Minuten (5 Min. Themenwahl, 45 Min. Praxisberatung, 5 Min. Puffer)

Material:
▶ Ablaufplan, auf dem die Moderationskarten mit den möglichen Praxisfällen angepinnt sind
▶ Flip-Chart „Kollegiale Beratung" bzw. „Problemlösungs-Schema", Flip-Charts und Stifte für die Kleingruppen

Überblick:
Kollegiale Beratung:
▶ Die Teilnehmer teilen sich in Kleingruppen auf.
▶ Der Trainer stellt eine Struktur zur Kollegialen Beratung vor.
▶ Beratung in Kleingruppen anhand dieses Schemas.
▶ Die Protagonisten berichten im Plenum von den Anregungen, die sie erhalten haben.

Problemlösung in Kleingruppen:
▶ Die Teilnehmer ordnen sich je nach Interesse den verschiedenen Themen zu.
▶ Anhand des „Problemlösungs-Schemas" bearbeiten die Kleingruppen ihre Fragestellungen auf Flip-Chart.
▶ Sie präsentieren ihre Ergebnisse im Plenum.

Erläuterung

Häufig stehen zu diesem Zeitpunkt des Seminars noch einige Anliegen im Raum. Dann bleibt dem Trainer nicht genügend Zeit, um alle individuellen Fragen ausreichend im Plenum bearbeiten zu können. Deshalb bietet sich die Möglichkeit an, die Bearbeitung weiterer Anliegen an Kleingruppen zu delegieren. Zu diesem Zeitpunkt des Gruppenprozesses sind die Teilnehmer weitgehend in der Lage, ihre Fragestellungen autonom zu bearbeiten. Wenn die Anliegen eher persönlicher, individueller Natur sind, bietet sich die Methode der „Kollegialen Beratung" an. Handelt es sich eher um allgemeine Fragestellungen, so bieten sich klassische Moderationsmethoden zur Problemlösung an.

▶ Kollegiale Beratung in Kleingruppen

Vorgehen

Bei der Kollegialen Beratung teilen sich die Teilnehmer je nach Interesse in Kleingruppen auf. Angenommen, es gibt zu diesem Zeitpunkt noch drei Anfragen für eine Fallarbeit, so legt der Trainer wieder Moderationskarten, auf denen die Themen stehen, auf den Boden und fordert die Teilnehmer auf: *„Bitte teilen Sie sich gleichmäßig zu den drei Themen auf."*

Anschließend stellt der Trainer ein Schema vor, mit dessen Hilfe die Kleingruppen ihre Beratungsgespräche strukturieren.

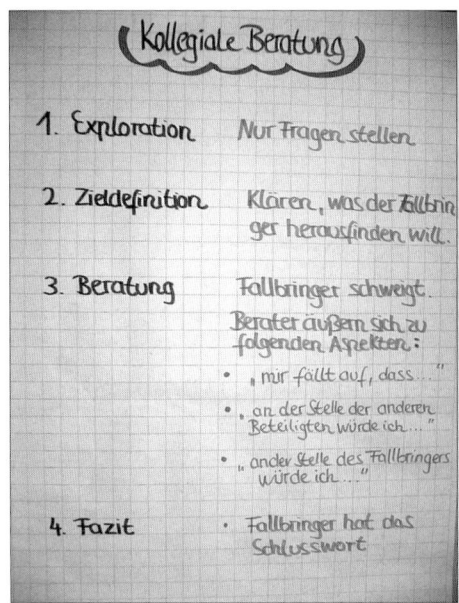

Abbildung: Das Flip-Chart „Kollegiale Beratung" gibt den Teilnehmern ein Schema an die Hand, mit dessen Hilfe sie sich gegenseitig konstruktiv beraten können.

„Gehen Sie bei der Beratung folgendermaßen vor: Am Anfang ist es
wie sonst auch in der Fallarbeit. Der Fallbringer berichtet zunächst,
worum es geht, die Berater stellen nur Fragen, geben aber keine
Ratschläge. Anschließend sagt der Fallbringer oder Protagonist, was
er herausfinden will, was sein Ziel für die Beratung ist. Dann hört
er nur noch zu. Die Berater können dann erst einmal ihre Eindrücke
austauschen und Vermutungen äußern. Dabei sprechen sie miteinan-
der und tun so, als sei der Protagonist gar nicht im Raum. Dann ver-
setzen sie sich in die anderen an der Situation beteiligten Personen
und versuchen, deren Gefühle und Interessen zu verstehen. Schließ-
lich versetzen sie sich in den Protagonisten hinein und versuchen,
sich verschiedenartige Handlungsmöglichkeiten zu überlegen und
diskutieren diese mit ihren Vor- und Nachteilen. Abschließend hat
der Protagonist das letzte Wort.“

Der Trainer macht eine Zeitvorgabe für die Kleingruppen, abhängig
von der Anzahl der in den Kleingruppen bearbeiteten Fälle. Wird
in jeder Kleingruppe nur ein Fall bearbeitet, gibt er 30 Minuten
an. Werden in jeder Kleingruppe zwei Fälle bearbeitet, müssen 20
Minuten pro Fall genügen.

Nachdem die Kleingruppen die Kollegiale Beratung beendet haben,
folgt ein kurzer Bericht im Plenum: *„Ich möchte die Fallbringer kurz*
bitten, zu sagen, was sie aus der Beratung mitgenommen haben.“

▶ Problemlösung in Kleingruppen

Vorgehen

Die Methode der „Problemlösung in Kleingruppen“ eignet sich
insbesondere dann, wenn die Anliegen eher allgemeiner Natur sind,
wie etwa die folgenden Fragestellungen:
- ▶ Was kann man tun, wenn sich das Gespräch im Kreis dreht?
- ▶ Was kann man tun, wenn man den roten Faden verliert?
- ▶ Wie kann man mit aggressiven Gesprächspartnern souverän
  umgehen?

Angenommen, diese drei Themen sind noch offen, so lässt der Trainer Kleingruppen bilden, die sich an den Interessen der Teilnehmer
orientieren. Wie bei der Kollegialen Beratung schreibt der Trainer
die Themen auf Moderationskarten, verteilt diese auf dem Boden

und fordert die Teilnehmer auf, sich möglichst gleichmäßig je nach Interesse zu verteilen.

Ideen werden gesam-
melt und auf Flip-
Charts präsentiert

Als Arbeitsauftrag kann er die Teilnehmer auffordern, ihre Ideen zu sammeln und auf Flip-Charts zu präsentieren. Die Qualität der Arbeitsergebnisse kann er allerdings verbessern, wenn er zuvor einige strukturierende Fragen formuliert hat, anhand derer die Kleingruppen ihre Ergebnisse erarbeiten.

Frageformen:

Zur Strukturierung der Kleingruppenarbeit sind in der Regel folgende Frageformen hilfreich:

▶ Zur Diagnose: Wie äußert sich das Problem? Woran erkenne ich das Problem? Welche Beispiele gibt es?

▶ Zur Analyse: Was steckt dahinter? Welche Gründe gibt es für das Problem? In welchen Situationen tritt das Problem auf?

▶ Zu Handlungsmöglichkeiten: Was ist zu tun? Worauf muss man achten? Welche Strategien haben sich bewährt? Was sollte man vermeiden?

Diese Fragen können in einer Vier-Felder-Matrix zu einem „Problemlösungs-Schema" zusammengefasst werden:

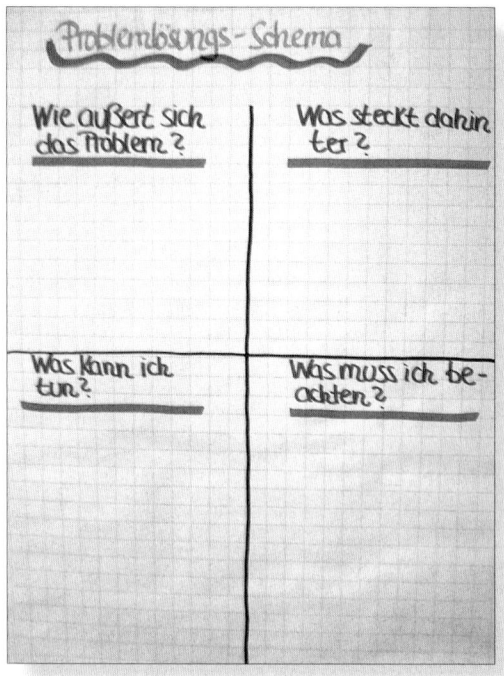

Abbildung: Das „Problemlösungs-Schema" hilft den Kleingruppen, die Bearbeitung ihrer Fragestellungen zu strukturieren.

Thomas Schmidt: Kommunikationstrainings erfolgreich leiten

Der Trainer präsentiert das „Problemlösungs-Schema" am Flip-Chart. Anschließend stellt er den Kleingruppen Flip-Chart-Papier und Moderationsstifte zur Verfügung und gibt ihnen für die Erarbeitung 20 Minuten Zeit.

Das Problemlösungs-Schema

Schließlich werden die Ergebnisse der Kleingruppen präsentiert. Die jeweiligen Zuhörer und der Trainer können die Präsentation um weitere Aspekte ergänzen.

Variante

Man kann den Kleingruppen zusätzlich den Auftrag geben, dass sie eine Szene erarbeiten sollen, in der eine Lösung des Problems exemplarisch dargestellt wird. Dann präsentiert jede Kleingruppe zuerst die Szene und dann das Flip-Chart. Diese Variante dauert etwas länger.

Szene erarbeiten und darstellen

Eine Möglichkeit, das Thema „Geschlechtsspezifische Kommunikation" zu bearbeiten, finden Sie ab Seite 316 beschrieben

Mittagessen   12.30 Uhr

Am letzten Tag sind die Teilnehmer meistens dankbar, wenn die Veranstaltung etwas früher als geplant endet. Deshalb verkürze ich die Mittagspause gerne, wenn es irgendwie möglich ist.

13.15 Uhr Warm-up ‚Klatschen'

Ziele:

▶ Die Teilnehmer werden nach dem Mittagessen wieder aktiviert.

Zeit:

▶ 10 Minuten (5 Min., 5 Min. Puffer)

Material: /

Überblick:

▶ Die Teilnehmer und der Trainer stellen sich im Kreis zusammen.

▶ Der Trainer klatscht in die Hände, anschließend klatschen die anderen Gruppenmitglieder nacheinander im Uhrzeigersinn ebenfalls in die Hände.

▶ Bei doppeltem Klatschen wechselt die Richtung.

▶ Mit dem Laut „ups" und dem Deuten auf ein Gruppenmitglied geht es bei diesem in Richtung des Uhrzeigersinns weiter.

Vorgehen

Der Trainer steht auf und leitet die Übung an: „Zum Verdauen und Wachwerden machen wir eine kurze Übung. Stehen Sie dazu bitte auf und kommen Sie im Kreis zusammen."

Wenn sich der Kreis gebildet hat, fährt der Trainer fort: „Die Übung ist ganz einfach. Ich klatsche in die Hände, anschließend klatschen Sie, nacheinander im Uhrzeigersinn, ebenfalls in die Hände."

Der Trainer klatscht in die Hände und blickt seinen Nachbarn zur Linken an, der das Klatschen fortsetzt. Wenn das Klatschen wieder beim Trainer angekommen ist, dringt er auf eine Verschärfung des Tempos: „O.K. Jetzt erhöhen wir das Tempo. Doppelt so schnell!"

Wenn das Klatschen erneut bei ihm angelangt ist, führt er die erste Variation ein: „Sie sehen, das ist ziemlich einfach. Um es etwas anspruchsvoller zu machen, gibt es eine Variante: Wenn jemand doppelt in die Hände klatscht, wechselt die Richtung."

Der Trainer klatscht doppelt in die Hände, die Richtung wechselt. Nach einer Weile führt der Trainer die zweite Variation ein: *„Stopp. Jetzt steigern wir noch einmal die Komplexität. Wenn jemand „ups" sagt und ohne zu klatschen mit beiden Händen auf jemanden zeigt, geht es bei diesem weiter. Und zwar immer im Uhrzeigersinn."*

Abbildung: Die drei Stufen des Warm-ups „Klatschen". Das Klatschen läuft zunächst im Uhrzeigersinn weiter. Beim doppelten Klatschen wechselt die Richtung. Wenn jemand „ups" sagt und mit beiden Händen auf jemand zeigt, geht es bei diesem in Richtung des Uhrzeigers weiter.

Der Trainer sagt *„ups"* und zeigt auf einen Teilnehmer, der ihm gegenübersteht. Von diesem setzt sich das Klatschen im Uhrzeigersinn fort. Der Trainer beendet die Übung nach spätestens zehn Minuten.

Hinweise

Natürlich passieren insbesondere bei hohem Tempo häufig Fehler. Das macht den Reiz dieser kleinen Übung aus. Bei der hier vorgestellten Variante haben die Fehler keine Konsequenzen. Man kann die Übung jedoch auch so spielen, dass jeder, der einen Fehler macht, ausscheidet, bis schließlich nur noch zwei oder drei Personen übrig sind.

13.25 Uhr Feedback – Input

Ziele:

▶ Die Teilnehmer verstehen den Sinn und Nutzen von Feedback.

▶ Die Teilnehmer kennen die Regeln konstruktiven Feedbacks.

Zeit:

▶ 15 Minuten (10 Min., 5 Min. Puffer)

Material:

▶ Die Flip-Charts „Das Johari-Fenster" und „Feedback-Regeln"

Überblick:

▶ Der Trainer klärt die Bedeutung des Begriffs „Feedback".

▶ Er präsentiert das Flip-Chart „Johari-Fenster" und erläutert, dass es beim Feedback darum geht, die eigenen blinden Flecken zu verringern.

▶ Er erläutert die Feedback-Regeln.

Erläuterung

„Feedback" ist das letzte große Thema des Seminars. Die Teilnehmer sind mittlerweile durch die Rollenspiele und Fallarbeiten bereits damit vertraut, Feedback zu geben und zu nehmen. Diese Vorerfahrung ist auch notwendig, denn nach wie vor ist echtes persönliches Feedback im Betrieb eher ungewöhnlich, teilweise sogar tabu. Dabei ist diese Fähigkeit eine fundamentale Voraussetzung für die Lernfähigkeit der Mitarbeiter und damit für den Erfolg eines Unternehmens.

Das Johari-Fenster Das Johari-Fenster als plausibles theoretisches Erklärungsmodell wird eingangs erläutert, anschließend werden die Feedback-Regeln noch einmal kurz erklärt. Schließlich geben die Teilnehmer einander in selbst gewählten Kleingruppen persönliches Feedback.

Vorgehen

„Auf unserem Programm steht noch das Thema „Feedback". Feedback ist ja ein gebräuchlicher Begriff. Aber was heißt er eigentlich? Was denken Sie?"

Der Trainer lässt möglichst verschiedene Teilnehmer zu Wort kommen. Meistens gehen die Antworten in die richtige Richtung. *„Genau. ‚Feedback' heißt so viel wie ‚Rückmeldung' oder ‚Rückkopplung'. Wörtlich übersetzt heißt ‚Feedback' eigentlich ‚Rückfütterung'. Das heißt, man wird gefüttert, mit etwas, was man von sich gegeben hat. Das klingt zwar etwas unappetitlich. Ist es aber nicht. Denn man bekommt etwas darüber zurückgefüttert oder zurückgemeldet, wie man auf andere Menschen wirkt. Es gibt ein Modell, das veranschaulicht, worum es beim Feedback geht. Das möchte ich Ihnen gerne vorstellen."*

Das Johari-Fenster

Der Trainer präsentiert das Flip-Chart „Johari-Fenster".

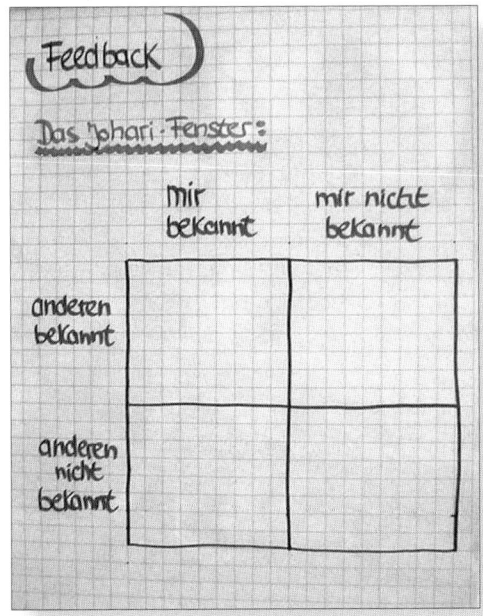

Abbildung: Der Trainer präsentiert das Flip-Chart „Johari-Fenster". Die Begriffe zur Bezeichnung der einzelnen Fenster trägt er ein, während er sie erläutert.

„Das Modell heißt das ,Johari-Fenster', weil es von zwei Gruppen-dynamik-Forschern entwickelt wurde. Der eine heißt Joe (Luft), der andere Harry (Ingram), so dass sie ihr Modell, das ja aussieht wie ein Fenster, das ,Johari-Window', auf Deutsch das ,Johari-Fenster', nannten. Das Modell unterteilt unsere Persönlichkeit in verschiedene Bereiche. Es gibt Bereiche der Persönlichkeit, die sind mir und

Die Öffentliche Person

anderen bekannt. Sie nannten diesen Bereich der Persönlichkeit die ,Öffentliche Person'." Der Trainer schreibt den Begriff „Öffentliche Person" auf das Flip-Chart.

Die Privatperson

„Dann gibt es Bereiche meiner Persönlichkeit, die sind anderen nicht bekannt, aber mir. Diesen Bereich nannten sie die ,Privatperson'." Der Trainer schreibt den Begriff „Privatperson" auf das Flip-Chart.

Der unbewusste Bereich

„Der Bereich der privaten Person ist am Anfang einer Begegnung groß. Vorgestern um 9 Uhr wussten die meisten von uns nicht viel voneinander. Das hat sich im Lauf der Zeit verändert, wir haben uns besser kennen gelernt, es hat sich Vertrauen entwickelt und der Bereich der öffentlichen Person ist bei jedem größer geworden. Außerdem gibt es Teile und Bereiche der Persönlichkeit, die weder mir noch anderen bekannt sind, den ,unbewussten Bereich' der Persönlichkeit." Der Trainer schreibt den Begriff „Unbewusstes" auf das Flip-Chart.

Der Blinde Fleck

„Das Unbewusste ist Gegenstand der tiefenpsychologischen Therapie. Da geht es darum, Anteile, die mir nicht bewusst sind, mir zugänglich zu machen und in die Persönlichkeit zu integrieren. Schließlich gibt es einen Bereich der Persönlichkeit, der für das Thema ,Feedback' wichtig ist, und das ist der so genannte ,Blinde Fleck'." Der Trainer schreibt den Begriff „Blinder Fleck" auf das Flip-Chart.

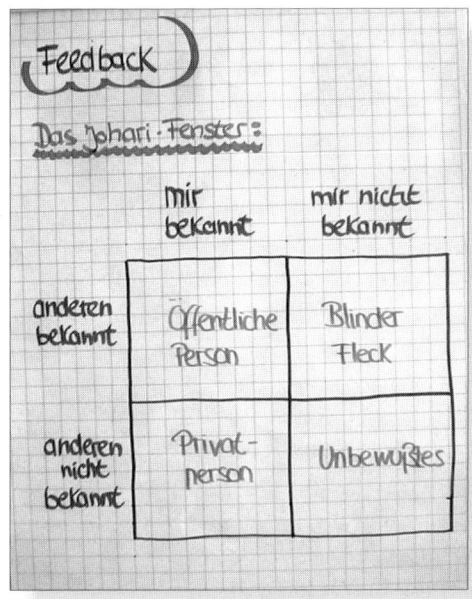

Abbildung: Das Flip-Chart „Johari-Fenster".

„Der Blinde Fleck ist jener Bereich der Persönlichkeit, der mir nicht bewusst ist, der aber anderen Menschen auffällt. Je größer dieser blinde Fleck, desto weniger habe ich eine realistische Einschätzung meiner Wirkung auf andere.

Und gerade diese Wirkung auf andere ist es ja, die darüber entscheidet, wie erfolgreich ich mich beruflich entwickle und wie befriedigend ich meine Beziehungen gestalten kann. Wenn ich mich etwa für einen begnadeten Witze-Erzähler halte und andere Menschen meine Witze lausig finden, aber aus Höflichkeit immer mitlachen, werde ich wahrscheinlich weiter meine ,größten Erfolge' zum Besten geben. Und nicht verstehen, warum sich die Menschen dann von mir zurückziehen. Es sei denn, ich bekomme ein aufrichtiges Feedback. Dann verringert sich mein ,Blinder Fleck' und ich kann entsprechend Konsequenzen daraus ziehen.

Oder, um ein Beispiel aus dem beruflichen Bereich zu nennen: Nehmen wir an, ein junger, aufstrebender Mitarbeiter muss häufig Vorträge vor Abteilungsleitern halten, wo es darum geht, sich für höhere Aufgaben zu empfehlen. Der junge Mann bereitet sich jedes Mal intensiv vor, hat ein exzellentes Manuskript, an dem er sich stark

orientiert, daraufhin allerdings den Kontakt zu den Zuhörern völlig verliert und diese die Vorträge als langweilig und unprofessionell empfinden. Der junge Mann hat nur dann eine Chance, sein Verhalten zu verändern, wenn er ein offenes Feedback bekommt. Es kann aber auch ebenso wichtig und hilfreich sein, eine positive Wirkung, der ich mir überhaupt nicht bewusst bin, zurückgemeldet zu bekommen. Nehmen wir etwa an, jemand hat ein Organisationstalent, das er gar nicht als besondere Stärke wahrnimmt und in seinem jetzigen Job auch nicht benötigt. Wie gut, wenn dies jemand bemerkt und es ihm rückmeldet, so dass er schauen kann, wie er diese Fähigkeit besser einsetzen kann.

Die Beispiele machen deutlich, warum Feedback im betrieblichen Bereich eine so hohe Bedeutung hat. Menschen und Organisationen können nur dann lernen und sich weiter entwickeln, wenn sie offen für Feedback sind und dadurch ihre blinden Flecken verkleinern." Der Trainer lässt Raum für Fragen und Anmerkungen.

Abbildung: Das Flip-Chart „Feedback-Regeln".

Feedback-Regeln

„Auf der anderen Seite geht es darum, nicht nur offen zu sein, sondern auch fähig zu sein, selbst offenes und konstruktives Feedback geben zu können. Das haben wir hier ja auch schon häufiger getan, etwa bei den Rollenspielen. Nun geht es darum, noch mal gezielt zu schauen, welche Leitlinien sich für Konstruktives Feedback bewährt haben."

Der Trainer präsentiert das Flip-Chart „Feedback-Regeln".

Thomas Schmidt: Kommunikationstrainings erfolgreich leiten

„Wenn Sie Feedback geben, ist es wichtig, die eigene Wahrnehmung zu beschreiben, nicht den anderen zu bewerten. Das haben wir ja auch im Zusammenhang mit der Ich-Botschaft besprochen. Außerdem kommt es darauf an, konkret zu bleiben, nicht zu verallgemeinern. Ich kann beschreiben, was ich wahrgenommen habe und wie dies auf mich gewirkt hat. Dabei ist es wichtig, nicht nur auf das Negative, sondern auch auf das Positive zu schauen. Feedback soll ein Geschenk sein, dass der andere gut nehmen kann. Feedback heißt also nicht ‚sein Fett abzubekommen', sondern es geht darum, den anderen so ‚rückzufüttern', dass es ihm gut bekommt, dass es ihn anreichert.

Richtiges Feedback: die eigene Wahrnehmung beschreiben

Schließlich, und das gilt auch hier für das Seminar, das Feedback soll direkt an den gerichtet werden, auf den es sich bezieht. Gibt es Fragen?"

„Wenn Sie ein Feedback bekommen, ist es wichtig, dass Sie zunächst einmal einfach nur zuhören. Nicht rechtfertigen, nicht erklären oder widersprechen, sondern entgegennehmen, wirken lassen und später sortieren, was Sie annehmen und was nicht.

Wichtig ist dabei, zu bedenken: Im Feedback geht es nicht um wahr oder falsch, sondern es geht um Wahrnehmungen und darum, etwas darüber zu erfahren, wie andere mich wahrnehmen und was ich bei anderen auslöse."

Passend zum Thema finden Sie eine Feedback-Übung und begleitende Feedback-Bögen beschrieben ab Seite 322

13.40 Uhr Feedback-Übung in Kleingruppen

Ziele:

▶ Die Teilnehmer erfahren etwas über ihre Wirkung auf andere Menschen.

▶ Sie üben, konstruktives Feedback zu geben und zu empfangen.

Zeit:

▶ 65 Minuten (5 Min. Instruktion, 40 Min. für die Kleingruppen, 15 Min. Auswertung im Plenum, 5 Min. Puffer)

Material:

▶ Flip-Chart „Fragen fürs Feedback"

▶ Flip-Chart „Feedback-Regeln", auf einem zweiten Flip-Chart-Ständer oder an einer Pinwand befestigt

Überblick:

▶ Die Teilnehmer finden sich in selbst gewählten Kleingruppen zu viert zusammen.

▶ Die Teilnehmer geben einander anhand verschiedener Leitfragen Feedback.

▶ Auswertung der Feedback-Sequenz im Fish-Bowl.

Vorgehen

Der Trainer lässt Kleingruppen bilden, bevor er die Instruktionen gibt, damit die Teilnehmer nicht während der Anweisungen innerlich mit der Frage beschäftigt sind, mit wem sie diese sehr persönliche Übung durchführen wollen.

„Als Nächstes kommt eine praktische Übung zum Thema Feedback. Es geht also um die Frage, wie wirke ich auf andere? Diese Übung machen wir in Kleingruppen. Stehen Sie deshalb bitte auf und stellen Sie sich jeweils zu viert zusammen. Schauen Sie, mit wem Sie diese Übung machen möchten."

Der Trainer wartet, bis sich die Kleingruppen gefunden haben, bittet die Teilnehmer dann, sich noch einmal zu setzen und präsentiert dann das Flip-Chart „Fragen fürs Feedback".

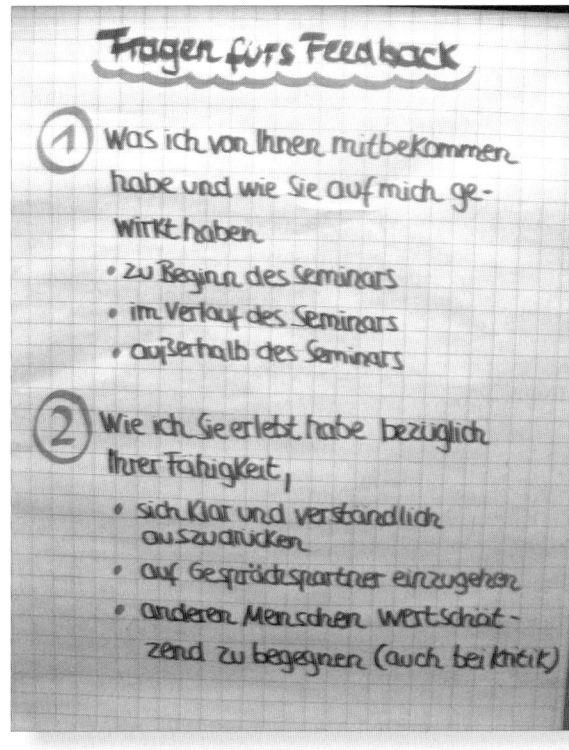

Abbildung: Das Flip-Chart „Fragen fürs Feedback" gibt jene Aspekte vor, zu denen sich die Teilnehmer gegenseitig Feedback geben sollen.

„Wählen Sie als Erstes jemand aus, der auf die Zeit achtet. Nehmen Sie sich dann für jede Person in Ihrer Kleingruppe zehn Minuten Zeit, um ihr Feedback zu geben. Einer ist also jeweils der Feedback-Nehmer, die anderen sind die Feedback-Geber. Nach 10 Minuten wechselt der Feedback-Nehmer.

Orientieren Sie sich beim Feedback-Geben an den folgenden Fragen: *Fragestellungen*
Erstens, was ich von Ihnen mitbekommen habe, und wie Sie auf mich gewirkt haben, zu Beginn des Seminars – wie war mein erster Eindruck, was ist mir an Ihnen als Erstes aufgefallen? Dann im weiteren Verlauf des Seminars, hier im Plenum, in Kleingruppen, bei Übungen

etc. und dann außerhalb des Seminars, bei Kaffeepausen, beim Essen etc. Zweitens, wie habe ich Sie erlebt in Bezug auf Ihre Fähigkeit, sich klar und verständlich auszudrücken, auf den Gesprächspartner einzugehen und bezüglich der Fähigkeit, anderen Menschen wertschätzend zu begegnen, auch bei Kritik oder in Konflikten.

Es kann sein, dass Sie nicht immer alle Fragen beantworten können, das macht nichts. Einige Aspekte haben Sie wahrscheinlich hier nicht beobachten können, da können Sie auch Vermutungen äußern. Gibt es Fragen zum Arbeitsauftrag?"

Es gibt meistens einige Fragen (siehe „Hinweise").

Während der Feedback-Runden geht der Trainer nicht in die Kleingruppen. Die Feedback-Sequenz ist ein zentraler und sehr intimer Bestandteil des Seminars, bei dem die Gruppenmitglieder ungestört bleiben sollen.

Auswertung

Wenn alle Kleingruppen die Übung beendet haben, geht es im Plenum weiter: *„Ich möchte kurz hören, wie es in den Kleingruppen gelaufen ist. Welche Gruppe mag anfangen?"*

Der Trainer kann nun einfach die Kleingruppen berichten lassen. Alternativ dazu kann er sie anweisen, in den „Fish-Bowl" zu kommen: *„Nehmen Sie bitte Ihre Stühle und setzen sich in einem kleinen Kreis in der Mitte zusammen. Ich erkläre gleich, wie es weitergeht."*

Abbildung: Bei der Auswertung im Fish-Bowl setzen sich die Mitglieder einer Kleingruppe in die Mitte des Kreises und sprechen miteinander darüber, wie sie den Prozess ihrer Zusammenarbeit erlebt haben. Sie tun dabei so, als seien sie unter sich.

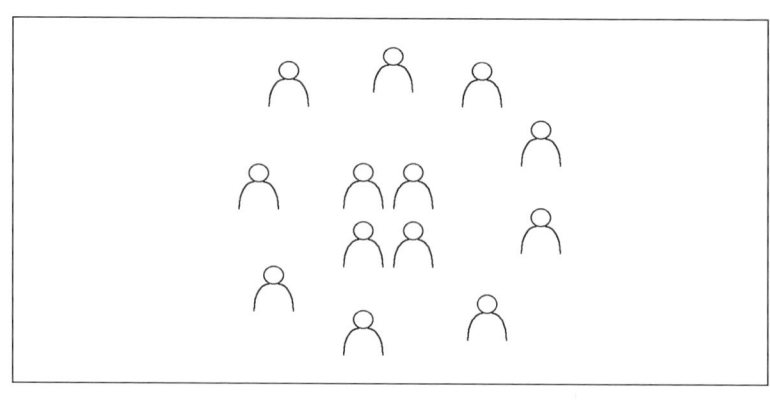

Wenn die Teilnehmer im Fish-Bowl sitzen, fährt der Trainer fort. *Fish-Bowl*
„Ich möchte, dass Sie nun kurz innerhalb der Gruppe darüber spre-
chen, wie Sie den Prozess in Ihrer Gruppe erlebt haben. Sie brauchen
dabei nicht auf einzelne Inhalte eingehen. Sie gehen auf die Meta-
Ebene, das heißt, Sie sprechen darüber, wie Sie es erlebt haben,
einander Feedback zu geben und Feedback zu erhalten. Tun Sie dabei
so, als wären wir außen gar nicht da. Klar?"

Meistens ist die Aufgabenstellung nicht gleich klar. Die Teilnehmer zögern dann oder sprechen den Trainer oder die anderen
Teilnehmer außerhalb der Kleingruppe direkt an. Dann korrigiert
der Trainer: *„Wir hier außen sind jetzt gar nicht da. Sprechen Sie*
miteinander."

Wenn sich die Teilnehmer darauf einlassen, ist der Fish-Bowl eine
sehr geeignete Methode zur Prozessanalyse und ermöglicht eine
intensive und dichte Reflexion des Kleingruppen-Prozesses.

Hinweise

▶ Feedback ist ein heißes Thema. Deshalb sind Fragen, Einwände *Was tun bei*
und Widerstände eher die Regel als die Ausnahme. *Widerständen?*
Die beiden wichtigsten Einwände sind:

– *„Wir kennen uns doch gerade erst zweieinhalb Tage. Nach so*
kurzer Zeit kann ich doch niemandem ein Feedback geben."
Eine mögliche Antwort darauf lautet: *„Im Feedback geht es*
darum, jemandem zu schildern, wie man ihn erlebt hat. Und
das geht schon nach wenigen Minuten, weil wir ganz schnell
einen Eindruck von jemandem gewinnen. Es geht ja nur um
Ihren subjektiven Eindruck. Das ist ein ganz wichtiger Punkt.
Im Feedback geht es nur um die Rückmeldung der eigenen
Wahrnehmung. Es geht überhaupt nicht um eine ‚richtige'
Einschätzung. Machen Sie sich also keinen Stress, dass Sie
irgendetwas Besonderes sagen müssen, es geht lediglich darum,
die eigene Wahrnehmung zu schildern."

– *„Ich möchte niemanden beurteilen."* Hier kann der Trainer
entgegnen: *„Es geht auch nicht ums Beurteilen. Jemanden zu*
beurteilen hieße, ihn zu bewerten. Darum geht es ausdrücklich
nicht. Es geht darum, zu beschreiben, wie ich jemanden
wahrgenommen und erlebt habe."

▶ Die Zeit von ca. 10 Minuten für jede Feedback-Sequenz pro Person ist zwar knapp bemessen, aber ausreichend, wenn sich die Teilnehmer bemühen, auf den Punkt zu kommen. Dennoch kommt es vor, dass einzelne Gruppen länger brauchen. Dann kann der Trainer ihnen zusätzliche Zeit geben, bittet sie aber auch, sich auf die wichtigsten Aspekte zu fokussieren. Auf der anderen Seite gibt es oft auch Gruppen, die vor der Zeit fertig sind, nicht selten deshalb, weil sie es vermieden haben, sich ernsthaft Feedback zu geben.

▶ Der Trainer achtet sorgfältig darauf, dass keine „Reste" bei den Teilnehmern nach dem Feedback zurückbleiben. Eventuell fragt er nach: *„Hat jemand ein Feedback bekommen, das er irritierend oder schwer nachvollziehbar fand?"* Meine Erfahrung ist allerdings, dass dies kaum vorkommt. In der Regel gehen die Teilnehmer in betrieblichen Seminaren eher vorsichtig und freundlich miteinander um.

▶ Dennoch ist es nicht auszuschließen, dass das eine oder andere Feedback als verletzend erlebt wird. Um die Zeit zu haben, Kränkungen oder Irritationen aufzufangen, kann es hilfreich sein, die Feedback-Sequenz bereits vor dem Mittagessen einzuplanen, so dass mehr Zeit bleibt, um auf mögliche „Nachwehen" des Feedbacks einzugehen (bei Bedarf auch in Einzelgespräche während der Mittagspause). Außerdem bleibt dann mehr Zeit für alle Teilnehmer, das Feedback zu „verdauen".

Variante

Wenn man die Feedback-Sequenz noch „sanfter" aufbauen will, kann man sie statt in der Kleingruppe auch an Zweiergruppen delegieren. So entsteht ein intimerer Rahmen für ein Feedback. Außerdem benötigt man hierfür deutlich weniger Zeit. Allerdings ist das Feedback dann natürlich auch weniger differenziert und vielfältig.

Literatur

▶ Antons, Klaus: Praxis der Gruppendynamik. Hogrefe, Göttingen; Toronto; Zürich, 1992, 5. Aufl.
▶ Fengler, Jörg: Feedback geben. Beltz, Weinheim; Basel, 1998

14.45 Uhr Pause

Do's & Don'ts der Kommunikation   14.50 Uhr

Ziele:
▶ Das im Seminar Gelernte wird reflektiert und zusammengefasst.

Zeit:
▶ 50 Minuten (5 Min. für die Instruktion, 20 Min. für die Kleingruppen-Arbeit, 10 Min. für die Präsentation, 10 Min. Lesen und Besprechen der Hand-outs, 5 Min. Puffer)

Material:
▶ Zwei Flip-Charts mit den Überschriften „10 Do's der Kommunikation" und „10 Don'ts der Kommunikation" und zwei Moderationsstifte.
▶ Ergänzende Hand-outs „Do's & Don'ts der Kommunikation"

Überblick:
▶ Die Seminargruppe teilt sich in zwei Kleingruppen auf.
▶ Eine Gruppe sammelt auf Flip-Chart „10 Do's der Kommunikation".
▶ Die andere Gruppe sammelt auf Flip-Chart „10 Don'ts der Kommunikation".
▶ Beide Gruppen zeigen eine Szene, in der sie einige der erarbeiteten Aspekte darstellen.
▶ Anschließend präsentieren sie ihr Flip-Chart.

Vorgehen

Der Trainer hat sich die beiden Flip-Chart-Bögen bereitgelegt, bevor er mit der Instruktion beginnt. *„Nun geht es darum, das Gelernte zu bündeln, um es im Alltag gut umsetzen zu können. Sie teilen sich dazu in zwei Kleingruppen auf. Eine Gruppe sammelt ‚10 Do's der Kommunikation und Gesprächsführung'. Sie listen die zehn wichtigsten Aspekte auf, die für eine gute Kommunikation entscheidend sind. Die andere Gruppe sammelt die ‚10 Don'ts der Kommunikation und Gesprächsführung', also die zehn wichtigsten Killer einer guten Kommunikation. Dafür haben Sie 15 Minuten Zeit. Anschließend haben Sie fünf Minuten Zeit, um eine kurze Szene einzuproben, in der einige zentrale Aspekte dargestellt werden. Alles klar?"*

Die 10 wichtigsten Aspekte werden gesammelt

Wenn keine Fragen kommen, legt der Trainer die beiden Flip-Charts in einiger Entfernung zueinander auf den Boden und fordert die Teilnehmer auf: *„Dann entscheiden Sie sich, woran Sie arbeiten möchten. Stellen Sie sich zu dem jeweiligen Flip-Chart dazu. Verteilen Sie sich gleichmäßig."*

Abbildung: Die Teilnehmer ordnen sich gleichmäßig zu den Flip-Charts mit den Aufschriften „10 Do's der Kommunikation" und „10 Don'ts der Kommunikation" zu und erarbeiten in Kleingruppen die jeweils zehn wichtigsten positiven bzw. negativen Faktoren der Kommunikation und eine Szene dazu.

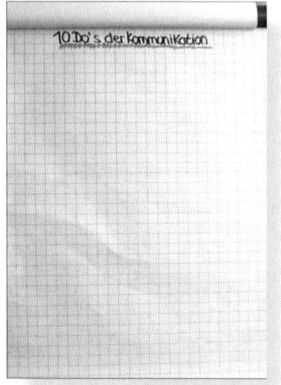
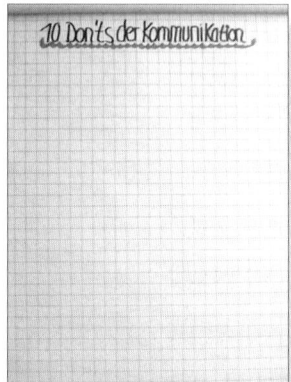

Nach 15 Minuten Kleingruppenarbeit fragt der Trainer, ob die Gruppen zurechtkommen und gibt gegebenenfalls Anregungen. Als Szene kann eine typische berufliche Gesprächssituation, etwa eine Gruppenbesprechung (z.B. über einen Betriebsausflug) oder ein schwieriges Zweier-Gespräch (z.B. ein schwieriges Kundengespräch) gewählt werden. Dabei kann auch auf eines der Rollenspiele aus dem Seminar zurückgegriffen werden. Alternativ können Szenen aus dem privaten Bereich gespielt werden.

Wenn beide Kleingruppen bereit sind, beginnt die Präsentation: *„Kommen wir zur Präsentation. Es beginnt die Gruppe mit den Don'ts, und zwar mit der Szene. Anschließend präsentieren Sie dann Ihre zehn Aspekte."* Nach der Szene gibt es einen Applaus für die Darsteller. Dann fordert der Trainer die Kleingruppe auf: *„Dankeschön. Dann stellen Sie bitte noch Ihre ‚10 Don'ts' vor."* Anschließend ist die andere Gruppe an der Reihe: *„Nun kommt die Gruppe mit den ‚Do's. Wir sehen zuerst die Szene und dann das Flip-Chart mit den zehn Aspekten".*

Hand-outs werden ausgeteilt

Schließlich werden die Hand-outs zum Thema ausgeteilt, die Teilnehmer lesen die beiden Blätter durch und besprechen sie bei Bedarf: *„Als Ergänzung gibt es hier noch eine Zusammenfassung wichtiger Faktoren, die sich in Studien zur Kommunikation eher als störend bzw. als förderlich, herausgestellt haben."*

Thomas Schmidt: Kommunikationstrainings erfolgreich leiten

Do's der Kommunikation

Typische Gesprächsförderer	Typische Redewendungen
Offene Fragen	Wie sehen Sie das?
Nachfragen	Was meinen Sie mit ‚vielleicht'? Sie sagen, irgendwie? Meinen Sie, dass ... ?
Zielorientierte Fragen	Was könnte Ihre Situation verbessern?
Aufmerksamkeit signalisieren	Mhm, ja, aha (Blickkontakt,Nicken).
Umschreiben, Zusammenfassen	Sie meinen, dass ...
Klären, auf den Punkt bringen	Wenn ich Sie richtig verstanden habe, geht es Ihnen also ... und nicht ...
Wünsche herausarbeiten	Sie möchten also am liebsten ...? Ihnen ist also vor allem wichtig, ...
Gefühle ansprechen	Sie fühlen sich dann herabgesetzt? Sie sind enttäuscht?
Ich-Botschaften/ Konflikte konstruktiv ansprechen	Du hast mich jetzt drei Mal hintereinander unterbrochen. Das ärgert mich, weil ich kaum zu Wort komme.
Namentliche Ansprache	Ja, Herr Maier ...
Positive Formulierungen	Gerne, schön, klar, gut.
Verständnis signalisieren	Ich kann gut verstehen, dass ... Das kann ich mir vorstellen.
Verbindlichkeit signalisieren	Ich kümmere mich jetzt sofort darum.

Don'ts der Kommunikation

Typische Gesprächsstörer	Typische Redewendungen
Du-/Sie-Botschaften Vorwürfe machen, Verallgemeinern	Sie hätten auf jeden Fall ... Ständig musst Du alles weitertratschen.
Reizformulierungen	Ich prüfe das. Dafür bin ich nicht zuständig. aber, trotzdem, doch, nur, Problem.
Herunterspielen	Das ist doch nicht so schlimm ... Da müssen wir alle mal durch ...
Ausfragen	Warum haben Sie sich denn nicht früher gemeldet?
Unterstellungen machen	Sie regen sich ja nur auf, weil ... Das liegt nur daran, dass Sie ...
Bewerten	Sie denken da falsch ... So kommen Sie nicht weiter ...
Befehlen	Zuerst beruhigen Sie sich mal ... Sie müssen halt ...
Belehren	Das habe ich Ihnen doch vorhin schon erklärt.
Warnen und Drohen	Denken Sie an die Folgen ... Das würde ich mir überlegen ...
Lebensweisheiten	Wer einmal lügt ... Ohne Fleiß kein Preis.
Killerphrasen	Das haben wir schon immer so gemacht. Du immer mit Deinen Ideen!
Weichmacher	irgendwie, eigentlich, könnte, würde, eventuell, vielleicht, unter Umständen.

Letzte Fragen   15.40 Uhr

Vorgehen

Der Trainer stellt die Pinwand mit den individuellen Lernzielen in die Mitte. *„Schauen Sie noch mal zurück auf Ihre Lernziele und Fragen vom Anfang des Seminars. Überlegen Sie mal, auf welche Fragen Sie Antworten haben und was noch offen ist. Welche offenen Punkte gibt es?"*

Die individuellen Lernziele werden abgeglichen

Der Trainer wartet eine Weile, da es manchmal einen Moment dauert, bis die Fragen so klar sind, dass sie formuliert und vorgetragen werden können.

Hinweise

Erfahrungsgemäß tauchen zu diesem Zeitpunkt kaum noch Fragen auf. Falls doch, verschiebt sich das Ende des Seminars nach hinten. Deshalb ist es günstig, etwa eine halbe Stunde Puffer nach hinten zu lassen. Das Seminar endet planmäßig um 17.00 Uhr, wenn allerdings hier nur wenig Fragen kommen, endet die Veranstaltung um 16.30 Uhr. Meistens sind die Teilnehmer dankbar dafür, insbesondere wenn der dritte Seminartag ein Freitag ist.

15.50 Uhr   Der Gordische Knoten

Orientierung

Ziele:

▶ Die Teilnehmer erleben in spielerisch-symbolischer Form den Zusammenhalt und die Auflösung der Gruppe.

Zeit:

▶ 10 Minuten

Materialien: /

Überblick:

▶ Der Trainer und alle Teilnehmer stellen sich im Kreis auf.
▶ Alle schließen die Augen, strecken ihre Hände nach vorne aus und greifen sich eine entgegenkommende Hand, indem sich alle langsam nach vorne bewegen.
▶ Alle öffnen die Augen und versuchen, den entstandenen Knoten zu entwirren.

Erläuterung

*Hier wird die Koo-
perationsfähigkeit
der Gruppe erlebbar
gemacht*

Der „Gordische Knoten" ist ein Klassiker der „New Games", jener Spiele, bei denen es darum geht, gemeinsam Spaß zu haben und etwas zu erleben, ohne dass es Gewinner und Verlierer gibt. Das Spiel passt an dieser Stelle hervorragend, vorausgesetzt, dass so viel Vertrautheit und Nähe in der Gruppe entstanden ist, dass sich die Teilnehmer auf die Übung, bei der körperlicher Kontakt erforderlich ist, einlassen. Beim Gordischen Knoten wird die Kooperationsfähigkeit der Gruppe ebenso erlebbar wie ihre bevorstehende Auflösung.

Vorgehen

„Bevor wir nun in die Zielgerade des Seminars einbiegen, möchte ich gerne noch eine kleine Übung mit der gesamten Gruppe zusammen machen. Stehen Sie dazu bitte alle auf und kommen Sie in einen Kreis."

Thomas Schmidt: Kommunikationstrainings erfolgreich leiten

Wenn sich der Kreis gebildet hat, muss der Trainer meist noch etwas nachkorrigieren: *„Gehen Sie noch etwas nach vorne, so dass wir Schulter an Schulter stehen."*

Wenn dies geschehen ist, fährt der Trainer fort: *„Bitte schließen Sie jetzt die Augen. Strecken Sie Ihre Arme nach vorne aus. Und jede Hand sucht sich eine entgegengesetzte Hand, indem wir langsam kleine Schritte nach vorne gehen."*

Wenn der Trainer zwei Hände gefunden hat, öffnet er die Augen. Sobald sich alle gefunden haben, fordert er die Teilnehmer auf: *„Öffnen Sie jetzt Ihre Augen. Unsere letzte gemeinsame Aufgabe ist es nun, diesen Knoten aufzulösen, ohne die Hände loszulassen."*

Abbildung: Beim „Gordischen Knoten" haben die Teilnehmer die Aufgabe, den Knoten gemeinsam zu entwirren.

Bei der Auflösung des Gordischen Knotens beteiligt sich der Trainer ebenso wie alle Teilnehmer. Die Aufgabe kann gelöst werden, indem man über die Hände hinwegsteigt und unter ihnen durchschlüpft. In der Regel dauert es eine Weile, bis sich der Knoten weitgehend gelöst hat. Manchmal kann der Knoten vollständig gelöst werden, was der Trainer entsprechend würdigt. Oft bleiben am Ende kleinere Knoten übrig. Dann kann der Trainer anmerken: *„Das macht gar nichts. So wie im Seminar viele, aber bestimmt nicht alle Fragen beantwortet werden konnten, so haben wir den Knoten hier gut gelöst, auch wenn das eine oder andere Knötchen halt geblieben ist."*

Literatur

▶ Flügelman, Andrew & Tembeck, Shoshana: New Games. Die neuen Spiele. Ahorn-Verlag, Soyen, 1976

16.00 Uhr Transfer & Abschlussrunde

Erläuterung

Die Abschlussrunde soll das Seminar „rund" machen und abschließen. Die Teilnehmer erhalten die Gelegenheit, das Seminar Revue passieren zu lassen und zu überlegen, was sie im Alltag umsetzen wollen.

Vorgehen

Zusammenfassung Der Trainer stellt die beiden Pinwände „Persönliche Lernziele" und „Ablaufplan" nebeneinander in den Vordergrund. Dann hält er einen Rückblick über den Seminarablauf: *„Lassen Sie uns noch mal zurückschauen, was wir in den letzten drei Tagen alles gemacht haben ..."*

Der Trainer fasst eventuell die wichtigsten Themen und Ereignisse des Seminars zusammen und leitet schließlich die Abschlussrunde ein: *„Wir kommen zum Abschluss des Seminars. Zwei Fragen sind wichtig zum Schluss:*

Erstens: Was nehme ich mit? Worauf will ich in meiner Kommunikation besonders achten? Und zweitens: Was möchte ich sonst noch sagen? Zum Seminar, zur Gruppe, zum Trainer. Wer anfängt, fängt an."

Reflexion

Der Trainer überlässt es jedem Teilnehmer, wann er sich zu Wort meldet. Der Trainer selbst hat als Leiter der Veranstaltung das letzte Wort.

Hinweise

Beim Abschluss-Statement achtet der Trainer darauf, dass seine Worte stimmig und wertschätzend sind. Stimmig in dem Sinne, dass er das ausdrückt, was er in Bezug auf das Seminar und den gemeinsamen Prozess empfindet. Und wertschätzend insofern, als er die gemeinsame Arbeit und die Menschen, die daran mitgewirkt haben, würdigt.

Ein solches Abschluss-Statement ist selbstverständlich individuell, sowohl für den jeweiligen Trainer als auch für das Seminar und die Teilnehmergruppe. Insofern ist unsinnig, einen „Standardtext" zu formulieren, der für alle Gelegenheiten passend wäre.

Dennoch möchte ich eine Beispiel-Formulierung anbieten, die in ähnlicher Form häufig passt und durch weitere, spezifische Aspekte angereichert werden kann.

Eine Alternative zur hier beschriebenen Abschlussrunde finden Sie ab Seite 326 (Abschlussrunde auf vier Ebenen). Die dort beschriebene Runde können Sie ebensogut am Ende des ersten Seminartages einsetzen. Die Transferübung „Seminarernte" ist ab Seite 329 beschrieben

In dieser Beispiel-Formulierung bezieht sich der Trainer auf seine Eingangsworte, um zu unterstreichen, dass sich nun der Kreis des Seminargeschehens schließt. Die Äußerungen über den Charakter der Gruppe sollte der Trainer nur dann machen, wenn sie wirklich stimmen.

„Ich habe am Anfang des Seminars gesagt, dass ich sehr gespannt und neugierig auf das Seminar bin, auch wenn ich es schon häufig geleitet habe. Und tatsächlich war es auch dieses Mal wieder anders als alle anderen Seminare zuvor. Denn ein Seminar lebt von den Menschen, die daran teilnehmen. Und ich habe Sie als eine interessierte und offene Gruppe erlebt, mit der ich sehr gerne zusammengearbeitet habe.

Das Schöne an meiner Arbeit ist, dass ein solches Seminar keine Einbahnstraße ist. Nicht nur Sie haben – hoffentlich – etwas lernen können, auch mich hat das Seminar bereichert - um Ihre Ideen, Anregungen, Erfahrungen, und um den Austausch mit Ihnen. Deshalb bin ich jetzt sehr zufrieden. Müde, aber glücklich, wie nach einer langen Wanderung.

Für Ihren weiteren Weg wünsche ich Ihnen alles Gute, viele gute Erfahrungen mit dem, was Sie hier als Anregungen mitgenommen haben.

Machen Sie's gut."

16.30 Uhr   Ende des Seminars

Wie Sie bei der Lektüre des vorangegangenen Kapitels feststellen konnten, haben wir Ihnen parallel zur Beschreibung des Seminarkonzepts einen umfangreichen Methodenkoffer gepackt. In diesem Kapitel bieten wir Ihnen noch einige weitere methodische „Ersatzstücke" als Alternativen, falls Sie Ihr Programm ein wenig umstellen möchten. Querverweise geben Ihnen Orientierung, an welcher Stelle Sie die alternativen Trainingsbausteine sinnvoll einsetzen können. Die hier beschriebenen Methoden sind von ebenso hoher Qualität, wie die im Seminarkonzept. Welche auch immer Sie wählen, sie sind durchweg in einer Vielzahl von Kommunikationstrainings erfolgreich erprobt worden – das heißt, sie funktionieren.

Auf einen Blick

III. Weitere Methoden

zum Thema
Kommunikation und Gesprächsführung

1. Kennenlern-Übung ,Gemeinsamkeiten finden'

Passend zu Seite 27

Passend zu Seite 27

> ## Orientierung
>
> **Ziele:**
> ▶ Die Teilnehmer lernen sich kennen.
> ▶ Jeder Teilnehmer hat erste Bezugspersonen.
>
> **Zeit:**
> ▶ 60 Minuten (Instruktion: 5 Min., Kleingruppenarbeit: 25 Min., Präsentation: 20 Min., Puffer: 10 Min.)
>
> **Material:**
> ▶ Flip-Chart „Gemeinsamkeiten finden"
> ▶ Flip-Charts und Moderationsstifte für die Kleingruppen
>
> **Überblick:**
> ▶ Die Teilnehmer interviewen sich in Kleingruppen anhand von Leitfragen und erstellen ein gemeinsames Flip-Chart.
> ▶ Sie suchen nach Gemeinsamkeiten, z.B. Hobbys, Wünsche, Träume.
> ▶ Jeder Teilnehmer stellt ein Mitglied seiner Kleingruppe im Plenum vor.

Erläuterungen

Kleingruppen bilden

Bei der folgenden Übung lernen sich die Teilnehmer zunächst in Kleingruppen kennen. Dadurch, dass sie aufgefordert werden, Gemeinsamkeiten zu finden, entdecken die Teilnehmer Parallelen, die sie miteinander verbinden.

Vorgehen

Der Trainer stellt zunächst das Flip-Chart vor (siehe Folgeseite).

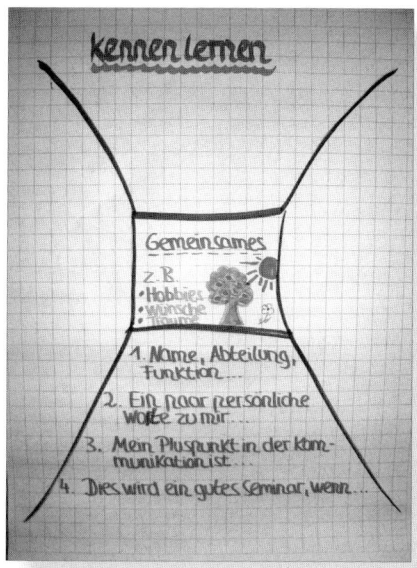

Abbildung: Flip-Chart „Gemeinsamkeiten finden"

„Nun geht es darum, dass Sie sich untereinander kennen lernen.
Dazu gehen Sie gleich zu viert zusammen und stellen sich einander
anhand der folgenden Fragen vor:

▶ Name, Abteilung, Funktion – und vielleicht erzählen Sie sich
  auch, was Sie gemacht haben, bevor Sie Ihre jetzige Funktion
  übernommen haben.
▶ Ein paar persönliche Worte zu mir – was auch immer Sie von sich
  erzählen möchten, z.B. wo Sie wohnen, wie alt Sie sind, ob Sie
  Kinder haben, was Sie in Ihrer Freizeit machen usw.
▶ Dies wird ein gutes Seminar, wenn ... – was soll hier passieren,
  damit Sie mit dem Seminar rundum zufrieden sind?
▶ Was mir zum Thema Kommunikation spontan einfällt, ist ...
  – wenn Sie an unser Seminarthema denken, was ist Ihnen dabei
  besonders wichtig?

Bitte halten Sie Ihre Aussagen in Stichworten auf einem Flip-Chart
fest, und zwar nach dem Muster, das Sie hier sehen.

Achten Sie während der Interviews darauf, welche Gemeinsamkeiten
es zwischen Ihnen gibt. Und nehmen Sie sich am Ende noch einmal
Zeit dafür, danach zu suchen. Gemeinsamkeiten können beispiels-

*Nach Gemeinsam-
keiten suchen*

weise gemeinsame Interessen, Ansichten, Hobbys, Erfahrungen, Gewohnheiten oder auch Wünsche und Träume sein. Schreiben Sie diese Gemeinsamkeiten in die Mitte Ihres Plakates. Am schönsten ist es, wenn Sie die Gemeinsamkeiten in Form eines Bildes oder eines Symbols darstellen, wie ein gemeinsames Logo."

25 Minuten Zeit

Nun gibt der Trainer Gelegenheit, Fragen zu stellen. Dann fährt er fort: *„Für diese Übung haben Sie 25 Minuten Zeit, also fünf Minuten pro Person und fünf Minuten, um Gemeinsamkeiten zu suchen. Anschließend stellen Sie sich dann im Plenum gegenseitig vor. Wenn es keine weiteren Fragen gibt, dann stehen Sie bitte jetzt auf und stellen Sie sich jeweils zu viert zusammen mit Personen, die Sie möglichst noch nicht kennen."*

Der Trainer steht ebenfalls auf. Er kann die Zuordnung zu Kleingruppen erleichtern, indem er drei Kuller oder Moderationskärtchen auf den Boden legt, um die sich die drei Kleingruppen gruppieren sollen.

Den Kleingruppen stellt er Flip-Chart-Blätter und Moderationsstifte zur Verfügung.

Vorstellung der Plakate im Plenum

Nach Abschluss der Kleingruppenarbeit werden die Plakate vorgestellt. Die Plakate können dabei an eine Pinwand gehängt werden. Alternativ können die Kleingruppen ihre Plakate auch vor sich auf den Boden legen und erläutern. Dabei müssen die Mitglieder der Kleingruppen nebeneinander sitzen bleiben.

Jeder Teilnehmer stellt ein anderes Mitglied seiner Kleingruppe vor. Anschließend kann dieser etwas ergänzen oder korrigieren. Zum Schluss jeder Kleingruppen-Präsentation werden die Gemeinsamkeiten vorgestellt.

Hinweise

▶ Selbstverständlich können auch andere Leitfragen für das Plakat verwendet werden. Es kann etwa nach den Stärken in der Kommunikation oder auch bereits nach den Lernzielen gefragt werden.

▶ Es kommt bei dieser Übung häufig vor, dass die Kleingruppen sehr lange brauchen. Von daher kann es Sinn machen, die Anweisung zu geben, dass in jeder Kleingruppe eine Person auf die Zeit achtet.

Achten Sie auf die Einhaltung der Zeit

▶ Auch bei der Präsentation sollte der Trainer darauf achten, dass die Übung zeitlich nicht ausufert. Dies kann er etwa dadurch erreichen, dass er die Anweisung gibt, dass die Teilnehmer einander „kurz" vorstellen sollen und sie nicht alle Details wiedergeben müssen.

2. Namensübung in drei Durchgängen

Passend zu Seite 32

Orientierung

Ziele:

▶ Die Teilnehmer kennen untereinander ihre Namen.

▶ Die Atmosphäre wird aufgelockert.

Zeit:

▶ 15 Minuten (10 Min., 5 Min. Puffer)

Material:

▶ Einen Ball

Überblick:

▶ Die Gruppe stellt sich im Kreis auf.

▶ Im ersten Durchgang sagt jeder seinen Namen und wirft den Ball weiter.

▶ In der zweiten Runde sagt jeder den Namen der Person, der er den Ball zuwirft.

▶ Im dritten Durchgang sagt jeder den Namen der Person, von der er den Ball bekommt.

Vorgehen

Die Übung besteht aus drei Durchgängen. Der Trainer steht dabei zusammen mit den Teilnehmern im Kreis.

Erster Durchgang

Im ersten Durchgang sagt der Trainer den eigenen Namen und wirft den Ball dann zu einem Teilnehmer. Dieser sagt seinen Namen und wirft den Ball zum nächsten Teilnehmer. So wird der Ball nun weitergegeben bzw. geworfen, bis jeder seinen Namen genannt hat. Schließlich landet der Ball wieder beim Trainer.

Zweiter Durchgang

Er kündigt an, dass die Übung nun etwas anspruchsvoller wird. Denn im zweiten Durchgang sagt jeder nicht nur seinen eigenen Namen, sondern auch den Namen der Person, zu der er den Ball wirft. Falls jemand einen Namen wissen möchte, kann er die betreffende Person auch fragen.

Schließlich kommt die dritte und schwierigste Stufe der Übung. Nun zeigt sich, ob die Teilnehmer (und der Trainer) die Namen behalten haben. Denn hier sagt derjenige, zu dem der Ball geworfen wird, den Namen der Person, die den Ball geworfen hat. Um den Stress zu reduzieren, kann der Trainer darauf hinweisen, dass man gerne auch nachfragen kann, wenn man den Namen gerade nicht erinnern kann.

Dritter Durchgang

Varianten

▶ Man kann noch einen weiteren Durchgang, entweder direkt oder zu einem späteren Zeitpunkt, anschließen, bei dem sich zuvor jeder Teilnehmer einen neuen Platz sucht.

Weitere Durchgänge

▶ Jeder nennt zusätzlich zu seinem Namen noch eine Eselsbrücke, mit deren Hilfe sich die anderen den Namen besser merken können.

3.   TZI-Regeln

Passend zu Seite 44

Erläuterungen

TZI ist die Abkürzung für „Themenzentrierte Interaktion". Die Themenzentrierte Interaktion ist ein pädagogisches Verfahren zur Arbeit mit Gruppen, welches von der Psychotherapeutin Ruth Cohn begründet wurde.

Gruppenarbeit auf der Grundlage der TZI soll ermöglichen, sich selbst und andere so zu leiten, dass lebendiges Lernen durch angst-freie Interaktionen ermöglicht wird.

Herstellung der „Dynamischen Balance"

Zentraler Gedanke ist die Herstellung einer „Dynamischen Balance" zwischen den einzelnen Komponenten einer Gruppe. Dynamische Balance bedeutet, in jeder Gruppe drei Grundelemente als gleich-gewichtig zu beachten: Das Individuum mit seinen Gefühlen, Gedanken und Bedürfnissen, die Gruppe mit ihren Beziehungen und Interaktionen und das Thema, um das es geht (vgl. den Input zu den Erfolgsfaktoren in Gruppen, Seite 190). Die Arbeit in der Gruppe verläuft optimal, wenn diese drei Faktoren in einem dyna-mischen Gleichgewicht stehen. Nur dann sind Selbstverwirklichung des Individuums, Kooperation der Gruppe und Aufgabenlösung in gleicher Weise möglich. Da diese Balance erfahrungsgemäß immer wieder verloren geht, gibt es in der TZI einige „Spielregeln".

Vorgehen

Der Trainer hat die fett gedruckten Regeln auf einem Flip-Chart oder einer Pinwand visualisiert und erläutert sie.

1. Sei Dein eigener Leiter

Du bist für Dich selbst verantwortlich. Sprich oder schweig, wann Du es willst. Du brauchst Dich nicht zu fragen, ob das, was Du willst, den anderen Gruppenmitgliedern gefällt oder nicht. Auch sie sind ihre eigenen Leiter und werden es Dir schon mitteilen. Du selbst bist für Deinen Lernprozess verantwortlich.

2. Störungen haben Vorrang

Unterbrich das Gespräch, wenn Du nicht wirklich teilnehmen kannst, z.B. weil Du gelangweilt, ärgerlich oder aus irgendeinem anderen Grund unkonzentriert bist. Teile den anderen mit, was Dich irritiert.

3. Es kann immer nur einer sprechen

Es darf nie mehr als einer sprechen. Wenn mehrere Personen auf einmal sprechen wollen, muss eine Lösung gefunden werden. „Seitengespräche" sind also zu unterlassen, oder der Inhalt ist als Störung in die Gruppe einzubringen.

4. „Ich" statt „Man" und „Wir"

Sprich von Dir selbst und sage „ich", statt Dich hinter allgemeinen Formulierungen zu verstecken. Versuche, Du selbst zu sein.

5. Sprich den anderen direkt an

Wenn Du jemandem aus der Gruppe etwas mitteilen willst, sprich ihn direkt an. Sprich nicht über einen Dritten zu einem anderen und sprich nicht zur Gruppe, wenn Du eigentlich eine bestimmte Person meinst.

6. Versuche, Deine Gesprächspartner zu verstehen

Gehe nicht einfach darüber hinweg, wenn jemand etwas gesagt hat, sondern bemühe Dich zu erfassen, was er damit meint. Wenn Dir ein Beitrag unverständlich bleibt, ist das eine Störung, die Du anmelden solltest.

7. Eigene Meinung statt Fragen

Wenn Du eine Frage stellst, sage, warum Du sie stellst. Wenn Du eine eigene Meinung äußerst, ist es viel einfacher, Dir zu widersprechen oder zuzustimmen. Übernimm die Verantwortung für Deine Meinungen und Gefühle, statt sie als objektive Wahrheiten zu verkleiden.

8. Wenn Du willst, bitte um ein Blitzlicht

Wenn Du das Gefühl hast, das in der Gruppe gerade irgendetwas „faul" ist, z.B. weil Du die Diskussion als zäh und unfruchtbar empfindest, melde Deine „Störung" und bitte dann die anderen Mitglieder, in Form eines „Blitzlichtes" auch kurz ihre Gefühle im Moment zu schildern. Hier ist das Blitzlicht eine gute Möglichkeit, die Weichen einer Diskussion neu stellen zu können.

Literatur

▶ Cohn, Ruth: Von der Psychoanalyse zur Themenzentrierten Interaktion. Stuttgart, 1975

▶ Cohn, Ruth & Farau, Alfred: Gelebte Geschichte der Psychotherapie. Stuttgart, 1991

4. Feedback-Übung in drei Schritten

Passend zu Seite 51

Orientierung

Ziele:

▶ Die Teilnehmer unterscheiden eigene Wahrnehmungen und Interpretationen.

▶ Sie trainieren ihre Fähigkeit, konkretes und differenziertes Feedback zu geben.

▶ Sie erhalten eine Rückmeldung über ihre Wirkung auf andere.

Zeit:

▶ 30 Minuten

Material: /

Überblick:

▶ Die Teilnehmer gehen paarweise zusammen.

▶ A gibt B Rückmeldung darüber, was er bei ihm wahrnimmt. Anschließend Wechsel.

▶ Rückmeldungen zu Wahrnehmungen und Interpretationen in neuen Zweiergruppen.

▶ In neuen Zweiergruppen Rückmeldungen zum ersten Eindruck.

▶ Eventuell weitere Durchgänge zum ersten Eindruck.

Erläuterungen

Die folgende Übung dient dazu, das Geben und Nehmen von Feedback zu trainieren. Bewusst werden dabei zwei Vorgänge getrennt, die beim Feedback relevant sind: die eigene Wahrnehmung und die Interpretation dieser Wahrnehmung. Diese Unterscheidung ist eine wichtige Voraussetzung, um differenziert Feedback geben zu können.

Einsatz der Übung

Die Übung kann in einer frühen Phase des Seminars eingesetzt werden, etwa vor oder direkt nach der Formulierung der persönlichen Lernziele. Sie bereitet die Teilnehmer auf weitere, vertiefende Feedback-Prozesse während des Seminars vor.

265

Vorgehen

Der Trainer lässt die Teilnehmer Zweiergruppen bilden und gibt ihnen dann die Instruktion:

„Eines der Ziele des Seminars ist es, etwas über die eigene Wirkung zu erfahren. Darum geht es in der folgenden Übung. Bitte stehen Sie dazu auf, suchen sich eine Person, mit der Sie noch nicht zusammengearbeitet haben und setzen sich zu zweit zusammen."

Wenn sich die Zweiergruppen gebildet haben, fährt der Trainer fort: *„Vereinbaren Sie, wer A und wer B ist. In dieser Übung geht es um Feedback. Wenn ich jemandem Feedback, also eine Rückmeldung gebe, spielen drei Vorgänge eine Rolle: zum einen das, was ich vom anderen wahrnehme und zum zweiten, wie ich meine Wahrnehmung interpretiere und zum dritten, welche Gedanken und Gefühle das bei mir auslöst. Darum geht es nun in dieser Übung, die beiden ersten Prozesse, also die Wahrnehmung und die Interpretation, zu trennen."*

Der Trainer tritt zu einer der Zweiergruppen. Er stellt sich hinter einen Teilnehmer und demonstriert das Prinzip der Übung, indem er ein kurzes Feedback an dessen Partner gibt:

Der TN teilt mit, was er vom anderen wahrnimmt

„Die Übung läuft folgendermaßen: A gibt B eine Rückmeldung, und zwar zunächst nur zu dem, was er wahrnimmt. Das heißt also, Sie machen jetzt mal das, was man im Alltag nicht darf: Sie schauen sich Ihr Gegenüber mal ganz genau an und sagen ihm, was Ihnen an ihm auffällt. Ich mache das mal vor: ‚Herr Müller, bei Ihnen nehme ich Ihre Brille wahr, die Brille ist rund und hat eine goldene Fassung.'

Sie sehen also, die Übung fängt ganz harmlos an. A meldet B zurück, was er wahrnimmt. Und achtet darauf, dass er keine Interpretationen macht, also beispielsweise nicht sagt ‚Sie schauen ganz kritisch', sondern nur beschreibt, ‚Ich nehme wahr, dass sich Falten auf Ihrer Stirn bilden'."

Die Übung beginnt. Der Trainer lässt die Übung etwa eine Minute laufen und ordnet dann einen Wechsel an. Nun gibt B Rückmeldung an A.

Dann kommt die zweite Stufe der Übung: *„Jetzt kommt der zweite Schritt. Wählen Sie sich dazu einen neuen Partner und setzen Sie sich wieder zu zweit zusammen.*

Wenn sich die neuen Paare gefunden haben, fährt der Trainer fort: *„Sie äußern wieder Ihre Wahrnehmungen und schließen dann eine Vermutung oder Interpretation an."*

Der TN teilt seine Wahrnehmung mit und interpretiert diese

Der Trainer tritt wieder zu einer Zweiergruppe und macht auch diesen Schritt vor: *„,Ich nehme wahr, dass Sie eine Brille tragen und stelle mir vor, dass Sie so'n intellektueller Typ sind, gerne lesen und vielleicht ein bisschen scheu sind.'*

Sie sehen, Sie können ruhig zur Sache gehen und Ihre Fantasien und Interpretationen schildern, z.B.: ,Ich nehme wahr, dass Sie einen bunten Schal haben und vermute, Sie sind mehr so der Öko, oder Sie haben gegelte Haare, vielleicht sind Sie ein Diskogänger etc.' Natürlich sollten Ihre Rückmeldungen nicht unter die Gürtellinie gehen. Ansonsten können Sie offen Ihre Vermutungen und Fantasien äußern. Verlassen Sie sich darauf, für Ihr Gegenüber ist das ziemlich interessant. A beginnt."

Nach zwei bis drei Minuten, wenn den Teilnehmern nicht mehr viel einfällt, ordnet der Trainer einen Wechsel an.

Rollenwechsel

Nachdem B wieder A ein Feedback gegeben hat, leitet der Trainer die dritte Stufe an: *„Finden Sie jetzt wieder einen neuen Partner. Einigen Sie sich wieder, wer A und wer B ist. Wir verkürzen es jetzt. Geben Sie Ihrem Partner eine kurze Rückmeldung unter dem Motto ,Mein erster Eindruck von Dir ist ...' und machen Sie Ihre Eindrücke an Wahrnehmungen fest. B beginnt."*

Der TN teilt seinen ersten Eindruck vom anderen mit

Nach etwa zwei Minuten ordnet der Trainer einen Wechsel an. Wenn das Energie-Level in der Gruppe hoch ist und die Teilnehmer bei der Sache sind, kann der Trainer diese dritte Stufe noch einmal oder auch mehrfach wiederholen.

Schließlich geht er zur Auswertung der Übung über: *„Ich möchte Sie bitten, reihum kurz zu sagen, wie es Ihnen bei dieser Übung ergangen ist."*

Auswertung

Der Trainer nimmt die Rückmeldungen entgegen und geht bei Bedarf auf einzelne Teilnehmer ein, insbesondere, wenn Irritationen bei den Feedbacks entstanden sind.

Hinweise

Achtung:
Diese Übung kann
Stress auslösen

▶ Diese Übung ist sehr persönlich. Deshalb sollte sie nur in Gruppen eingesetzt werden, die sehr an persönlichem Feedback interessiert und dafür entsprechend offen sind.

▶ Denn mit der Übung wird ein gesellschaftliches Tabu gebrochen. Es ist verpönt, andere, noch recht fremde Menschen sehr genau anzuschauen und ihnen zu sagen, wie sie auf einen wirken.

▶ Während der Feedback-Runden sollte der Trainer beide Ohren offen haben und mitbekommen, welche Rückmeldungen sich die Teilnehmer geben. Falls die Feedbacks verletzend sein sollten, muss er unbedingt intervenieren.

▶ Es kann passieren, dass sich einzelne Teilnehmer durch Feedbacks verletzt fühlen. Dafür sollte der Trainer ein gutes Gespür haben und auch entsprechend darauf eingehen können. Deshalb würde ich die Übung nur Trainern empfehlen, die eine entsprechende, möglichst therapeutisch fundierte Ausbildung haben.

5. Die Geschichte ‚Die Blinden und der Elefant'

Diese alte indische Geschichte passt an verschiedenen Stellen des Seminars, wenn es um die Unterschiedlichkeit menschlicher Wahrnehmungen geht. Insbesondere dann, wenn sich Teilnehmer eine heftige Diskussion um die Richtigkeit ihrer jeweiligen Standpunkte liefern, bietet diese metaphorische Geschichte einen Aha-Effekt.

Passend zu Seite 52f.

Auch beim Thema „Feedback" ist die Geschichte von den Blinden und dem Elefant sehr hilfreich, um deutlich zu machen, dass ein Feedback immer nur eine persönliche Wahrnehmung und keine objektiven Wahrheit wiedergibt.

Es gibt keine objektive Wahrheit

Die Blinden und der Elefant

Es waren einmal fünf weise Gelehrte. Sie alle waren blind. Diese Gelehrten wurden von ihrem König auf eine Reise geschickt und sollten herausfinden, was ein Elefant ist. Und so machten sich die Blinden auf die Reise nach Indien. Dort wurden sie von Helfern zu einem Elefanten geführt. Die fünf Gelehrten standen nun um das Tier herum und versuchten, sich durch Ertasten ein Bild von dem Elefanten zu machen.

Die Geschichte

Als sie zurück zu ihrem König kamen, sollten sie ihm nun über den Elefanten berichten. Der erste Weise hatte am Kopf des Tieres gestanden und den Rüssel des Elefanten betastet. Er sprach: *„Ein Elefant ist wie ein langer Arm."*

Der zweite Gelehrte hatte das Ohr des Elefanten ertastet und sprach: *„Nein, ein Elefant ist vielmehr wie ein großer Fächer."*

Der dritte Gelehrte sprach: *„Aber nein, ein Elefant ist wie eine dicke Säule."* Er hatte ein Bein des Elefanten berührt.

Der vierte Weise sagte: *„Also ich finde, ein Elefant ist wie eine kleine Strippe mit ein paar Haaren am Ende"*, denn er hatte nur den Schwanz des Elefanten ertastet.

Und der fünfte Weise berichtete seinem König: *„Also ich sage, ein Elefant ist wie eine riesige Masse, mit Rundungen und ein paar Borsten darauf. "* Dieser Gelehrte hatte den Rumpf des Tieres berührt.

Nach diesen widersprüchlichen Äußerungen fürchteten die Gelehrten den Zorn des Königs, konnten sie sich doch nicht darauf einigen, was ein Elefant wirklich ist. Doch der König lächelte weise: *„Ich danke Euch, denn ich weiß nun, was ein Elefant ist: Ein Elefant ist ein Tier mit einem Rüssel, der wie ein langer Arm ist, mit Ohren, die wie Fächer sind, mit Beinen, die wie starke Säulen sind, mit einem Schwanz, der einer kleinen Strippe mit ein paar Haaren daran gleicht und mit einem Rumpf, der wie eine große Masse mit Rundungen und ein paar Borsten ist. "*

Die Gelehrten senkten beschämt ihren Kopf, nachdem sie erkannten, dass jeder von ihnen nur einen Teil des Elefanten ertastet hatte und sie sich zu schnell damit zufriedengegeben hatten.

Literatur

▶ Reifarht, W. & Scherpner, M: Der Elefant. Texte für Beratung und Fortbildung. Frankfurt, 1993, 3. Aufl.

6. Nonverbale Kommunikation

Passend zu Seite 58f.

Orientierung

Ziele:

▶ Die Teilnehmer kennen die Bedeutung nonverbaler Kommunikation.

▶ Sie sensibilisieren ihre Wahrnehmung für die Körpersprache.

▶ Sie kennen wichtige Fakten zum Thema.

Zeit:

▶ 70 Minuten (60 Min., 10 Min. Puffer)

Material:

▶ Flip-Charts „Bedeutung der nonverbalen Kommunikation" und „Nonverbale Kommunikation"

▶ Zettel für die Übung „Gefühle erkennen"

Überblick:

▶ Der Trainer steigt mit der Methode des „Einfrierens" ins Thema ein.

▶ Die Teilnehmer üben, Gefühle zu erkennen.

▶ Der Trainer präsentiert das Flip-Chart „Bedeutung der nonverbalen Kommunikation".

▶ Er präsentiert die wichtigsten Aspekte nonverbaler Kommunikation.

▶ In einer Übung erleben die Teilnehmer die Wirkung unterschiedlicher Körperhaltungen.

▶ Die Teilnehmer üben, sich nonverbal auf Gesprächspartner einzustellen.

Erläuterungen

Auch die nonverbale Kommunikation ist ein großes Themengebiet, für das sich ein eigenes Seminar lohnen würde. Im Folgenden geht es hauptsächlich darum, die Teilnehmer für die Bedeutung und die Wahrnehmung der Körpersprache zu sensibilsieren. Dies geschieht durch einen Wechsel von Übungen und Inputs.

Die TN nehmen die Bedeutung von Körpersprache wahr

Vorgehen

Der Trainer führt kurz in das Thema ein und wählt zum Einstieg als Methode das „Einfrieren":

„Einfrieren"	*„Wir kommen nun zum Thema ‚Nonverbale Kommunikation'. Dabei geht es um folgende Fragen: Zum einen, welche Botschaften über die Körpersprache vermittelt werden, damit wir die Signale unserer Mitmenschen besser verstehen und darauf eingehen können. Und zum anderen ist es interessant herauszufinden, wie wir unsere eigene Körpersprache erkennen und beeinflussen können. Fangen wir doch mit ..."*

Der Trainer wendet sich an einen Teilnehmer, bei dem er davon ausgeht, dass er dazu bereit ist, offen über seine momentane Gefühlslage zu sprechen und sich diesbezüglich die Vermutungen der anderen Teilnehmer anzuhören. Vorteilhaft ist es, wenn die betreffende Person gerade eine auffällige Körperhaltung, Gestik oder Mimik zeigt, über deren Hintergründe man trefflich spekulieren kann.

„... Ihnen an, Herr Meier. Ich möchte Sie bitten, in dieser Körperhaltung zu erstarren und auf die eigenen Gefühle zu achten. Die anderen möchte ich einladen zu erraten, wie Herr Meier sich gerade fühlt. Was vermuten Sie?"

Nun lässt der Trainer die anderen Teilnehmer ihre Vermutungen äußern. Dann wendet er sich an den „eingefrorenen" Teilnehmer: *„Herr Meier, wie war denn tatsächlich Ihr Gefühl? Was von dem Gesagten, hat zugetroffen, und was nicht?"* Der Trainer hört dem Teilnehmer aktiv zu.

Übung: „Gefühle erkennen"	Je nachdem, wie zutreffend die Vermutungen der anderen Teilnehmer waren, fährt er fort und leitet dann zur Übung „Gefühle erkennen" über: *„Teilweise waren die Vermutungen also zutreffend, teilweise auch nicht. Lassen Sie uns als Nächstes eine Übung machen, in der es darum geht, die Körpersprache der Mitmenschen besser zu erkennen und zu deuten.*

Dazu möchte ich Sie bitten, sich in zwei Gruppen aufzuteilen. Ich schlage vor, dass wir die Gruppe einfach in der Mitte in zwei Hälften teilen. Das eine Team, Team 1, geht also von Ihnen, Frau A, bis zu Ihnen, Herr B, und Team 2 geht von Ihnen, Frau X, bis zu Ihnen, Herr Y.

Bitte setzen Sie sich in Ihren Teams so zusammen, dass zwischen den beiden Gruppen ein paar Meter Abstand sind."

Wenn sich die Teams zusammengesetzt haben, fährt der Trainer fort: *„Ihre Aufgabe ist es, Gefühle zu erkennen. Die Gefühle werden jeweils von einer Person nonverbal dargestellt. Immer abwechselnd stellt aus jeder Gruppe einer von Ihnen ein Gefühl dar. Dazu bekommen Sie einen Zettel von mir, auf dem ein Gefühlszustand steht. Diesen Gefühlszustand stellen Sie dann dar. Sie machen das so, wie es Ihnen gerade einfällt. Sie können dazu Ihre Mimik, Ihre Gestik, Ihre Körperhaltung einsetzen und auch Ihre Stimme. Verboten ist es nur, Wörter zu sagen. Schließlich geht es ja um Körpersprache.*

Nach der Darstellung beraten sich die Gruppen kurz, sammeln, was sie beobachtet haben und erraten das Gefühl. Der Darsteller sagt dann die richtige Lösung. Ich sammle auf Flip-Chart, welches Team wie viele Gefühle erraten hat. Das Team, das die meisten richtigen Einschätzungen hat, ist am Ende der Sieger. Ist die Aufgabe klar?"

Dann kann die Übung beginnen. *„Zuerst brauche ich eine Person aus Team 1. Wer mag?"*

Falls sich kein Teilnehmer findet, ergänzt der Trainer: *„Es kommt jeder mal dran."*

Wenn der erste Teilnehmer kommt, fährt der Trainer fort: *„Kommen Sie nach vorne zu mir. Sie bekommen einen Zettel, lesen ihn durch und versuchen dann, den Gefühlszustand darzustellen. Die beiden Teams schauen erst mal nur zu und stecken dann ihre Köpfe zusammen, sammeln ihre Beobachtungen und einigen sich, auf welches Gefühl sie tippen. Das gesuchte Wort ist dabei immer ein Eigenschaftswort, wie interessiert oder gespannt zum Beispiel."*

Der Trainer gibt dem ersten Teilnehmer, der nach vorne gegangen ist, einen Zettel, auf dem ein Gefühlszustand steht.

Die Kopiervorlagen für die Zettel finden Sie auf den folgenden Seiten.

Die Wirkung unterschiedlicher Körperhaltungen

ängstlich	**gelangweilt**
unterwürfig	**erstaunt**
erfreut	**traurig**
neugierig	**ärgerlich**

Abbildungen: Kopiervorlagen für unterschiedliche Gefühlszustände

unsicher

hilfsbedürftig

gerührt

selbstsicher

verliebt

beschämt

mutig

euphorisch

Die Teams haben nach jeder Darbietung zwei Minuten Zeit, um sich zu beratschlagen. Dann geben Sie Ihre Einschätzung ab und begründen sie.

Abbildung: Bei der Übung „Gefühle erkennen" stellt ein Teilnehmer einen Gefühlszustand dar. Nach einer kurzen Abstimmung geben die Teams ihre Einschätzung ab, um welches Gefühl es ging.

Der Trainer fragt jeweils nach, damit der Fokus auf konkrete Wahrnehmungen nonverbaler Signale gelegt wird: *„Weshalb denken Sie, dass das Gefühl ‚traurig' dargestellt wurde? Woran machen Sie das fest? Was haben Sie genau beobachtet?"*

Auf einem Flip-Chart notiert der Trainer jeweils, wenn ein Team richtig geraten hat.

Nach der letzten Runde beendet der Trainer die Übung und gibt den Punktstand bekannt: *„Team 1 hat vier Punkte und Team 2 hat fünf Punkte erzielt."*

„Nun ist die Frage, welches Fazit ziehen Sie aus dieser Übung?"

Fazit   Der Trainer lässt einige Teilnehmer zu Wort kommen, hört aktiv zu und fügt eigene Anmerkungen an. *„Es ist nicht immer leicht, Körpersprache richtig zu erkennen und zu deuten. Was wir tun können, ist, unsere Aufmerksamkeit für nonverbale Signale zu schärfen und so unsere Mitmenschen besser zu verstehen."*

Dann leitet der Trainer über zur Bedeutung der nonverbalen Kommunikation und präsentiert das Flip-Chart „Wirkung in der Kommunikation": *„Eine weitere Frage ist: Welche Bedeutung hat die Körpersprache eigentlich in der Kommunikation? Hierzu gibt es interessante Untersuchungen. So hat man untersucht, wovon die Wirkung in der Kommunikation abhängt. Hier hat man in Experimenten verschiedene Botschaften mit unterschiedlicher Stimme und mit unterschiedlicher Körpersprache dargeboten und untersucht, wovon die Wirkung hauptsächlich abhängt.*

Was denken Sie, wenn Sie diese drei Faktoren sehen, wie viel Prozent der Wirkung in der Kommunikation hängen ab von dem Inhalt des Gesagten, wie viel Prozent von der Stimme und wie viel Prozent von der Körpersprache?"

Wirkung in der Kommunikation

Abbildung: Das Flip-Chart „Wirkung in der Kommunikation"

Der Trainer sammelt unterschiedliche Einschätzungen und stellt dann das tatsächliche Ergebnis dar: *„Die Untersuchung hat gezeigt, dass die Wirkung zu 55% von der Körpersprache, zu 38% von der Stimme und lediglich zu 7% von dem Inhalt abhängt."*

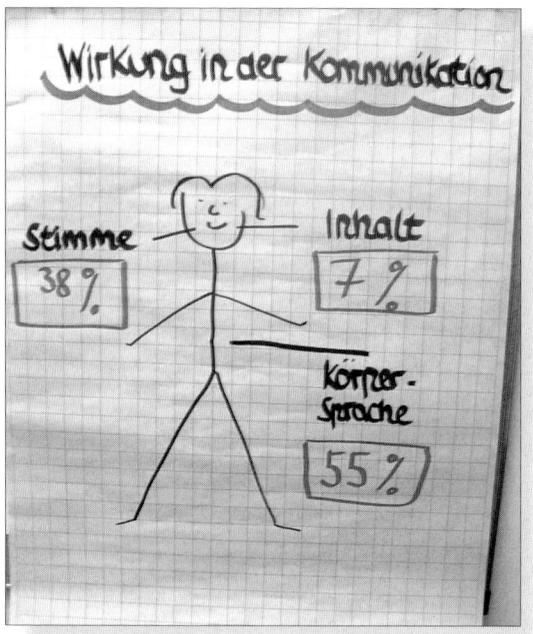

Abbildung: Der Trainer hat die richtigen Zahlen ins Flip-Chart „Wirkung in der Kommunikation" eingetragen.

„Allerdings muss man sagen, dass es sich um die Ergebnisse einer experimentellen Untersuchung handelt, die nicht auf alle Situationen übertragen werden können. Dennoch ist es eine Tatsache, dass die Körpersprache und unser Tonfall eine sehr hohe Wirkung in der Kommunikation haben."

Damit leitet der Trainer zum Input über nonverbale Kommunikation über und präsentiert das Flip-Chart „Nonverbale Kommunikation".

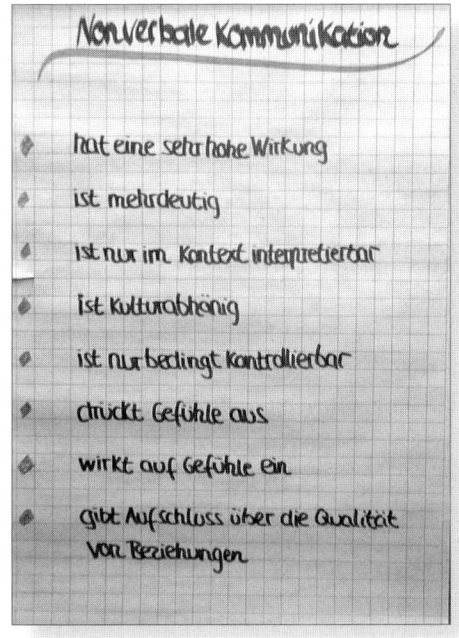

Abbildung: Das Flip-Chart „Nonverbale Kommunikation"

„Es ist nicht immer leicht, nonverbale Kommunikation richtig zu deuten. Das liegt daran, dass Körpersprache grundsätzlich mehrdeutig ist. Stellen Sie sich zum Beispiel vor, Sie sehen jemand, der weint. In der Regel werden Sie annehmen, dass er traurig ist. Es kann aber auch sein, dass er vor Freude weint.

Körpersprache ist nur im Kontext interpretierbar

Oder dass er Zwiebeln geschält hat. Körpersprache ist also in der Regeln nicht eindeutig. Das ist ein Grund, weshalb es in der Evolution des Menschen notwendig war, Sprache zu entwickeln, weil Körpersprache oft zu ungenau ist.

Körpersprache ist auch immer nur im Gesamtzusammenhang, im Kontext, interpretierbar und kann nicht isoliert gesehen werden. Wie, zum Beispiel, würden Sie diese nonverbale Kommunikation interpretieren?"

Der Trainer reißt die Arme nach oben und öffnet seine Augen und seinen Mund weit.

Abbildung: Der Trainer demonstriert anhand eines Beispiels, dass nonverbale Kommunikation immer nur im Gesamtzusammenhang interpretiert werden kann.

Der Trainer sammelt verschiedene Äußerungen und führt dann aus: *„Stellen Sie sich vor, ich schaue aus einem brennenden Haus."*

„Und dann: Ich befinde mich im Fußballstadion."

„Sie sehen, die exakt gleiche Körpersprache bedeutet, je nach Kontext, etwas völlig anderes. Außerdem besteht die Körpersprache immer aus einem Zusammenspiel von vielen Faktoren, wie Gestik, Mimik, Tonfall usw. und ist individuell geprägt. Deshalb sind auch die Ratgeber zur nonverbalen Kommunikation, die vorgeben, man könne eine bestimmte Geste immer auf die gleiche Art interpretieren, mit Vorsicht zu genießen. Wenn sich also jemand am Kopf kratzt, so muss das nicht zwangsläufig Unsicherheit bedeuten. Es kann auch sein, dass es den armen Mensch einfach nur juckt. Das ist zwar ein banales Beispiel, aber es macht deutlich, dass Körpersprache eben nicht einfach 1:1 übersetzt werden kann.

Körpersprache ist kulturabhängig

Körpersprache ist außerdem stark kulturabhängig und von den jeweiligen kulturellen und sozialen Normen geprägt. So ist beispielsweise der räumliche Abstand, den Menschen während eines Gesprächs zueinander halten, je nach Region unterschiedlich. Hier gibt es ein starkes Nord-Süd-Gefälle. Der Abstand, den Nordeuropäer halten, wird von arabischen oder südamerikanischen Menschen als ausgesprochen unfreundlich erlebt. Auch ist es in südlichen Ländern eher üblich, den Gesprächspartner während des Gesprächs zu berühren, was in nördlichen Ländern höchstens bei sehr großer Vertrautheit akzeptiert wird.

Unterschiedlich ist auch die Mimik und Gestik, die in südlichen Ländern ebenfalls stärker akzentuiert ist. In asiatischen Ländern dagegen wird der mimische Ausdruck von Gefühlen, insbesondere negativen Gefühlen, viel stärker unterdrückt als in anderen Regionen.

Allerdings ist Körpersprache, im Vergleich zu Worten, nur bedingt kontrollierbar und gibt unsere Gefühle direkter und unverfälschter wieder. Das liegt daran, dass unser Körper und unser Geist in ständiger Wechselwirkung stehen. Ein Gefühl ruft über elektrische Impulse, die über Nervenbahnen transportiert werden, automatisch körperliche Reaktionen hervor. In Untersuchungen konnte man feststellen, dass alle Emotionen sich in bestimmten, genau definierbaren Muskelkontraktionen im Gesicht ausdrücken. Über die Mimik kann man also die Gefühle von Menschen erkennen. Dies ist auch kulturübergreifend gleich. Echte Angst, Trauer oder Freude drücken sich immer, bei allen Menschen auf der Welt durch bestimmte Konstellationen der 23 Muskelstränge im Gesicht aus. Körpersprache drückt also Gefühle aus, und zwar unmittelbar.

Körpersprache ist nur bedingt kontrollierbar

Umgekehrt wirkt unsere Körpersprache auch auf unsere Gefühle ein. So hat sich gezeigt, dass bei Menschen in Experimenten, in denen sie angewiesen wurden, häufig zu lächeln, auch ihre Stimmung stieg.

Körpersprache beeinflusst Gefühle

Das bedeutet, dass wir, wenn wir für unsere eigene Körperhaltung sensibel sind, diese auch beeinflussen können und dadurch auch auf unsere Gedanken und Gefühle einwirken können."

Der Trainer leitet damit über zur Übung „Körperhaltung": *„Dazu möchte ich eine kurze Übung mit Ihnen machen. Stehen Sie bitte auf."*

Der Trainer steht zusammen mit den Teilnehmern auf und spricht dann weiter: *„Gehen Sie zunächst einmal einfach durch den Raum. Stellen Sie die Stühle etwas zur Seite, so dass Sie sich bequem im Raum bewegen können und gehen Sie zunächst in Ihrer ganz normalen Haltung, in Ihrem ganz normalen Gang durch den Raum."*

Übung „Körperhaltung"

Kurz darauf fährt der Trainer fort: *„Nun verändern Sie Ihre Körperhaltung. Lassen Sie den Kopf und die Schultern hängen und schauen Sie zu Boden. Laufen Sie mit dieser Haltung umher und beobachten Sie, welches Gefühl diese Haltung auslöst."*

Nachdem alle eine Weile lang auf diese Weise umhergegangen sind, gibt der Trainer eine neue Instruktion: *„Verändern Sie jetzt wieder Ihre Körperhaltung und gehen Sie bitte aufrecht, mit dem Kopf nach oben, die Brust raus, Schultern zurück, atmen Sie tief durch und beobachten Sie wieder, welches Gefühl diese Haltung auslöst."*

Dann fordert der Trainer die Teilnehmer zur Auswertung der Übung auf: *„Stellen wir uns kurz im Kreis zusammen. Welche Gefühle haben die beiden Körperhaltungen bei Ihnen ausgelöst?"*

Der Trainer nimmt die Äußerungen der Teilnehmer entgegen und ergänzt: *„Wir können dadurch, dass wir bewusst auf unsere äußere Haltung achten, auch unsere innere Haltung und damit unsere Gefühle ein wenig beeinflussen."*

Dann lädt der Trainer die Teilnehmer ein, wieder Platz zu nehmen.

Körpersprache gibt Aufschluss über die Qualität von Beziehungen

„Nonverbale Kommunikation gibt außerdem Aufschluss über die Qualität von Beziehungen. Das können Sie beispielsweise beobachten, wenn Sie in einem Restaurant ein befreundetes Paar oder ein Liebespärchen beobachten. Sie werden feststellen, dass die Körpersprache eines Paares, wenn es sich wirklich gut versteht, oft sehr ähnlich ist, so dass sich beide praktisch spiegelbildlich verhalten. Wenn er sein Weinglas erhebt, macht sie es ihm wenig später nach. Wenn sie ihre Sitzhaltung verändert, macht er es wenig später auch. Dieses Phänomen wird „Spiegeln" genannt und ist ein Anzeichen für eine positive Beziehung.

Umgekehrt fördert es die Beziehung, wenn man sich in seiner nonverbalen Kommunikation auf seinen Gesprächspartner einstellt. Das geschieht in der Regel unbewusst und automatisch, wenn ein Gespräch positiv verläuft und man einen guten Draht zum anderen findet. Das kann man aber auch bewusst gestalten. Dazu möchte ich eine Übung mit Ihnen machen".

Der Trainer leitet die Übung „Bewegungsspiegeln" an. *„Stehen Sie bitte auf und gehen Sie paarweise zusammen."*

Während sich die Paare finden, legt der Trainer entspannte, belebte Musik auf und lässt diese während der Übung im Hintergrund laufen.

282

„In dieser Übung geht es darum, sich auf die Körpersprache des anderen einzustellen. Sie hören schon, es läuft Musik im Hintergrund, die ganze Übung kann ruhig in entspannter Atmosphäre ablaufen. Vereinbaren Sie, wer A und wer B ist.

A kann sich frei durch den Raum bewegen und dabei verschiedene Bewegungen machen, seinen Gang, seine Körperhaltung, seine Gestik verändern, wie es ihm beliebt. B stellt sich gegenüber auf und macht alle Bewegungen wie ein Spiegel nach."

Nach etwa zwei bis drei Minuten ordnet der Trainer einen Wechsel an. Anschließend setzen sich alle im Kreis zur Auswertung zusammen. Der Trainer schaltet die Musik wieder aus. Er fragt die Teilnehmer, wie sie die Übung erlebt haben.

Anschließend ergänzt er: *„In der Kommunikation macht es einerseits Sinn, sich auf seinen Gesprächspartner einzustellen. Gleichzeitig ist es aber auch wichtig, es nicht zu übertreiben und den anderen nachzuäffen und sich selbst darüber zu verlieren. Genauso wichtig, wie das Einstellen auf den anderen ist es, selbst authentisch zu bleiben und die eigene, für sich selbst stimmige Kommunikation beizubehalten, sowohl sprachlich als auch nichtsprachlich.*

So viel von meiner Seite zur nonverbalen Kommunikation. Gibt es weitere Fragen oder Anmerkungen?"

Hinweise

▶ Bei der Übung „Gefühle erkennen" kann es zu Widerständen kommen. Diese rühren meistens aus der Befürchtung, sich bei der pantomimischen Darstellung zu blamieren. Der Trainer kann auf diese Ängste eingehen, indem er betont, dass es bei der Übung auf keinen Fall um schauspielerische Leistungen gehe, sondern einzig darum, anhand einer spielerischen Übung etwas über nonverbale Kommunikation zu lernen. Dabei ist die Darstellung von Gefühlen lediglich Mittel zum Zweck.

▶ Auch die Übung „Bewegungsspiegeln" kann zu Befangenheit bei Teilnehmern führen und sollte nur eingesetzt werden, wenn im Seminar eine lockere, offene Atmosphäre herrscht.

Übung
„Bewegungsspiegeln"

Literatur

▶ Molcho, Samy: Körpersprache im Beruf. München, 2001
▶ Simon, Walter: Gabals großer Methodenkoffer. Grundlagen der Kommunikation. Offenbach, 2004, S. 125ff.

7. Die Geschichte mit dem Hammer

Die folgende Geschichte von Paul Watzlawick veranschaulicht auf sehr pointierte Weise das dritte Grundmerkmal der Kommunikation, welches besagt, dass wir unsere eigene Kommunikation meistens als Reaktion auf das Verhalten des anderen erleben.

Passend zu Seite 60f.

Der Trainer kann die Geschichte zum Abschluss der Sequenz zu den Grundmerkmalen der Kommunikation vorlesen, ohne sie weiter zu kommentieren:

Die Geschichte mit dem Hammer

Ein Mann will ein Bild aufhängen. Den Nagel hat er, nicht aber den Hammer. Der Nachbar hat einen. Also beschließt unser Mann, hinüberzugehen und ihn auszuborgen. Doch plötzlich kommen ihm Zweifel: Was, wenn der Nachbar mir den Hammer nicht leihen will?

Die Geschichte

Er denkt sich: *„Gestern schon grüßte er mich nur so flüchtig. Vielleicht war er in Eile. Aber vielleicht war die Eile nur vorgeschützt, und er hat etwas gegen mich. Und was? Ich habe ihm nichts angetan. Der bildet sich da etwas ein. Wenn jemand von mir ein Werkzeug borgen wollte, ich gäbe es ihm sofort. Und warum er nicht?*

Wie kann man einem Mitmenschen einen so einfachen Gefallen abschlagen? Leute wie dieser Kerl vergiften einem das Leben. Und dann bildet der sich noch ein, ich sei auf ihn angewiesen. Bloß, weil er einen Hammer hat. Jetzt reicht's mir wirklich."

Und so stürmt er hinüber, läutet, der Nachbar öffnet, doch noch bevor dieser „Guten Tag" sagen kann, schreit ihn unser Mann an: *„Behalten Sie doch Ihren Hammer, Sie Rüpel!"*

Literatur

▶ Paul Watzlawick – Anleitung zum Unglücklichsein. München, 2005, 25. Aufl.

8. Repetitorium zum Vier-Seiten-Modell

Passend zu Seite 63f.

Ziele:

▶ Die Teilnehmer wiederholen und verfestigen ihr Wissen zu den Ebenen der Kommunikation.

Zeit:

▶ 35 Minuten (15 Min. Kleingruppen-Arbeit, 15 Min. Präsentation, 5 Min. Puffer)

Material:

▶ Vier vorbereitete Pinwände „Repetitorium Vier-Seiten-Modell"

Überblick:

▶ Der Trainer verteilt die vier Pinwände auf die vier Ecken des Raumes.
▶ Die Kleingruppen bearbeiten Fragestellungen zu je einer Seite der Kommunikation.
▶ Sie präsentieren ihre Ergebnisse.

Erläuterungen

Die folgende Übung kann zum Beginn des zweiten Tages eingesetzt werden, um das Wissen über das Vier-Seiten-Modell der Kommunikation zu wiederholen und zu vertiefen.

Vorgehen

Der Trainer hat vier Pinwände vorbereitet (siehe Abbildung auf der Folgeseite). Jede Pinwand bezieht sich auf eine Seite der Kommunikation.

Die Teilnehmer verteilen sich gleichmäßig auf die vier Ecken des Raumes und bekommen die Aufgabe, eine Seite der Kommunikation anhand der unten abgebildeten Tabelle zu bearbeiten.

Folgende Leitfragen sollen die Teilnehmer beantworten und dabei *Leitfragen*
sowohl die Perspektive des Senders, als auch die des Empfängers
berücksichtigen:

▶ Welche Informationen werden auf dieser Ebene der
   Kommunikation gesendet bzw. empfangen?
▶ Welche Schwierigkeiten können auf dieser Ebene beim Sender,
   welche beim Empfänger der Kommunikation auftreten?
▶ Was macht eine „gute" Kommunikation auf dieser Ebene der
   Kommunikation aus?

Abbildung: Pinwand „Repetitorium: Das
Vier-Seiten-Modell der Kommunikation". Eine
Kleingruppe bearbeitet diese Pinwand, die sich
auf die Appellseite der Kommunikation bezieht.
Die anderen drei Kleingruppen widmen sich den
übrigen drei Seiten der Kommunikation.

Anschließend präsentiert jede Kleingruppe ihre Ergebnisse. Der
Trainer ergänzt bei Bedarf (vgl. Schulz von Thun – Miteinander
reden, Band 1).

Hinweise

▶ Das Repetitorium ist eine zweckmäßige Möglichkeit, um
   das am Vortag Gelernte zu vertiefen und im Gedächtnis zu
   verankern. Schließlich zeigen Untersuchungen, dass die
   Wahrscheinlichkeit, dass neu Gelerntes auch behalten wird,
   durch Wiederholen massiv erhöht wird.

Variante

„Wandern" ▶ Bei der Präsentation der Kleingruppen-Ergebnisse ist es lebendiger, wenn die Teilnehmer von Pinwand zu Pinwand, also von einer Ecke des Raums in nächste „wandern", um sich die Ergebnisse dort von der jeweiligen Kleingruppe erläutern zu lassen.

Literatur

▶ Schulz von Thun, Friedemann: Miteinander reden. Störungen und Klärungen, Bd. 1. Rowohlt, Reinbek bei Hamburg, 1981

9. Rollenspiele mit Teilnehmer-Situationen

Passend zu Seite 101f.

Orientierung

Ziele:

▶ Die Teilnehmer reflektieren eigene schwierige Gesprächssituationen.

▶ Einige Teilnehmer erhalten ein Feedback zu ihrem Gesprächsverhalten.

Zeit:

▶ 2 1/4 Stunden (25 Min. Instruktion und Vorbereitung, 3x15 Minuten Durchführung, 3x15 Minuten Auswertung, 2x 5 Min. Pause, 10 Min. Puffer)

Material:

▶ Flip-Chart „Schwieriges Gespräch"

Überblick:

▶ Jeder Teilnehmer macht sich Notizen zu einer eigenen schwierigen Gesprächssituation (s. Flip-Chart „Schwieriges Gespräch").

▶ Die Teilnehmer teilen sich in Kleingruppen á vier Personen auf.

▶ Sie wählen eine Situation aus und bereiten ein Rollenspiel vor.

▶ Die Rollenspiele werden im Plenum durchgeführt und ausgewertet.

▶ Auswertung: 1. Spieler, 2. Beobachter. Auf die Feedback-Regeln achten!

Erläuterungen

Alternativ zu den vorgegebenen Rollenspielen, die einen gewissen konzeptionellen Aufwand bedeuten und zum psychodramatischen Rollenspiel, deren Leitung eine entsprechende Ausbildung erfordert, kann der Trainer Gesprächssituationen der Teilnehmer erheben und diese für die Durchführung von Rollenspielen nutzen. Ein mögliches Vorgehen wird im Folgenden beschrieben.

Vorgehen

„Mir ist es wichtig, dass wir in diesem Seminar möglichst praxisnah arbeiten. Deshalb geht es im Folgenden darum, reale Gesprächssituationen aus Ihrer beruflichen Praxis zu sammeln. Nehmen Sie sich dazu bitte etwas zu schreiben, also einen Kuli oder Bleistift und einen Block oder Moderationskärtchen und machen sich ein paar Notizen."

Die TN erinnern sich an eine schwierige Gesprächssituation

Der Trainer wartet, bis sich alle Teilnehmer mit Schreib-Utensilien versorgt haben. *„Überlegen Sie, welche Gesprächssituationen Ihnen aus den letzten Wochen oder Monaten einfallen. Es müssen keine besonderen Gespräche sein, aber doch solche, die nicht ganz einfach oder glatt gelaufen sind, zum Beispiel, weil es einen Konflikt gab. Das Gespräch kann mit einem Kollegen, mit dem Vorgesetzten, mit Kunden oder Geschäftspartnern geführt worden sein. Oder, das ist sogar noch besser, es geht um ein Gespräch, das noch gar nicht stattgefunden hat, das noch vor Ihnen liegt. Sei es, dass ein Termin ansteht oder weil Sie mit dem Gedanken spielen, ein Gespräch zu suchen, etwa, weil Sie etwas klären müssen. Wählen Sie eine Situation aus – dabei nehmen Sie am besten jenes Gespräch, das Ihnen als erstes einfällt."*

Der Trainer deckt das Flip-Chart „Schwieriges Gespräch" auf.

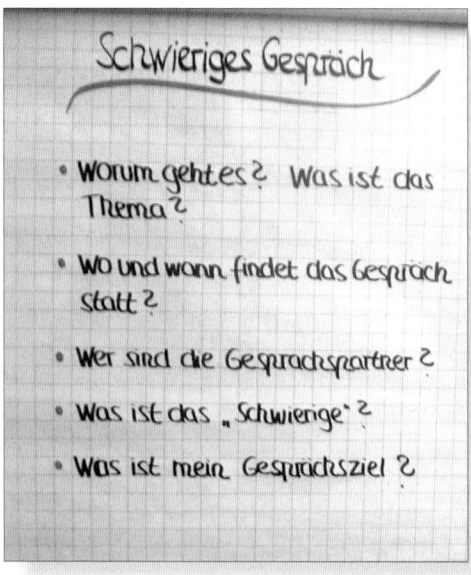

Abbildung: Flip-Chart „Schwieriges Gespräch"

Thomas Schmidt: Kommunikationstrainings erfolgreich leiten

„Machen Sie sich dann zu folgenden Punkten Notizen: Worum geht es in dem Gespräch? Was ist das inhaltliche Thema? An welchem Ort und zu welchem Zeitpunkt findet das Gespräch statt? Wer sind die Gesprächspartner? Wer ist beteiligt? Was ist das ‚Schwierige' an dem Gespräch? Wo liegt der Konflikt? Welche unterschiedlichen Sichtweisen oder Interessen gibt es? Wie sehen die anderen oder der Andere die Situation und wie Sie selbst? Und schließlich: was ist Ihr Gesprächsziel in dieser Situation?"

Fragestellungen

Der Trainer unterstützt jene Teilnehmer, denen zunächst keine Situation einfällt. Wenn jemandem partout kein Beispiel einfällt, ist dies auch nicht weiter problematisch. Der Trainer wartet ein paar Minuten, bis sich die Teilnehmer einige Notizen gemacht haben. *„Gehen Sie nun in Kleingruppen mit jeweils vier Personen zusammen und tauschen Sie sich zu Ihren Gesprächssituationen aus. Wählen Sie dann eine Situation aus, die Ihnen am Interessantesten erscheint und bereiten Sie das Gespräch so weit vor, dass Sie es hier im Plenum durchführen können. Das heißt, Sie klären, wer welche Rolle übernimmt. Insgesamt haben Sie 20 Minuten Zeit. Gibt es Fragen?"*

Wenn nicht, fordert der Trainer die Teilnehmer auf, aufzustehen und sich in Kleingruppen zusammenzufinden.

Im Folgenden geht der Trainer nach einer Weile durch die Kleingruppen, um zu schauen, ob alle Gruppen eine Situation und die handelnden Akteure für das anschließende Rollenspiel gefunden haben.

Bei der Durchführung des Rollenspiels lässt der Trainer den Teilnehmer, von dem das Beispiel stammt, zunächst die Situation anhand der Fragen auf dem Flip-Chart „Schwieriges Gespräch" kurz beschreiben. Dann bittet er ihn kurz, den Gesprächspartner im Rollentausch vorzustellen, damit der Teilnehmer, der diese Rolle übernimmt, weiß, wie er die Rolle zu spielen hat. Dieses Vorgehen wird in dem Abschnitt über das psychodramatische Rollenspiel am zweiten Seminartag um 11.15 Uhr im Detail beschrieben.

Rollenspiel-Durchführung

Bei der Auswertung kann der Trainer wie bei der Auswertung des Rollenspiels vorgehen, das im Abschnitt über den ersten Seminartag um 14.50 Uhr beschrieben wird.

Zunächst wird der Teilnehmer, der die Situation eingebracht hat, nach seinem Erleben befragt, dann der Rollenspieler und schließlich die Beobachter. Dabei achtet der Trainer auf die Einhaltung der Feedback-Regeln.

Hinweise

Schutzfunktion des Trainers

▶ Bei der Auswertung muss der Trainer noch stärker als bei vorgegebenen Rollenspielen darauf achten, dass vor allem beschreibende oder positive Rückmeldungen gegeben werden, da es sich um eine echte, eigene Gesprächssituation des Protagonisten handelt und dieser keine Rolle, sondern sich selbst spielt. Die Schutzfunktion des Trainers ist daher besonders wichtig.

10. Beobachtungsbögen ‚Vier Seiten der Kommunikation'

Erläuterungen

Die folgenden fünf Beobachtungsbögen dienen dazu, Gespräche differenziert auszuwerten. Sie können bei den Rollenspielen am ersten und dritten Seminartag eingesetzt werden.

Passend zu Seite 106f.

Dabei werden die Beobachtungsbögen auf die Beobachter aufgeteilt, so dass – bei insgesamt zwölf Teilnehmern, von denen zwei ein Gespräch führen – jeweils zwei Beobachter auf den gleichen Aspekt achten.

Die Beobachtungsbögen, die hier vorgeschlagen werden, orientieren sich an den vier Seiten der Kommunikation. Jeweils zwei Beobachter achten also auf die Sach-, die Beziehungs-, die Appell- und die Selbstaussageseite der Kommunikation. Ein weiteres Paar richtet sein Augenmerk auf die Redeanteile und auf die Gesprächsstruktur.

Der Trainer fordert die beobachtenden Teilnehmer auf, sich Notizen zu machen, so dass sie ihre Rückmeldungen möglichst an konkret beschreibbaren Beobachtungen und eventuell an wörtlichen Zitaten festmachen können.

Beim Feedback sollten sich die Beobachter auf die wichtigsten Aspekte fokussieren, damit die Auswertung nicht zu lang ausfällt.

Beobachtungsbogen

Ihre Aufgabe:

Sie beobachten die Gesprächsverteilung und die Gesprächssteuerung. Achten Sie auf folgende Aspekte:

▶ Wie sind die zeitlichen Redeanteile der Gesprächspartner verteilt? Achten Sie bitte auf die Uhr und machen Sie sich Notizen, so dass Sie anschließend angeben können, wer wie lange geredet hat.

▶ Wer führt und steuert das Gespräch? Wodurch?

▶ Ist ein roter Faden erkennbar oder dreht sich das Gespräch öfter im Kreis?

▶ Lassen sich die Gesprächspartner ausreden oder unterbrechen sie sich? Wer unterbricht wen? Wie tut er/sie das? Wer lässt sich unterbrechen, wer nicht?

Achten Sie beim Feedback auf folgende Hinweise:

▶ Beschreiben Sie, was Sie wahrgenommen haben und wie dies auf Sie persönlich gewirkt hat, anstatt die Gesprächspartner zu bewerten.

▶ Bleiben Sie bei Ihrer Rückmeldung konkret. Treffen Sie keine verallgemeinernden Aussagen (z.B. „Du bist unsicher").

▶ Sagen Sie immer auch, was Ihnen gefallen hat.

▶ Geben Sie direkt Feedback. Sprechen Sie denjenigen an, auf den Sie sich beziehen. Geben Sie jedem der Gesprächspartner ein individuelles Feedback.

▶ Geben Sie ein kurzes und prägnantes Feedback, so dass alle Beobachter Gelegenheit haben, zu Wort zu kommen.

Beobachtungsbogen

Ihre Aufgabe:

Sie beobachten die Sachebene der Kommunikation. Achten Sie dabei auf folgende Aspekte:

▶ Was sind die wichtigsten Informationen und Argumente?

▶ Wie werden die Informationen vermittelt?

▶ Was wird verständlich und plausibel vermittelt, was weniger?

▶ Wie stark steht die Sachseite der Kommunikation im Vordergrund?

Achten Sie beim Feedback auf folgende Hinweise:
- ▶ Beschreiben Sie, was Sie wahrgenommen haben und wie dies auf Sie persönlich gewirkt hat, anstatt die Gesprächspartner zu bewerten.
- ▶ Bleiben Sie bei Ihrer Rückmeldung konkret. Treffen Sie keine verallgemeinernden Aussagen (z.B. „Du bist unsicher").
- ▶ Sagen Sie immer auch, was Ihnen gefallen hat.
- ▶ Geben Sie direkt Feedback. Sprechen Sie denjenigen an, auf den Sie sich beziehen.
  Geben Sie jedem der Gesprächspartner ein individuelles Feedback.
- ▶ Geben Sie ein kurzes und prägnantes Feedback, so dass alle Beobachter Gelegenheit haben, zu Wort zu kommen.

Beobachtungsbogen

Ihre Aufgabe:

Sie beobachten die Beziehungsebene der Kommunikation. Achten Sie dabei auf folgende Aspekte:
- ▶ Wie ist das Klima des Gesprächs? Woran machen Sie das fest?
- ▶ Gehen die Gesprächspartner aufeinander ein und hören sie aktiv zu?
- ▶ Wie lässt sich die nonverbale Interaktion beschreiben? Achten Sie etwa auf den Abstand, den Sitzwinkel und den Blickkontakt.
- ▶ Wird der Konflikt offen angesprochen? Und wenn ja, wie wird er angesprochen? Wird die Kritik aus der eigenen Perspektive geäußert, ohne zu verletzen? Oder macht einer dem anderen Vorwürfe und wertet ihn ab?
- ▶ Wie wird auf Feedback und Kritik reagiert? Wird das Feedback aufgenommen oder abgewehrt?
- ▶ Welche Botschaften lassen sich auf der Beziehungsebene heraushören, auch wenn sie vielleicht nicht ausgesprochen werden? Woran machen Sie das fest?

Achten Sie beim Feedback auf folgende Hinweise:
- ▶ Beschreiben Sie, was Sie wahrgenommen haben und wie dies auf Sie persönlich gewirkt hat, anstatt die Gesprächspartner zu bewerten.
- ▶ Bleiben Sie bei Ihrer Rückmeldung konkret. Treffen Sie keine verallgemeinernden Aussagen (z.B. „Du bist unsicher").
- ▶ Sagen Sie immer auch, was Ihnen gefallen hat.
- ▶ Geben Sie direkt Feedback. Sprechen Sie denjenigen an, auf den Sie sich beziehen.
  Geben Sie jedem der Gesprächspartner ein individuelles Feedback.
- ▶ Geben Sie ein kurzes und prägnantes Feedback, so dass alle Beobachter Gelegenheit haben, zu Wort zu kommen.

Beobachtungsbogen

Ihre Aufgabe:

Sie beobachten die Selbstaussageseite der Kommunikation. Achten Sie dabei auf folgende Aspekte:

▶ Was sagen die Gesprächspartner über sich selbst aus? Wie stellt jeder sich selbst dar?

▶ Welche Gefühle, Bedürfnisse und Interessen werden ausgedrückt? Werden diese ausdrücklich erwähnt? Werden sie transparent gemacht?

▶ Was drücken Gesprächspartner über ihre nonverbale Kommunikation über sich selbst aus? Achten Sie etwa auf den Tonfall, Mimik, Gestik und Körperhaltung.

▶ Stimmen die verbalen und nonverbalen Botschaften überein oder gibt es Widersprüche?

▶ Welche Botschaften lassen sich auf der Selbstaussageseite heraushören, auch wenn sie vielleicht nicht ausgesprochen werden? Woran machen Sie das fest?

Achten Sie beim Feedback auf folgende Hinweise:

▶ Beschreiben Sie, was Sie wahrgenommen haben und wie dies auf Sie persönlich gewirkt hat, anstatt die Gesprächspartner zu bewerten.

▶ Bleiben Sie bei Ihrer Rückmeldung konkret. Treffen Sie keine verallgemeinernden Aussagen (z.B. „Du bist unsicher").

▶ Sagen Sie immer auch, was Ihnen gefallen hat.

▶ Geben Sie direkt Feedback. Sprechen Sie denjenigen an, auf den Sie sich beziehen. Geben Sie jedem der Gesprächspartner ein individuelles Feedback.

▶ Geben Sie ein kurzes und prägnantes Feedback, so dass alle Beobachter Gelegenheit haben, zu Wort zu kommen.

Beobachtungsbogen

Ihre Aufgabe:

Sie beobachten die Appellseite der Kommunikation. Achten Sie dabei auf folgende Aspekte:

▶ Welche Wünsche, Erwartungen und Appelle werden geäußert?

▶ Welche Appelle werden zwar nicht außdrücklich geäußert, lassen sich aber heraushören? Woran machen Sie das fest?

▶ Was tun die Gesprächspartner, um ihre Ziele zu erreichen?

▶ Wer erreicht seine Ziele, wer weniger?

▶ Wie wird argumentiert? Was wirkt überzeugend und nachvollziehbar, was weniger?

▶ Wie sehr versuchen die Gesprächspartner, auf die Wünsche und Bedürfnisse des Gesprächspartners einzugehen? Wird nach Lösungen gesucht, die beiden Seiten gerecht werden oder setzt sich einer auf Kosten des anderen durch?

Achten Sie beim Feedback auf folgende Hinweise:

▶ Beschreiben Sie, was Sie wahrgenommen haben und wie dies auf Sie persönlich gewirkt hat, anstatt die Gesprächspartner zu bewerten.

▶ Bleiben Sie bei Ihrer Rückmeldung konkret. Treffen Sie keine verallgemeinernden Aussagen (z.B. „Du bist unsicher").

▶ Sagen Sie immer auch, was Ihnen gefallen hat.

▶ Geben Sie direkt Feedback. Sprechen Sie denjenigen an, auf den Sie sich beziehen. Geben Sie jedem der Gesprächspartner ein individuelles Feedback.

▶ Geben Sie ein kurzes und prägnantes Feedback, so dass alle Beobachter Gelegenheit haben, zu Wort zu kommen.

11. Übung zum Aktiven Zuhören

Passend zu
Seite 176f.

Orientierung

Ziele:
▶ Die Teilnehmer erleben die Wirkung des Aktiven Zuhörens.
▶ Sie erleben die Auswirkungen fehlenden Zuhörens.

Zeit:
▶ 20 Minuten (15 Min., 5 Min. Puffer)

Material: /

Überblick:
▶ Die Hälfte der Teilnehmer geht vor die Tür und überlegt sich eine Geschichte.
▶ Die andere Hälfte wird instruiert, anschließend drei Minuten lang aufmerksam und aktiv zuzuhören und danach drei Minuten lang unaufmerksam zu sein.

Erläuterungen

Die folgende Übung macht die Wirkung des Aktiven Zuhörens bzw. des fehlenden Aktiven Zuhörens sehr eindrucksvoll deutlich.

Vorgehen

„Setzen Sie sich bitte für die folgende Übung paarweise zusammen."

Wenn dies geschehen ist, fährt der Trainer fort: *„Bei dieser Übung ist einer der Erzähler und einer Zuhörer. Machen Sie untereinander aus, wer welche Rolle übernimmt.*

Instruktion der
„Erzähler"

Alle Erzähler bitte ich nun, sich ein Erlebnis zu überlegen, welches Sie gleich den Zuhörern schildern. Ihre Aufgabe ist es, eine möglichst interessante Geschichte zu erzählen. Die Geschichte darf höchstens sechs Minuten dauern. Damit Sie sich vorbereiten können, nehmen Sie sich doch bitte ein paar Moderationskarten und einen Kugelschreiber und machen Sie sich draußen ein paar Notizen zu Ihrer Geschichte."

Thomas Schmidt: Kommunikationstrainings erfolgreich leiten

Wenn die Erzähler den Raum verlassen haben, instruiert der Trainer die Zuhörer: *„Ihre Aufgabe lautet folgendermaßen: In den ersten drei Minuten hören Sie Ihrem Gesprächspartner möglichst aufmerksam und aktiv zu. Das heißt, Sie suchen Blickkontakt, signalisieren, dass Sie die Geschichte interessant finden, indem Sie nicken, ‚mhm‘, ‚aha‘ und dergleichen sagen und von der gesamten Mimik und Körperhaltung zeigen, dass sie voll bei der Sache sind. Außerdem fragen Sie nach, fassen an wichtigen Stellen zusammen und gehen auf die Gefühle des Gesprächspartners ein.*

In der zweiten Hälfte machen Sie das genaue Gegenteil. Sie werden unaufmerksam, schauen woanders hin, gähnen und zeigen weitere Anzeichen offensichtlichen Desinteresses. Den Wechsel signalisiere ich Ihnen, indem ich sage, dass noch drei Minuten Zeit sind. Achten Sie aber darauf, dass Sie den Wechsel nicht zu auffällig gestalten, so dass der Erzähler nicht sofort merkt, was sich verändert hat. Gibt es Fragen?“

Dann geht der Trainer vor die Tür und fragt die Erzähler, ob sie ihre Geschichte vorbereitet haben. Falls sie nicht fertig sind, teilt er ihnen mit, dass das nicht schlimm sei und es auch darum gehe, eine Geschichte spontan interessant und lebendig zu erzählen.

Dann beginnt die Übung. Nach drei Minuten mahnt der Trainer: *„So, es sind noch drei Minuten Zeit. Das heißt, die Erzähler haben noch mal so lange Zeit, um ihre Geschichte zu erzählen.“*

Meistens verändert sich das Klima nach dieser Intervention schlagartig. In der Regel geben die Erzähler nach kurzer Zeit auf und haben keine Lust mehr, weiterzuerzählen. Während es zuvor lebendige Gespräche gegeben hat, wird es auf einmal sehr still.

Anschließend setzen sich die Teilnehmer und der Trainer zur Auswertung im Kreis zusammen. Der Trainer fragt zunächst die Erzähler: *„Wie ging es Ihnen beim Erzählen?“*

Der Trainer lässt möglichst alles Erzähler zu Wort kommen. Erst danach lässt er die Zuhörer berichten: *„Wie ging es den Zuhörern?“*

Abschließend fragt der Trainer: *„Welche Schlüsse ziehen Sie aus dieser Übung?“*

Nach dieser Diskussion kann der Trainer einen Input über Aktives Zuhören anschließen. Der Input stößt nach dieser – meistens sehr eindrucksvollen – Übung in der Regel auf offene Ohren.

Hinweise

▶ Diese Übung ist natürlich insofern gemein, als man die Erzähler bewusst in die Irre führt und sie nicht darüber aufklärt, was mit ihnen gemacht wird. Aber in der Regel sind die betreffenden Teilnehmer nicht wirklich darüber verärgert, dass sie an der Nase herumgeführt wurden.

12. Übung ‚Seileck'

*Passend zu Seite
181f.*

Orientierung

Ziele:

▶ Die Teilnehmer bewältigen im Team eine ihnen gestellte Aufgabe.

▶ Sie reflektieren ihre Zusammenarbeit und erhalten ein Feedback zum Kommunikationsverhalten in ihrer Gruppe.

▶ Das Vertrauen in der Gruppe wächst.

Zeit:

▶ 85 Minuten (5 Min. Instruktion, 15 Min. Planung, 30 Min. Durchführung, 30 Min. Auswertung, 5 Min. Puffer)

Material:

▶ Ein 40-50 Meter langes Seil

▶ Ein Tuch für jeden Teilnehmer zum Verbinden der Augen

▶ Viel Platz (großer Seminarraum oder eine Wiese im Freien)

▶ Beobachtungsbögen, Notizblöcke und Stifte für die beiden Beobachter

▶ Evtl. eine Videokamera

Überblick:

▶ Zwei Teilnehmer fungieren als Beobachter.

▶ Die anderen stehen im Kreis und erhalten die Aufgabe, ein Seil mit verbundenen Augen zu einem gleichseitigen und gleichwinkligen Fünfeck zu legen.

▶ Dazu haben sie 45 Min. Zeit, wovon Sie 15 Min. eine Strategie diskutieren können, bevor sie sich die Augen verbinden müssen.

▶ Bei der Auswertung schätzen die Teilnehmer auf einer soziometrischen Skala Effektivität und Atmosphäre der Zusammenarbeit ein, dann folgt das Feedback der Beobachter.

Erläuterungen

„Seileck" ist eine sehr schöne und oft auch erkenntnisreiche Kommunikationsübung für Gruppen. Man benötigt für sie allerdings einen sehr großen Seminarraum oder – noch besser – ausreichend Platz im Freien, wobei der Trainer sicherstellen muss, dass die Teilnehmer nicht von anderen beobachtet werden.

Vorgehen

Der Trainer hat das Seil und die Augentücher bereit gelegt und gegebenenfalls die Videokamera aufgestellt. Die Videokamera ist allerdings nicht zwingend notwendig. Dann beginnt er mit der Instruktion der Übung: *„Wir kommen jetzt zum Thema ‚Kommunikation in Gruppen'. Zu diesem Thema machen wir eine Team-Übung, bei der Sie eine Aufgabe gestellt bekommen, die Sie gemeinsam bewältigen. Zunächst einmal brauche ich zwei Beobachter. Wer möchte das machen?"*

Die beiden Beobachter erhalten vom Trainer ihre Beobachtungsbögen, einen Block und einen Stift. Dann holt der Trainer das Seil und fährt, an den Rest der Gruppe gewandt, fort: *„Stellen Sie sich bitte im Kreis auf."*

Die „Spielregeln"   Wenn alle Teammitglieder im Kreis stehen, erläutert er die „Spielregeln": *„Ihre Aufgabe ist es, mit diesem Seil ein gleichseitiges und gleichwinkliges Fünfeck zu legen."*

Der Trainer deutet auf die Tücher, die er auf einem Tisch bereit gelegt hat. *„Damit es nicht zu leicht ist, müssen Sie die Aufgabe mit geschlossenen Augen bewältigen. Deshalb werden Sie sich gleich gegenseitig die Augen verbinden. Vorher haben Sie maximal 15 Minuten Zeit, um eine gemeinsame Strategie zu entwickeln. Dabei können Sie das Vorgehen diskutieren, aber nicht ausprobieren. Während Sie also Ihre Augen noch nicht verbunden haben, können Sie nur miteinander reden, aber noch nichts ausprobieren, was Sie besprechen. Wenn die Übung beginnt, stehen Sie im Kreis zusammen.*

Dann haben Sie noch 30 Minuten Zeit, um die Aufgabe zu lösen. Sie bekommen das Seil von mir in die Hände gelegt, so dass es jeder berührt. Auch während der Umsetzung muss das Seil immer von Allen berührt werden. Insgesamt haben Sie 45 Minuten Zeit für diese Aufgabe, wobei Sie sich nach spätestens 15 Minuten die Augen verbinden müssen."

Wenn es keine Fragen gibt, kann die Übung beginnen.

Der Trainer achtet auf die Zeit und macht sich während der Übung, wie auch die Beobachter, Notizen zur Kommunikation in der Gruppe, um im Anschluss ein differenziertes Feedback geben zu können.

Nach 15 Minuten sagt er den Teammitgliedern, dass sie sich jetzt die Augen verbinden und mit der Lösung der Aufgabe beginnen müssen. Dann reicht er den Teammitgliedern das Seil, so dass es von jedem berührt wird. Falls er eine Videokamera zur Verfügung hat, nimmt er die Übung auf. Er kann diese Aufgabe aber auch an einen Teilnehmer delegieren. Die Videoaufnahme sollte dann einsetzen, wenn die Teammitglieder sich die Augen verbunden haben und mit der Lösung der Aufgabe beginnen.

Während der Übung achtet der Trainer zusammen mit den Beobachtern darauf, dass den Teilnehmer nichts passiert, dass sie also beispielsweise nicht gegen Gegenstände oder gegeneinander laufen.

Team-Übung „Seileck" – Leitfaden für die Beobachter

Aufgabe des Teams ist es, mit verbundenen Augen ein gleichseitiges und gleichwinkliges Fünfeck zu legen. Zeit: 45 Minuten.

Ihre Aufgabe:
Beobachten Sie die Kommunikation in der Gruppe und machen Sie sich dazu Notizen. Achten Sie außerdem darauf, dass kein Gruppenmitglied gegen etwas oder gegen jemand stößt.

Achten Sie auf folgende Aspekte:
1. Wie erleben Sie die Zusammenarbeit?
► Wie erleben Sie das Klima in der Gruppe? Woran machen Sie das fest (Mimik, Gestik, Körperhaltung, Tonfall etc.)?
► Wie wird mit unterschiedlichen Ideen und Vorstellungen umgegangen? Wie wird aufeinander eingegangen?

2. Wie organisiert sich die Gruppe für die Arbeit?
► Gibt es eine Diskussion über das Vorgehen?
► Wird eine Strategie entwickelt?
► Gibt es eine klare Aufteilung der Aufgaben?
► Ist jeder in die Problemlösung eingebunden?

3. Wie erleben Sie die einzelnen Gruppenmitglieder?
► Wer treibt den Prozess voran? Wie tut er/sie das?
► Wer hält sich eher zurück?
► Wer findet mit seinen Vorschlägen am meisten Gehör? Weshalb?

303

Auswertung
der Übung

Für die Auswertung kann der Trainer mit Moderationskarten und evtl. mit Tesa-Krepp eine soziometrische Skala auf dem Boden abbilden (s. Abbildung unten).

Dann fordert er die Teammitglieder zu einer Selbsteinschätzung auf: *„Wie schätzen Sie die Effektivität Ihrer Zusammenarbeit ein? Bitte positionieren Sie sich auf der Skala?"*

Wenn sich alle Teammitglieder ihren Platz eingenommen haben, fordert er sie auf, kurz zu sagen, warum sie auf diesem Platz stehen. Anschließend fordert er die Teilnehmer auf, sich hinsichtlich der Atmosphäre der Zusammenarbeit zu positionieren. Auch hier interviewt er die Teilnehmer kurz.

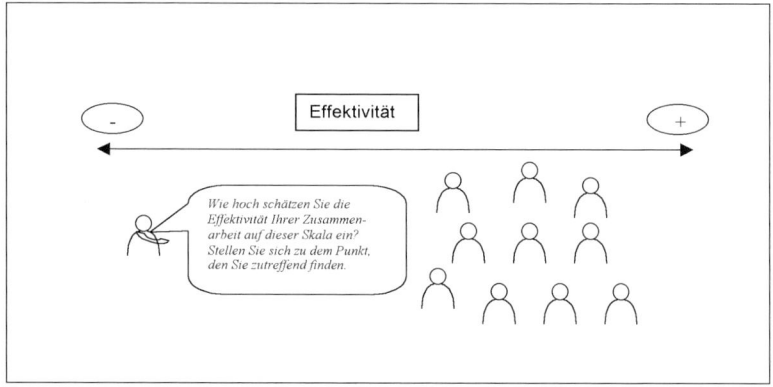

Abbildung: Der Trainer wertet die Übung „Seileck" mithilfe einer soziometrischen Skala aus.

Beobachtungen
auswerten

Anschließend fordert er alle auf, Platz zu nehmen und sich im Kreis zusammenzusetzen. Er fragt die Beobachter: *„Was ist Ihnen beim Beobachten aufgefallen? Bitte geben Sie ein Feedback zu den Kriterien, die auf Ihrem Beobachtungsbogen stehen."*

Schließlich ergänzt der Trainer seine eigenen Beobachtungen. Wenn die Videokamera eingesetzt worden ist, kann die Aufnahme in Ausschnitten und zum Teil im Schnelldurchlauf gezeigt werden. Da die Teilnehmer die Übung mit verbundenen Augen absolviert haben, ist es für sie meistens interessant, zu sehen, wie sie bei der Lösung der Aufgabe tatsächlich vorgegangen sind.

Ggf. Video-Feedback

Variante

▶ Die Aufgabe, mit geschlossenen Aufgaben ein gleichseitiges und gleichwinkliges Fünfeck zu legen, ist recht schwierig. Der Trainer kann es der Gruppe auch leichter machen und die Aufgabe stellen, ein Quadrat zu legen. Auch das ist mit geschlossenen Augen anspruchsvoll genug, gelingt aber in der Regel recht gut.

13. Erfolgsfaktoren von Teams – Input

Passend zu Seite 190f.

Orientierung

Ziele:

▶ Die Teilnehmer kennen die wichtigsten Erfolgsfaktoren von Teamarbeit.

Zeit:

▶ 15 Minuten (10 Min., 5 Min. Puffer)

Material:

▶ Flip-Chart „Faktoren erfolgreicher Teamarbeit"

Überblick:

▶ Der Trainer präsentiert das vorbereitete Flip-Chart „Faktoren erfolgreicher Teamarbeit".

▶ Er ergänzt die Begriffe während des Vortrags und nimmt ggf. Bezug auf die vorige Teamübung.

Erläuterungen

Im Anschluss an die Team-Übung kann es sinnvoll sein, den Teilnehmern ein theoretisches Modell anzubieten, welches hilft, das Erlebte einzuordnen und die eigenen Erfahrungen mit den allgemeinen Faktoren erfolgreicher Teamarbeit in Bezug zu setzen. Hier bietet die Themenzentrierte Interaktion nach Ruth Cohn ein zusammenhängendes Erklärungsmodell, welches an dieser Stelle für die Teilnehmer erhellend sein kann.

Vorgehen

„Die Frage ist: Welche Erfolgsfaktoren von Teamarbeit gibt es? Untersuchungen zeigen, dass sich die Erfolgsfaktoren für erfolgreiche Zusammenarbeit in vier Kategorien unterteilen lassen."

Der Trainer präsentiert das Flip-Chart „Faktoren erfolgreicher Teamarbeit". Dabei hat er zunächst nur die Überschrift, und die Zeichnung (das Dreieck und den Kreis) gezeichnet und schreibt dann während des Vortrags die Begriffe dazu.

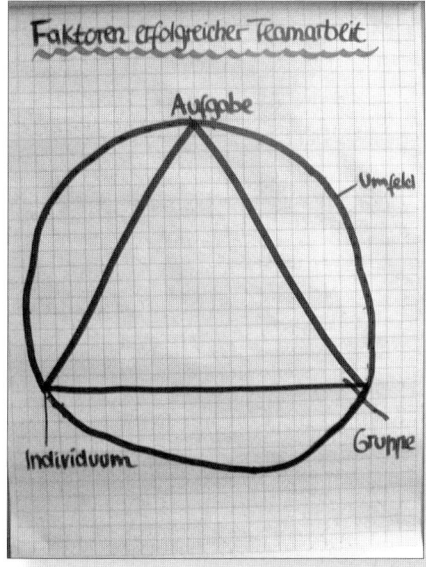

Abbildung: Das Flip-Chart „Faktoren erfolgreicher Teamarbeit". Die Überschrift und die Zeichnung (das Dreieck und den Kreis) hat der Trainer vorbereitet, die Begriffe schreibt er während des Inputs dazu.

„Zum einen kommt es auf das Thema, auf die Aufgabe an, welche das Team bewältigen will. Die Frage ist zunächst einmal: Wie klar und eindeutig ist das Ziel formuliert? Ist der Auftrag wirklich allen Beteiligten klar oder ist es vielleicht teilweise gar nicht wirklich transparent, was von dem Team erwartet wird und woran der Erfolg seiner Arbeit gemessen wird. Außerdem muss es dem Team gelingen, ein Vorgehen und eine Aufgabenteilung zu finden, die gewährleisten, dass die Aufgabe optimal gelöst wird.

Damit sind wir bei der Gruppe, dem zweiten Faktor. Hier ist die Frage nicht nur, wie sie die Abläufe strukturiert, um zum Ziel zu kommen. Es geht es auch darum, wie die Gruppe miteinander kommuniziert, wie mit unterschiedlichen Sichtweisen und Meinungen umgegangen wird. Entscheidend ist, dass alle Teammitglieder einbezogen werden und auch konträre und unterschiedliche Auffassungen geäußert werden können. Dies ist auch eine Frage der gegenseitigen Wertschätzung und Anerkennung. Hier spielt eine Rolle, inwiefern es jedem

Erfolgsfaktor Aufgabenstellung

Erfolgsfaktor Gruppe

Teammitglied gelingt, einen Platz innerhalb des Teams zu finden, mit dem er zufrieden ist. Denn es gibt in jedem Team eine Phase, in der die Positionen und die formelle oder informelle Rollenverteilung ausgefochten werden. Nur wenn es gelingt, dass die Konflikte, die damit verbunden sind, konstruktiv gelöst werden, kann ein Team erfolgreich arbeiten. Diese gruppendynamischen Prozesse zu steuern und zu lenken, ist eine zentrale Aufgabe der Führungskraft, aber auch der einzelnen Teammitglieder.

Erfolgsfaktor Individuum

Damit sind wir beim dritten Faktor erfolgreicher Teamarbeit, den einzelnen Individuen, aus denen das Team besteht. Hier kommt es darauf an, welche Fähigkeiten, Kompetenzen und Erfahrungen die Einzelnen zur Lösung der Aufgabe einbringen und inwiefern es gelingt, diese Fähigkeiten nutzbar zu machen. Dabei spielt natürlich auch die Motivation der Einzelnen eine wichtige Rolle. Auch hierauf wirkt natürlich die Führungskraft ein. Es kommt darauf an, wie sehr es ihr gelingt, die Fähigkeiten aller Teammitglieder nutzbar zu machen und zu erreichen, dass die Motivation der Einzelnen erhalten bleibt.

Diese drei Erfolgsfaktoren beeinflussen sich wechselseitig und hängen außerdem von dem jeweiligen Umfeld des Teams ab. Das Umfeld ist beispielsweise das Unternehmen, die Marktlage, das Zusammenwirken mit Kollegen, Vorgesetzten, Kunden und Geschäftspartnern."

Hinweise

▶ Plastisch und lebendig wird der Vortrag, wenn es dem Trainer gelingt, die Erfolgsfaktoren auf die frischen Erlebnisse in der gemeinsamen Teamübung zu beziehen.

▶ Am Ende des Inputs kann der Trainer die Teilnehmer fragen, wie sie ihr Team in Bezug auf die Faktoren erfolgreicher Teamarbeit erlebt haben.

Literatur

▶ Langmaack, Barbara: Einführung in die Themenzentrierte Interaktion (TZI). Weinheim, 2004, 3. Aufl.
▶ Cohn, Ruth: Von der Psychoanalyse zur Themenzentrierten Interaktion. Stuttgart, 2004, 15. Aufl.

14. Rollen in Teams – Input

Passend zu Seite 190f.

> ## Orientierung
>
> **Ziele:**
> ▶ Die Teilnehmer können wesentliche Rollenaspekte in Teams unterscheiden und in Bezug zu ihren eigenen Erfahrungen setzen.
>
> **Zeit:**
> ▶ 15 Minuten (10 Min., 5 Min. Puffer) + ggf. Zeit für eine anschließende Feedback- oder Selbsteinschätzungs-Übung
>
> **Material:**
> ▶ Flip-Chart „Rollen in Teams", evtl. Moderationskarten mit den Teamrollen
>
> **Überblick:**
> ▶ Der Trainer präsentiert das vorbereitete Flip-Chart „Rollen in Teams".
> ▶ Eventuell schließt er eine Feedback- oder Selbsteinschätzungs-Übung anhand der Team-Rollen an.

Erläuterungen

Auch dieser Input knüpft idealerweise an eine Team-Übung an und dient dazu, die eigenen Erlebnisse einordnen zu können. Die hier vorgestellten Rollen gehen zurück auf die Arbeiten von Dr. Meredith Belbin (1996). Sein Modell der Teamrollen habe ich in Anlehnung an Gellert & Nowak in vereinfachter Weise dargestellt.

Vorgehen

„Die Frage ist: Wie muss ein Team aussehen, um erfolgreich zu sein? Man hat festgestellt, dass in Teams oft Menschen zusammenarbeiten, die von der Persönlichkeit her viele Gemeinsamkeiten haben, die also ähnlich ‚ticken'. Das führt meistens dazu, dass sich die Teammitglieder zwar gut verstehen, aber in ihrer Arbeit oft nicht wirklich effektiv sind. Es ist nämlich so, dass Teams dann besonders erfolgreich sind, wenn die Teammitglieder unterschiedliche Rollen ausfüllen. Das hat eine Vielzahl von Untersuchungen gezeigt.

Man kann vier Rollenaspekte unterscheiden, die in einem gut funktionierenden Team vertreten sein müssen. Dabei kann es durchaus so sein, dass ein Teammitglied mehrere Rollensaspekte verkörpert."

Der Trainer präsentiert das Flip-Chart „Rollen in Teams". Er schreibt dabei immer jene Aspekte an, die er gerade referiert.

Abbildung: Der Trainer präsentiert das vorbereitete Flip-Chart „Rollen in Teams" und ergänzt während des Inputs die Rollen.

Leiter *„Der Leiter oder Moderator des Teams hat die Ziele, den Zeitrahmen und die Ressourcen des Teams im Blick. Er lenkt, steuert und strukturiert den Prozess und fühlt sich dafür verantwortlich, dass die Teamziele erreicht werden. Auf Fehler und Schwachstellen macht er aufmerksam und treibt gleichzeitig Lösungen voran, auch wenn er nicht immer der Experte für alle sachlichen Fragen ist.*

Umsetzer *Der Umsetzer dagegen ist jemand, der fachlich sehr hohe Kompetenz aufweist und sich ebenfalls für den Erfolg verantwortlich fühlt. Er denkt und handelt praktisch, auch wenn er kein so begnadeter Kommunikator ist wie der Leiter. Dafür ist er als fachlicher Experte allgemein anerkannt und leistet auf der fachlichen Ebene oft sogar mehr für den gemeinsamen Erfolg als der Leiter. Er kniet sich auch in Details hinein und sorgt mit seiner Gewissenhaftigkeit und Genauigkeit für eine hohe Qualität der Ergebnisse.*

Kreativer Ideengeber *Der Kreative Ideengeber ist die Quelle für Ideen und Innovationen. Mit seiner Fantasie und seinem Einfallsreichtum sorgt er dafür, dass*

auch neue und ungewöhnliche Problemlösungen gesucht werden. Dadurch verhindert er, dass sich das Team auf eingefahrenen Gleisen bewegt. Allerdings sind seine Ideen nicht immer jedermanns Sache. Gerade die realistisch veranlagten Umsetzer sind oftmals von den scheinbar ‚verrückten' Ideen der Kreativen Ideengeber irritiert und genervt, auch wenn diese oft wichtig sind, um neue Lösungen zu finden.

Der Teamarbeiter hat eine integrative Funktion im Team. Er hat ein Auge auf die Bedürfnisse und Befindlichkeiten des Einzelnen. Er kümmert sich stark um die interne Kommunikation, ist ein guter Zuhörer und sorgt für emotionale Harmonie im Team. Das heißt aber nicht, dass er nicht auch mit anpackt und Dinge erledigt, die zu tun sind. Aber er sorgt auch maßgeblich für ein positives Arbeitsklima."

Teamarbeiter

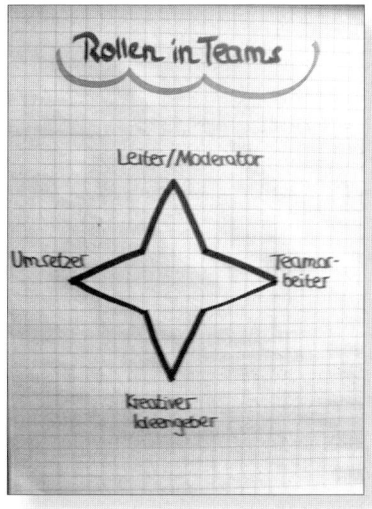

Abbildung: Das fertige Flip-Chart „Rollen in Teams".

Hinweise

▶ Auch dieser Vortrag wird besonders interessant, wenn er sich auf die Erlebnisse in der gemeinsamen Teamübung bezieht.

▶ Diesen Bezug kann der Trainer herstellen, indem er eine Feedback-Sequenz anschließt, in der die Teilnehmer sich selbst und die Kollegen in Bezug auf das Rollen-Modell einschätzen können. Das Modell ist deshalb besonders gut als Raster für eine Feedback-Übung geeignet, weil alle dargestellten Rollen positiv empfunden werden.

▶ Der Trainer kann sich auch darauf beschränken, die Selbsteinschätzung der Teilnehmer zu erfragen. Dazu kann er Moderationskarten, auf denen die verschiedenen Rollen stehen, auf den Boden legen und die Teilnehmer auffordern, sich zu dem Rollenaspekt zu stellen, der bei ihnen (in der vorangegangenen Übung oder im Allgemeinen) am stärksten ausgeprägt ist.

Literatur

▶ Gellert, Manfred & Nowak, Claus: Teamarbeit, Teamentwicklung, Teamberatung. Ein Praxisbuch für die Arbeit in und mit Teams. Limmer Verlag, Meezen, 2004, 2. erweiterte Aufl.

15. Übung ‚Interaktive Geschichte'

Orientierung

Passend zu Seite 195

Ziele:

▶ Die Teilnehmer üben, in Gesprächen spontan und flexibel zu reagieren.

▶ Die Stimmung wird aufgelockert.

Zeit:

▶ 15 Minuten

Material: /

Überblick:

▶ Die Teilnehmer gehen zu dritt zusammen.

▶ C erzählt eine Geschichte, B und A werfen Begriffe ein, die C einbauen muss. Wechsel.

Erläuterungen

In der folgenden Übung geht es darum, spontan und flexibel zu reagieren. Sie funktioniert nach dem Prinzip des Improvisationsthea-ters und lockert das Seminargeschehen auf. Sie kann gut zu Beginn eines Seminartages oder als Wachmacher zwischendurch eingesetzt werden.

Vorgehen

Der Trainer fordert die Teilnehmer auf, sich in Dreiergruppen zu-sammenzustellen: *„Als Nächstes machen wir eine Kommunikations-Übung. Vereinbaren Sie dazu zunächst, wer von Ihnen A, wer B und wer C ist."*

Dreiergruppen bilden

Wenn dies geschehen ist, fährt der Trainer fort: *„C beginnt. Er erzählt gleich eine Geschichte. Welche Geschichte, kann C selbst ent-scheiden, das kann beispielsweise ein Urlaubserlebnis sein oder was er am Wochenende unternehmen möchte oder ein sonstiges Erlebnis.*

Eine Person erzählt eine Geschichte

Die anderen TN werfen Begriffe ein, die der Erzählende spontan einflechtet

A und B hören nicht nur zu, sondern werfen immer mal zwischendurch irgendwelche Begriffe ein, die mit der Geschichte überhaupt nichts zu tun haben müssen. Aufgabe von C ist es dann, diese Begriffe aufzugreifen und in die Geschichte einzuflechten. Es geht also darum, kreativ und spontan etwas vom Gesprächspartner aufzugreifen."

Der Trainer demonstriert die Übung. Er geht zu einer Dreiergruppe. *„Lassen Sie uns das mal demonstrieren. Wer von Ihnen ist C?"*

Der Trainer wendet sich an C: *„Fangen Sie mal an, Ihre Geschichte zu erzählen, wir anderen werfen immer mal einen Begriff ein, und Sie versuchen dann, den Begriff aufzugreifen und in Ihre Geschichte einzufügen. Wenn Sie den Begriff eingebaut haben, können wir den nächsten Begriff einwerfen. Alles klar?"*

Der Trainer wirft, soweit dies A und B nicht tun, häufig Begriffe ein. Nach ein bis eineinhalb Minuten bricht der Trainer die Demonstration ab und lässt die Kleingruppen die Übung selbst durchführen. Eine andere Möglichkeit, die Übung zu demonstrieren, besteht darin, dass der Trainer die Rolle von C übernimmt, eine Geschichte erzählt und die Begriffe einbaut.

Nach drei bis vier Minuten ordnet der Trainer einen Wechsel an, nach weiteren vier Minuten den zweiten Wechsel, so dass jeder Teilnehmer einmal an die Reihe kommt.

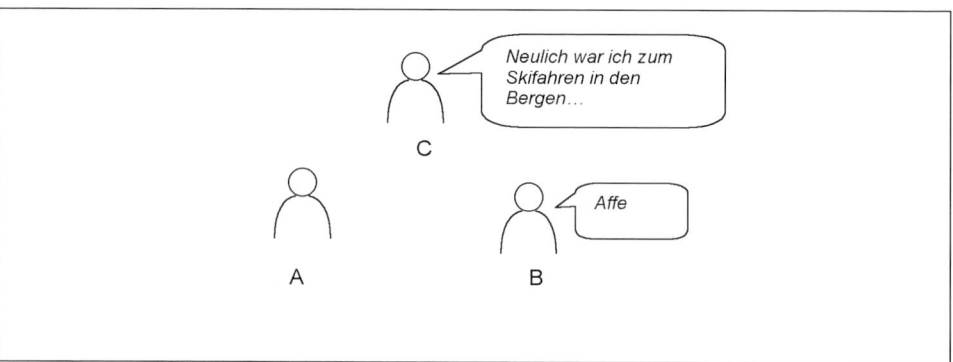

Abbildung: Bei der Kleingruppen-Übung „Interaktive Geschichte" erzählt ein Teilnehmer eine Geschichte. Die anderen Beiden werfen beliebige Begriffe ein. Der Erzähler muss diese Begriffe aufgreifen und in die Geschichte einbauen.

Variante

▶ Die Übung kann auch zum Kennenlernen eingesetzt werden.
Hier stellt sich in der Kleingruppe jeweils einer vor und muss
die Begriffe, welche die anderen einwerfen, dann aufgreifen.
Dabei darf er dann natürlich auch von der Wahrheit abweichen.
Anschließend kann dann erraten werden, welche Teile des
Berichts „gelogen" waren.

16. Geschlechtsspezifische Kommunikation

Passend zu Seite 229

Orientierung

Ziele:

▶ Die Teilnehmer reflektieren ihre eigenen Vorstellungen von geschlechtsspezifischer Kommunikation.

▶ Sie überprüfen eigene geschlechtsspezifische Kommunikationsmuster.

▶ Die Teilnehmer kennen die wichtigsten Fakten zum Thema.

Zeit:

▶ 80 Minuten (30 Min. Kleingruppen-Arbeit, 40 Min. Plenum, 10 Min. Puffer)

Material:

▶ Flip-Chart „Kleingruppenarbeit Geschlechtsspezifische Kommunikation"

▶ Flip-Chart „Input Geschlechtsspezifische Kommunikation"

▶ Zwei getrennte Räume für die Halbgruppen

▶ Zwei leere Flip-Chart-Bögen, Moderationsstifte

Überblick:

▶ Die Teilnehmer teilen sich in Frauen- und Männergruppen auf.

▶ Sie erarbeiten auf Flip-Chart-Bögen typische Verhaltensweisen in der Kommunikation des jeweils anderen Geschlechts und bereiten eine oder mehrere Szenen vor.

▶ Beide Szenen werden präsentiert.

▶ Das Flip-Chart der einen Gruppe wird präsentiert.

▶ Die Mitglieder der anderen Gruppe werden gefragt, wo sie sich wiedererkennen und wo nicht. Dann Wechsel.

▶ Input: Wissenschaftliche Befunde zum Thema.

▶ Evtl. Diskussion.

Erläuterungen

Geschlechtsspezifische Kommunikation ist ein großes Thema. Es angemessen zu behandeln, würde wohl ein eigenes Seminar erfordern. Im Rahmen eines Grundlagen-Seminars zur Kommunikation kann

316

es jedoch nur einen begrenzten Zeitraum in Anspruch nehmen. Die folgende Sequenz ermöglicht es, geschlechtsspezifische Unterschiede in der Kommunikation erlebnisaktivierend zu thematisieren.

Das kann insbesondere dann sinnvoll sein, wenn die unterschiedlichen Kommunikationsstile von Männern und Frauen im Laufe des Seminars des Öfteren von den Teilnehmern thematisiert werden. Dies geschieht oft in Form von witzigen oder ironischen Bemerkungen, hinter denen nicht selten ein ernsthaftes Interesse an dem Thema steckt.

Die Behandlung des Themas ist passend bei verdeckten Konflikten von Männern und Frauen

Vorgehen

Der Trainer teilt die Gruppe in zwei geschlechtshomogene Halbgruppen auf. Dabei ist es ideal, wenn ungefähr gleich viele Männer und Frauen im Seminar sind.

Dann erläutert er anhand des Flip-Charts die Aufgabe: *„Unser Thema lautet ‚Geschlechtsspezifisches Kommunikationsverhalten‘: Was unterscheidet Männer und Frauen in der Kommunikation? Zunächst möchte ich Sie einladen, ihre eigenen Erfahrungen zusammenzutragen.*

Dazu teilen Sie sich gleich in zwei Gruppen auf, die Frauen gehen in die eine Gruppe, die Männer in die andere. Tauschen Sie sich dann zu der Frage aus, was Sie als typische Verhaltensweisen des jeweils anderen Geschlechts in der Kommunikation wahrnehmen. Sammeln Sie die wichtigsten Aspekte auf dem Flip-Chart-Bogen.

Aufteilung in Frauenund Männergruppen

Anschließend bereiten Sie eine oder mehrere kleine Szenen vor, die Sie dann hier im Plenum darbieten. In diesen Szenen sollen typische Kommunikationsmuster des anderen Geschlechts deutlich werden. Für die Vorbereitung haben Sie eine halbe Stunde Zeit.“

Wenn es keine Fragen gibt, legen die Kleingruppen, möglichst räumlich getrennt voneinander, los.

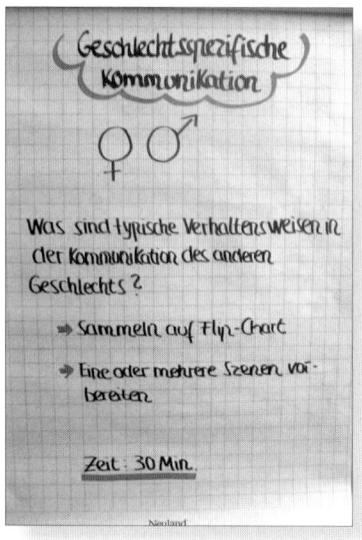

Abbildung: Das Flip-Chart „Kleingruppen-Arbeit Geschlechtsspezifische Kommunikation"

Der Trainer schaut nach spätestens 20 Minuten in die Kleingruppen und fragt, ob sie Unterstützung brauchen, insbesondere für die Darstellung der Szenen.

Bei der Präsentation im Plenum stellen beide Halbgruppen ihre Szenen nacheinander vor. Diese werden zunächst nicht kommentiert. Applaus ist erlaubt und erwünscht.

Unterschiedliche
Sichtweisen sammeln
Anschließend stellt erst die eine Gruppe ihr Flip-Chart vor. Anschließend fragt der Trainer die Mitglieder der anderen Gruppe (bzw. des anderen Geschlechts): *„Nun ist ja die Frage, inwiefern finden Sie sich als Frauen (bzw. als Männer) in den Szenen und in den Charakterisierungen wieder und wo nicht. Dazu möchte ich eine kurze Runde machen, in der jede(r) von Ihnen ihren (seinen) Eindruck sagt. Dabei soll jeder Beitrag unkommentiert stehen bleiben. Es geht darum, unterschiedliche Sichtweisen zu sammeln."*

Der Trainer achtet darauf, dass die Beiträge nicht diskutiert werden, insbesondere nicht von den Mitgliedern des anderen Geschlechts.

Das gleiche Vorgehen wiederholt sich anschließend mit vertauschten Rollen.

Schließlich trägt der Trainer einige Ergebnisse wissenschaftlicher Untersuchungen vor. *„Nun ist ja die Frage, was haben wissenschaftliche Untersuchungen gezeigt? Es gibt zahlreiche Studien, die sich mit den Unterschieden zwischen den Geschlechtern in der Kommunikation befassen. Sie zeigen, dass es tatsächlich signifikante Unterschiede gibt. Allerdings handelt es sich dabei lediglich um Tendenzen. Das heißt, man kann auf keinen Fall alle Männer in die eine und alle Frauen in die andere Schublade stecken. Die eine Frau verhält sich in der Kommunikation ganz anders als eine andere Frau. Das Gleiche gilt bei den Männern. Und auch derselbe Mann, dieselbe Frau verhält sich in unterschiedlichen Situationen völlig unterschiedlich. Trotz dieser Einschränkungen gibt es einige Tendenzen, die ich Ihnen gerne vorstellen möchte."*

Der Trainer stellt die Ergebnisse wissenschaftlicher Untersuchungen vor

Der Trainer präsentiert das Flip-Chart „Input Geschlechtsspezifische Kommunikation".

Abbildung: Das Flip-Chart „Input Geschlechtsspezifische Kommunikation"

Frauen kommunizieren eher empfängerorientiert

„Frauen sind in der Kommunikation eher empfängerorientiert. Das heißt, sie können oft gut auf ihre Gesprächspartner eingehen, signalisieren Interesse und bestätigen den anderen häufig. Sie sind in der Kommunikation eher beziehungsorientiert. Sie legen also viel Wert auf ein positives Gesprächsklima und tun in der Regel auch viel dafür, eine freundliche Beziehung aufzubauen. Allerdings lassen sich Frauen auch häufiger unterbrechen und kommen in Diskussionen seltener zu Wort als Männer. Auch passiert es ihnen leichter, das eigentliche Sachziel aus dem Auge zu verlieren.

Frauen sind tendenziell stärker fähig und daran interessiert, bei unterschiedlichen Interessen einen Ausgleich zu finden, sind also auch nachgiebiger und neigen stärker dazu, faule Kompromisse zu schließen. Sie denken und kommunizieren ganzheitlicher, tun sich daher zuweilen aber auch schwerer, klar Stellung zu beziehen und Entscheidungen zu treffen.

Männer kommunizieren eher senderorientiert

Männer dagegen kommunizieren eher senderorientiert. Das heißt, es fällt Ihnen leichter, sich in Gesprächen zu positionieren, Redeanteile zu erobern und Gespräche zu bestimmen. Die Schattenseite dieser Fähigkeit liegt darin, andere zu überfahren, zu dominieren und sich selbst zu überwerten.

Von den Ebenen der Kommunikation her gesehen, investieren Männer tendenziell die meiste Energie in die Sachebene. Männer stellen oft Fakten und sachliche Informationen in den Vordergrund. Die Wahrnehmung von Gefühlen bei sich und anderen kann dabei leicht auf der Strecke bleiben.

Männer sind tendenziell stärker durchsetzungsorientiert. Es fällt ihnen leichter, sich zu behaupten. Dadurch erleben sie Gespräche leicht als Gewinn- und Verlustspiel und tun sich eher schwer, Kompromisse zu finden.

Männer neigen eher dazu, analysierend und spezialisiert zu denken und zu kommunizieren. Die Gefahr liegt dabei darin, das Ganze aus den Augen zu verlieren.

So viel zu den Tendenzen in der geschlechtsspezifischen Kommunikation. Dabei spielen natürlich gesellschaftliche und kulturelle Einflüsse eine große Rolle. Das kann man zum Beispiel daran sehen, dass sich die Kommunikationsmuster von Männern und Frauen in den

320

letzten Jahrzehnten verändert haben. Dennoch sind manche Tendenzen geblieben."

Nun gibt der Trainer den Teilnehmern Gelegenheit für Fragen und Anmerkungen. Wenn er den Eindruck hat, dass noch weiterer Gesprächsbedarf besteht, gibt er Gelegenheit zur Diskussion. So kann er etwa die Frage diskutieren lassen, was denn diese Erkenntnisse für den Umgang der Geschlechter miteinander – insbesondere im beruflichen Bereich – bedeuten.

Literatur

▶ Tannen, Deborah: Du kannst mich einfach nicht verstehen. Warum Männer und Frauen aneinander vorbeireden. Hamburg, 1991

▶ Oppermann, Kathrin & Weber, Erika: Frauensprache-Männersprache. Die verschiedenen Kommunikationsstile von Männern und Frauen, Heidelberg, 1997

17. Feedback-Übung mithilfe eines Feedback-Bogens

Passend zu Seite 232

Ziele:

▶ Die Teilnehmer erhalten eine differenzierte Rückmeldung zu ihrem Kommunikationsverhalten.

▶ Sie üben, andere Menschen bezüglich Kommunikation und Gesprächsführung einzuschätzen und präzises Feedback zu geben.

Zeit:

▶ 2 Stunden (5 Min. Instruktion, 20 Min. zum Ausfüllen der Bögen, 60 Min. für die Kleingruppen, 10 Min. Pause, 15 Min. Auswertung im Plenum, 10 Min. Puffer)

Material:

▶ Flip-Chart „Feedback-Regeln"

▶ Feedback-Bögen zur Selbst- und Fremdeinschätzung

▶ 2 verschiedenfarbige Stifte (z.B. einen roten und einen blauen Kugelschreiber) für jeden Teilnehmer

Überblick:

▶ Die Teilnehmer finden sich in selbst gewählten Kleingruppen zu viert zusammen.

▶ Der Trainer erläutert den Ablauf der Übung.

▶ Jeder erhält einen Selbsteinschätzungsbogen und drei Fremdeinschätzungsbögen und füllt diese aus.

▶ Die Teilnehmer geben einander anhand der Feedback-Bögen Feedback in der Kleingruppe.

▶ Auswertung der Feedback-Sequenz im Plenum.

Vorgehen

Der Trainer lässt als Erstes Kleingruppen bilden: *„Als Nächstes kommt eine praktische Übung zum Thema Feedback. Es geht dabei um die Frage: ‚Wie wirke ich auf andere?' Diese Übung machen wir in Kleingruppen. Stehen Sie deshalb bitte auf und stellen Sie sich*

jeweils zu viert zusammen. Schauen Sie, mit wem Sie diese Übung machen möchten."

Der Trainer wartet, bis sich die Kleingruppen gefunden haben. Dann bittet er die Teilnehmer, sich wieder zu setzen und fährt fort:

"Ich gebe gleich jedem von Ihnen einen Bogen zur Selbsteinschätzung und drei Bögen zur Einschätzung der anderen Kleingruppen-Mitglieder. Diese Bögen sollen Ihnen das Feedback-Geben erleichtern. Es stehen verschiedene Aspekte der Kommunikation und Gesprächsführung auf diesen Bögen, zu denen Sie Ihre Einschätzung geben sollen, zunächst in Bezug auf sich selbst, dann in Bezug auf die Kollegen. Es sind dabei jeweils verschiedene Antwort-Alternativen vorgegeben, die Sie einfach ankreuzen können. Wenn Ihnen dazu bestimmte Situationen einfallen, können Sie sich am Rand oder auf der Rückseite dazu Notizen machen, damit Sie den anderen dann möglichst konkrete Rückmeldungen geben können.

Der Trainer erläutert den Ablauf der Übung

Beim anschließenden Feedback geht es vor allem darum, die verschiedenen Wahrnehmungen auszutauschen, so dass Sie Ihre eigene Einschätzung mit den Einschätzungen der anderen vergleichen können. Das Ausfüllen der Bögen soll vor allem als Hilfe dienen, um ins Gespräch zu kommen. Entscheidend ist, dass Sie einen Abgleich zwischen Ihrer Selbstwahrnehmung und der Fremdwahrnehmung der Kollegen bekommen, so dass Sie erkennen, wo Ihre Stärken in der Kommunikation liegen und welche Seiten vielleicht weniger stark ausgeprägt sind oder weniger stark wahrgenommen werden.

Für das Ausfüllen der Feedback-Bögen können Sie sich 20 Minuten Zeit nehmen, das sind fünf Minuten pro Bogen. Danach gehen Sie zum Feedback über. Nehmen Sie sich dabei 15 Minuten Zeit pro Person. Am Besten bestimmen Sie vorab einen Zeitnehmer, der darauf achtet, dass für jeden gleich viel Zeit zur Verfügung steht. Insgesamt haben Sie für die Feedback-Übung eineinhalb Stunden Zeit, 20 Minuten für das Ausfüllen der Bögen, 60 Minuten für das Feedback und dann noch 10 Minuten Pause, bevor wir uns wieder im Plenum treffen. Gibt es Fragen?"

Falls es keine Fragen gibt, kann der Trainer noch ergänzen: *"Alle weiteren Informationen finden Sie auf den Feedback-Bögen."*

Dann teilt der Trainer jedem Teilnehmer einen Selbsteinschätzungs-bogen und drei Fremdeinschätzungsbögen aus.

Leserservice

Den Selbsteinschätzungsbogen und die drei Fremdeinschätzungsbögen stellen wir Ihnen als Kopiervorlagen kostenlos zum Download zur Verfügung. Sie können die Seiten unter folgendem Link abrufen (pdf-Datei) und beliebig häufig anwenden:

www.managerseminare.de/pdf/kommunikationstraining.pdf

Während der Feedback-Übung sollte der Trainer als Ansprechpartner präsent bleiben und dies auch ankündigen.

Nach dem Abschluss der Kleingruppen-Übung führt der Trainer eine Auswertung der Übung im Plenum durch. Dabei kann er so vorge-hen, wie in der Feedback-Übung am dritten Seminartag (13.40 Uhr) beschrieben wurde.

Hinweise

Die Feedback-Übung hat einen stark be-wertenden Charakter, was Widerstände unter den TN auslösen kann

▶ Durch die Zahlenwerte, welche die Bögen enthalten, bekommt die Feedback-Übung einen stark bewertenden Charakter. Dieser kann zu massiven Widerständen auf Seiten der Teilnehmer führen. Ich habe es öfter erlebt, dass sich einzelne Teilnehmer weigern, die Feedback-Bögen auszufüllen. Als Grund wird oft genannt, dass sie keine Kollegen bewerten bzw. benoten wollen. Aus meiner Sicht ist das nachvollziehbar. Deshalb zwinge ich keinen Teilnehmer, die Bögen auszufüllen, sondern rege sie dazu an, die Aspekte, die auf den Bögen genannt werden, als Aufhänger zu nutzen, um die Beobachtungen, die sie gemacht haben, aufzuschreiben und den Kollegen dann ein differenziertes Feedback zu geben.

▶ Trotz aller nachvollziehbaren Einwände gegenüber einem solch bewertenden Feedback-Bogen gibt es meines Erachtens auch gute Gründe, die für seinen Einsatz sprechen. Denn es ist eine

Tatsache, dass in den meisten Unternehmen die Kommunikation und Gesprächsführung der Mitarbeiter bewertet wird und einen Schlüsselfaktor des beruflichen Erfolgs darstellt. Daher ist es aus meiner Sicht sinnvoll, sich in dem lernfördernden und geschützten Rahmen eines Seminars intensiv mit den eigenen Stärken und Schwächen in der Kommunikation auseinander zu setzen. Dabei ist der Feedback-Bogen eine nützliche Hilfe, da er die Teilnehmer dazu anleitet, ein klares und entschiedendes Feedback zu geben und zu erhalten.

Gründe, die für den Einsatz dieser Übung sprechen

▶ Wenn der Trainer diesen Feedback-Bogen einsetzt, sollte er dies spätestens vor der Mittagspause am letzten Seminartag tun, um auf eventuelle Irritationen oder Kränkungen, die durch den Einsatz dieses Instruments ausgelöst werden können, noch ausreichend eingehen zu können.

18. Abschlussrunde auf vier Ebenen

Inhaltlich passend zu Seite 250; Einsatz zum Ende des ersten Seminartags, S. 112f.

Orientierung

Ziele:

▶ Die Teilnehmer üben, differenziertes Feedback auf den vier Ebenen der Kommunikation zu geben.

▶ Der Trainer erhält eine genaue Rückmeldung zum ersten Seminartag.

Zeit:

▶ 20 Minuten (15 Min., 5 Min. Puffer)

Material:

▶ Flip-Chart „Abschlussrunde auf vier Ebenen"

Überblick:

▶ Der Trainer stellt das Flip-Chart vor.

▶ Die Teilnehmer geben Feedback zum ersten Seminartag anhand der vier Ebenen.

Erläuterung

Die vier Ebenen der Kommunikation können auch als Hilfe dienen, um ein strukturiertes Feedback zu geben. Diese Qualität wird bei der folgenden Übung zur Auswertung des Seminartages genutzt. Außerdem wird so das Verständnis des Vier-Seiten-Modells vertieft.

Vorgehen

Der Trainer leitet die Auswertung des Seminartages an: *„Zum Schluss möchte ich eine Abschlussrunde machen, damit ich von Ihnen eine Rückmeldung zum ersten Seminartag bekomme."*

Dann präsentiert er das Flip-Chart „Abschlussrunde auf vier Ebenen":

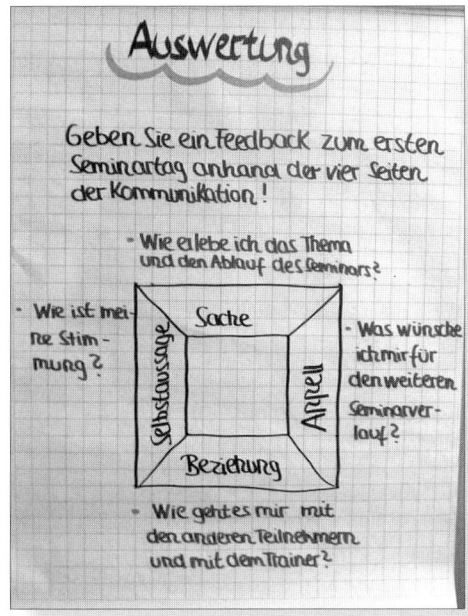

Abbildung: Das Flip-Chart „Abschlussrunde auf vier Ebenen"

„Das Vier-Seiten-Modell ist auch hilfreich, wenn es darum geht, Feedback zu geben. Deshalb möchte ich Sie bitten, jeweils kurz etwas zu den folgenden Aspekten zu sagen:

Kurze Unterweisung der TN

▶ *Zum einen, auf der Selbstaussageseite, wie ist Ihre Stimmung? Wie geht es Ihnen?*

▶ *Dann, auf der Sachebene, wie haben Sie das Seminarthema und den Ablauf, das Vorgehen hier im Seminar erlebt? Was war für Sie interessant und nützlich, was eher weniger?*

▶ *Auf der Appellseite ist die Frage: Was wünschen Sie sich für die nächsten beiden Seminartage?*

▶ *Und schließlich, auf der Beziehungsebene, wie geht es Ihnen mit der Gruppe, und wie geht es Ihnen mit mir als Trainer? Was hat Ihnen gut getan und was eher nicht?*

Grundsätzlich möchte ich Sie einladen, die Dinge so zu formulieren, wie Sie sie empfinden. Es geht mir hier um eine offene und klare Kommunikation. Auch das Negative, Kritische ist herzlich willkommen. In diesem Sinne geht also Wahrheit vor Schönheit.

Das bedeutet auch, dass es nicht darum geht, besonders kluge oder wohlformulierte Sätze zu sagen. Es reicht völlig, wenn Sie das, was

Ihnen durch Kopf und Bauch geht, so ausdrücken, wie es Ihnen gerade einfällt. Wer anfangen mag, fängt an."

Der Trainer gibt hier keine Reihenfolge vor, so dass jeder Teilnehmer selbst bestimmt, wann er sich äußern möchte.

Während der Abschlussrunde lässt der Trainer keine Diskussion zu. Jedes Statement soll unkommentiert stehen bleiben. Der Trainer fragt bei Bedarf nach, um Lernwünsche zu konkretisieren und den Bedarf für die Praxisberatung abzuklären.

Abschließend hat der Trainer das letzte Wort und äußert sich ebenfalls zu allen vier Aspekten der Kommunikation.

Hinweise

▶ Es kommt vor, dass die Teilnehmer damit überfordert sind, auf vier Ebenen ein Feedback zu geben. Der Trainer kann den Einstieg erleichtern, indem er den Anfang macht und selbst mit seiner „vierfachen" Rückmeldung zum ersten Seminartag beginnt.

Eine etwas distanziertere Fragestellung

▶ Die Frage auf der Beziehungsebene: *„Wie geht es mir mit den anderen Teilnehmern und wie geht es mir mit dem Trainer?"* – ist sehr persönlich, für manche Teilnehmer sogar zu persönlich. Je nach Einschätzung der Seminargruppe kann der Trainer eine etwas distanziertere Fragestellung wählen, z.B.: *„Wie erlebe ich das Klima im Seminar?"*

19. Transfer & Abschluss ‚Seminarernte'

Passend zu Seite 283

> ### Orientierung
>
> **Ziele:**
> - ▶ Die Teilnehmer planen den Transfer in den Alltag.
> - ▶ Sie geben ein Feedback zum Seminar.
>
> **Zeit:**
> - ▶ 35 Minuten (30 Min., 5 Min. Puffer)
>
> **Material:**
> - ▶ Pinwände „Persönliche Lernziele", „Ablaufplan" und „Seminarernte
> - ▶ Moderationskarten, Pins
>
> **Vorgehen:**
> - ▶ Der Trainer fasst den Ablauf des Seminars zusammen.
> - ▶ Die Teilnehmer schreiben die für sie wichtigsten Aspekte des Seminars auf Karten, pinnen diese an die Pinwand „Seminarernte" und geben Feedback.

Erläuterungen

Die „Seminarernte" ist eine passende Metapher, um den Transfer in den Alltag zu thematisieren und das Seminar abzurunden.

Vorgehen

Der Trainer stellt die beiden Pinwände „Persönliche Lernziele" und „Ablaufplan" nebeneinander in den Vordergrund. Dann hält er einen Rückblick über den Seminarablauf: *„Lassen Sie uns noch mal zurückschauen, was wir in den letzten drei Tagen alles gemacht haben ..."*

Rückblick über den Seminarablauf

Der Trainer fasst die wichtigsten Themen und Ereignisse des Seminars zusammen. Dann stellt er die Pinwand „Seminarernte" vor und leitet die Tranfer-Übung an:

Welche Erkenntnisse
nehmen die TN mit?

„Nun geht es darum, die Ernte einzufahren für die Arbeit, die wir ge-leistet haben. Dazu möchte ich Sie bitten, zu überlegen, was für Sie in diesem Seminar am wichtigsten war. Welche Erkenntnisse nehmen Sie mit und worauf möchten Sie in Zukunft in Ihrer Kommunikation besonders achten? Schreiben Sie diese Punkte jeweils auf eine Mode-rationskarte."

Der „Baum der
Erkenntnis"

Wenn alle Teilnehmer ihre Karten geschrieben haben, leitet der Trainer die Abschlussrunde an: „Zum Abschluss möchte ich jeden von Ihnen reihum bitten, zu sagen, wie Ihre Seminarernte aussieht, die entsprechenden Kärtchen an den ‚Baum der Erkenntnis' zu pin-nen und, wenn Sie mögen, eine Rückmeldung darüber zu geben, wie Ihnen das Seminar und die Zusammenarbeit gefallen hat."

Abbildung: Die Pinwand „Seminarernte". Die Teilnehmer pinnen hier die Aspekte, die sie im Alltag umsetzen wollen, an.

Thomas Schmidt: Kommunikationstrainings erfolgreich leiten

Stichwortverzeichnis

Thomas Schmidt: Kommunikationstrainings erfolgreich leiten

Danksagung

Mein Dank gilt den Menschen, die mich bei der Arbeit zu diesem Buch unterstützt haben.

Zuerst möchte ich mich bei meinen Kolleginnen und Kollegen bedanken, mit denen ich in den letzten Jahren zusammenarbeiten durfte und von deren Ideen und Anregungen ich sehr profitiert habe: Kerstin Kuhn, Jana Seiferth, Ulla Raith, Remona Nelke, Dr. Erhard Lison, Marco Schwab, Klaus Heidemann, Verena Troidl, Dr. Brigitte Kümbel, Rainer Korossy und Gaby Birth.

Ebenso bin ich den vielen Menschen, die an meinen Seminaren teilgenommen haben und von denen ich ebenso lernen konnte, wie sie (hoffentlich) von mir, zu Dank verpflichtet.

Zahlreiche hilfreiche Rückmeldungen zu meinem Manuskript verdanke ich Immanuel Michel, Karin Hofmann, Dr. Manfred Gellert, Dr. Manfred Dietl und Kerstin Kuhn. Für das kritische Korrekturlesen und die intensive fachliche Diskussion danke ich Sebastian Strecker ganz besonders.

Eine wichtige Inspiration für meine Arbeit als Kommunikationstrainer und Berater waren mir die Bücher und Seminare von Prof. Dr. Friedemann Schulz von Thun und seinen Kollegen vom Hamburger Arbeitskreis Kommunikation und Klärungshilfe.

Auf meinem Weg zum Psychodramaleiter haben mich in vielen psychodramatischen Jahren meine Psychodrama-Lehrer, Dr. Manfred Dietl und Marlies Arping, begleitet.

Mein innigster Dank gilt meiner Familie, meinen Eltern und meinem Bruder und vor allem meiner Frau Kathrin und meinem Sohn Philipp für ihre Liebe und Unterstützung.

Thomas Schmidt, Februar 2006

Diese Bücher könnten Sie vielleicht auch interessieren:

Rollenspiele einsetzen

Neumann, Heß: Mit Rollen spielen
40 Rollenspielbeschreibungen
ISBN 3-936075-35-2
2005, 368 S., 49,90 EUR

Kommunikation trainieren

Kreggenfeld: Direkt im Dialog
Wie Sie gute Gesprächsergebnisse erzielen
ISBN 3-931488-90-X
2. Aufl. 2004, 256 S., 24,90 EUR

Konzept und Methoden für ein Kreativseminar

Klein: Kreative Geister wecken
Kreative Ideenfindung und Problemlösungstechniken
ISBN 3-936075-36-0
2006, 368 S., 49,90 EUR